科学出版社“十三五”普通高等教育本科规划教材

基础生物化学实验原理与方法

主　编：朱利泉

副主编：倪　郁　张贺翠　李关荣

编　委：（按姓氏汉语拼音排序）

胡　奎　黄爱缨　李帮秀　李关荣　吕　俊
倪　郁　薛雨飞　杨　昆　张贺翠　朱利泉

科学出版社

北　京

内 容 简 介

本书内容包括基础生物化学实验原理、基本生物大分子(蛋白质、酶及维生素、核酸、糖类和脂类)相关实验、核酸表达实验和电子生物化学实验，这些内容既可以使读者了解生物化学实验的前沿性、整体性和逻辑性，也有助于读者从本书有限的知识出发，去挖掘和获得无限的知识。同时书后还附有生物化学实验室基本知识，可供读者拓展阅读。

本书在西南大学植物生理生物化学教研室多年的生物化学实验教学与研究的基础上编写而成，适合农学类和生命科学类相关专业学生使用，也可作为相关科研人员和教师的参考用书。

图书在版编目(CIP)数据

基础生物化学实验原理与方法 / 朱利泉主编. —北京：科学出版社，2020.6

科学出版社“十三五”普通高等教育本科规划教材

ISBN 978-7-03-065220-1

Ⅰ. ①基… Ⅱ. ①朱… Ⅲ. ①生物化学－化学实验－高等学校－教材 Ⅳ. ①Q5-33

中国版本图书馆 CIP 数据核字(2020)第 088840 号

责任编辑：王玉时 张静秋 韩书云 / 责任校对：严 娜

责任印制：张 伟 / 封面设计：蓝正设计

科学出版社 出版

北京东黄城根北街 16 号

邮政编码：100717

http://www.sciencep.com

固安县铭成印刷有限公司 印刷

科学出版社发行 各地新华书店经销

*

2020 年 6 月第 一 版 开本：720×1000 B5

2023 年 7 月第四次印刷 印张：16 1/4

字数：330 000

定价：58.00 元

(如有印装质量问题，我社负责调换)

前　言

教育、科技、人才是全面建设社会主义现代化国家的基础性、战略性支撑。必须坚持科技是第一生产力、人才是第一资源、创新是第一动力，深入实施科教兴国战略、人才强国战略、创新驱动发展战略，开辟发展新领域新赛道，不断塑造发展新动能新优势。

生物化学实验的魅力，不仅在于其已形成的经典体系，还在于它在后基因组时代的不断变化和发展。经典的生物化学实验一直试图追踪到生命系统中最基本的功能物质组成，这些不同的物质组成之间存在着由“中心法则”所确定的关系，即DNA通过转录和翻译来控制蛋白质的合成，蛋白质或直接决定生物性状，或通过催化生物小分子的转换来决定生物性状。于是，在很长时间内，研究生物性状、分离纯化决定该性状的因子(蛋白质或生物小分子)、研究催化小分子转换的酶蛋白、鉴定和分离编码蛋白质的基因，就成了生物化学研究的基本方法。因此，经典生物化学实验的逻辑特征是按照“从中心法则的后端到前端”的顺序来研究生物体系。

后基因组时代开始重视按照“从中心法则的前端到后端”这个与经典生物化学实验相反的顺序来研究生物体系。首先测定几种模式生物的全基因组DNA，然后根据其序列特征来确定可能的基因，并进一步利用一些方法(如PCR技术等)来验证这些可能的基因的产物对生物化学反应的作用。目前已经发现特定结构的基因表达产物的分子功能可能有多种，且具有条件依赖性，这些构成了现代生物化学的研究内容。这样，就产生一个问题：经典生物化学实验发现的基因及其控制的过程是已经真实存在的，因而数目偏少，而后基因组时代研究的基因首先是推导出来的，因而数目偏多。那么究竟应该从中心法则的哪端开始进行生物化学实验研究呢？

本书对上述问题给出的答案是：经典生物化学实验与后基因组时代正在走向融合和创新。对生物细胞组分、中间产物和调控因子进行生物化学研究的第一步，一般是选取合适的生物材料，破碎细胞，将目的物提取、分离和纯化出来。然后根据实验目的，综合利用各种生物化学分析技术和检测方法来研究其化学性质和生物学特性。值得注意的是，生物化学实验中精细的分离纯化技术同时也是基本的生物化学分析技术，故本书上篇主要从分离纯化的角度介绍这些生物化学分析技术，以便使实验材料的准备(第二章)、目的物的提取(第三章)，以及分离纯化技术、生物化学检测技术、生物化学实验中的计算机辅助设计(第四章)等几方面内容成为一个完整的生物化学实验原理体系。按照这个原理体系，本书第五章至第九章依次按照蛋白质、酶及维生素、核酸、糖类和脂类的顺序编写了47个实验方法，并综合于第十章的基因的克隆、表达产物纯化和活性检测等系列实验方法。另外，生物以碳元素为核心元素，而计算机芯片以硅元素为核心基础材料，碳和硅同属于元素周期表第四主族，如果这是由于碳和硅具有非常相似的理化性质，那么生物技术和信息技术必然在不远的将来高度融合，故本书在实验室基本知识(附录)之前，还编写了计算机辅助生物化学实验设计(第十一章)的 5 个电子生物化学实验方法。这样构成全书共 55 个实验方法，以求尽量体现基础生物化学实验的整体性和逻辑性。

本书使用了大量参考资料，编写过程中得到西南大学和科学出版社的大力支持，对此我们表示衷心感谢。

本书的编者都是西南大学长期从事生物化学实验教学的教师。尽管每位编者都细心努力地对本书进行了审校及修改，但限于时间和精力，书中难免存在不足之处，诚望同行和读者批评指正。

编　者

2020 年 1 月

目　录

上篇　原　理

第一章　绪论 ……2
第二章　常用生物材料及其保存技术原理 ……4
　第一节　生物化学实验常用生物材料 ……4
　第二节　材料的取样与保存技术原理 ……6
第三章　生物分子提取的一般原则 ……7
　第一节　组织细胞的破碎方法 ……8
　第二节　生物小分子的提取 ……9
　第三节　生物大分子的提取 ……11
第四章　分离纯化技术和生物化学检测技术 ……16
　第一节　沉淀技术 ……16
　第二节　离心技术 ……21
　第三节　层析技术 ……24
　第四节　电泳技术 ……33
　第五节　生物化学检测方法 ……38
　第六节　生物化学实验中的计算机辅助设计 ……52

下篇　方　法

第五章　蛋白质 ……56
　实验一　植物组织中氨基酸总量的测定——茚三酮溶液显色法 ……56
　实验二　氨基酸的纸层析 ……59
　实验三　谷物种子中赖氨酸含量的测定 ……64
　实验四　脯氨酸含量的测定 ……66
　实验五　蛋白质的盐析与透析 ……68
　实验六　蛋白质含量的测定方法 ……69
　实验七　蛋白质的两性反应和等电点的测定 ……85
　实验八　等电聚焦电泳测定蛋白质的等电点 ……88
　实验九　对流免疫电泳 ……92
　实验十　单向定量免疫电泳 ……95
　实验十一　双向免疫扩散 ……97
　实验十二　免疫印迹 ……98
第六章　酶及维生素 ……103
　实验十三　酶的高效性及特异性 ……103
　实验十四　环境条件对酶促反应的影响 ……106
　实验十五　淀粉酶活性测定 ……109
　实验十六　脂肪酶活性测定 ……112
　实验十七　过氧化氢酶活性测定 ……114
　实验十八　硝酸还原酶活性测定 ……116
　实验十九　氮蓝四唑法测定超氧化物歧化酶活性 ……120
　实验二十　米氏常数的测定 ……122
　实验二十一　苯丙氨酸解氨酶的提取、初步纯化及活性测定 ……126
　实验二十二　亲和层析纯化胰蛋白酶 ……129
　实验二十三　植物过氧化物酶同工酶的聚丙烯酰胺凝胶电泳 ……136

实验二十四 琼脂糖凝胶电泳分离乳酸脱氢酶同工酶及乳酸脱氢酶总活性测定……143
实验二十五 还原型维生素 C 含量的测定……147
实验二十六 总维生素 C 含量的测定……150
第七章 核酸……153
实验二十七 CTAB 法提取植物总 DNA……153
实验二十八 SDS-苯酚法提取动物总 DNA……157
实验二十九 质粒 DNA 的制备与纯化……160
实验三十 酵母 RNA 的分离及组分鉴定（浓盐法）……164
实验三十一 核苷酸分析……167
实验三十二 醋酸纤维素薄膜电泳分离核苷酸……170
实验三十三 DNA 的琼脂糖凝胶电泳……173
实验三十四 植物总 mRNA 的提取……177
实验三十五 PCR 技术扩增 DNA……179
实验三十六 Southern 印迹……181
第八章 糖类……186
实验三十七 还原糖和总糖含量的测定（3,5-二硝基水杨酸比色法）……186
实验三十八 可溶性糖的硅胶 G 薄层层析……189
实验三十九 可溶性糖的测定（蒽酮比色法）……192
实验四十 谷物淀粉含量的测定（旋光法）……194
实验四十一 植物组织淀粉和纤维素含量的测定……197
第九章 脂类……200
实验四十二 粗脂肪的定量测定……200
实验四十三 油料种子油脂含量的快速测定（折光仪法）……202
实验四十四 卵黄中卵磷脂的提取和鉴定……205
实验四十五 油脂皂化值的测定……207
实验四十六 油脂碘值的测定……208
实验四十七 油脂酸值的测定……210
第十章 DNA 克隆与表达……212
实验四十八 DNA 的克隆……212
实验四十九 蛋白质表达……217
实验五十 表达产物检测——SDS-PAGE……220
第十一章 电子生物化学实验……224
实验五十一 DNA 序列下载与格式转换……224
实验五十二 真核生物基因结构的预测……226
实验五十三 蛋白质基本性质与功能分析……228
实验五十四 蛋白质系统发育树的构建……232
实验五十五 蛋白质相互作用预测……235
主要参考文献……237
附录一 实验室基本知识……238
附录二 硫酸铵饱和度计算表及相关参数……253

原　理

第一章 绪 论

在20世纪初期，曾经有一个有趣的争论：胶体学派认为，生物物质可以一分为二、二分为四，直到无穷小；大分子学派认为，生物物质细分到一定程度，就会遇到大分子甚至分子机器。按照胶体学派的观点，生物是由低相对分子质量的分子组合形成的胶体构成的，不可能有大分子存在；按照大分子学派的观点，生物则是由大分子组成的各种分子机器的有机集合体。究竟哪种观点是正确的呢？激烈争论集中到一个焦点，就是建立精确的实验技术来测定生物分子及其所组成的分子机器的相对分子质量。很快，蛋白质和酶的结晶形式被成功分离，X射线衍射图谱表明其有精确特异的构象，继续用能破坏弱键(即非共价键，如氢键、离子键和疏水作用)但不能破坏共价键的温度变性后，利用离心技术或电泳等方法，测定出它们具有很大的相对分子质量，说明这些大分子是通过很强的化学键组装在一起的。之后，用温和的方法分离出的DNA，其相对分子质量更是大得惊人，大到只能用超离心技术测定的沉降系数S来表示其大小的程度。由此可知，生物大分子理论胜利了。

在生物大分子理论的指导下，人们总是想知道，在一定的缓冲溶液中，能够存在的、真实的、由大分子组成的分子机器究竟有多大？于是不断地改进分离技术，以及优化能够稳定最大相对分子质量分子机器的缓冲液的成分和浓度，陆续分离到了越来越大的分子机器，如寡聚酶、多酶复合体、DNA-蛋白质复合物、核糖体等。近年来，研究人员已经可以利用计算机技术，模拟出许多分子机器在能量驱动下的运动过程，以及由各种单个分子机器形成复合体乃至细胞器的组装过程。现在，人们已经相信，这些运动过程和组装过程都是在基因信息的指令下，按照物理和化学的原理进行，没有超越已有物理和化学原理的所谓生命科学独有的原理。因此，生物化学实验原理的基础就是物理和化学原理。

综上可见，形态上千差万别的生物，其物质组成在分子水平上却具有高度的统一性。现在已经知道，含有寡聚酶、DNA-蛋白质复合物、核糖体等的细胞，是生物的基本结构单位和功能单位，各种生物的细胞含有许多共同的化学组成、相同的代谢途径和相似的细胞调控机制，如不同生物来源的蛋白质由相同种类的基本氨基酸组成，DNA由4种相同的脱氧核苷酸组成；生物大分子(核酸、蛋白质、糖类和脂类等的统称)合成和降解途径中的中间产物和酶的结构与功能都极其相似，而且与这些中心代谢途径相关的生物小分子和调控因子都基本相同。这些相同生物分子的结构、大小和形态，以及它们在细胞内精确而协调的相互关系，是通过亿万年的进化过程而确定下来的，是执行许多共通的基本生理功能的前提。因此，利用较少的模式生物(当前国际上流行的模式生物有大肠杆菌、拟南芥、水稻、美丽筒线虫、小鼠、家蚕等)为材料进行生物化学实验所获得的知识,可以推知地球上所有生物体内的生物化学过程。

对上述细胞组分、中间产物和调控因子等进行生物化学研究的第一步，一般是选取合适的生物材料、破碎细胞，将目的物提取、分离和纯化出来。然后再根据实验目的,综合利用各种生物化学分析技术和检测方法研究其化学性质和生物学特性。值得注意的是，生物化学实验中精细的分离纯化技术同时也是基本的生物化学分析技术，故本书上篇主要从分离纯化的角度介绍这些生物化学分析技术，以便使实验材料的准备、目的物的提取、分离纯化技术、生物化学检测技术和生物化学实验中的计算机辅助设计等几方面内容构成一个完整的生物化学实验原理体系。

第二章　常用生物材料及其保存技术原理

第一节　生物化学实验常用生物材料

生物化学实验常用的生物材料有天然生物材料和人工生物材料两大类。天然生物材料一般是自然界中易采集、目的物含量较高的生物个体、器官或组织。例如，禾本科作物种子萌发期间淀粉大量水解，淀粉酶含量丰富，可作为提取淀粉酶的实验材料；再如，小麦黄化幼苗细胞分裂旺盛，DNA 容易提取和纯化，且不受叶绿素的干扰，适宜用作核酸生物化学实验的材料。著名三羧酸循环的发现者 Krebs，就是利用了能飞越太平洋的鸟的飞翔肌中的线粒体作为实验材料。因此，正确采用天然生物材料，是成功进行生物化学实验的一大关键。

人工生物材料种类繁多。生物科学从群体、个体、细胞到分子水平有很多分科，生态学、植物分类学、动植物育种学和微生物学等细胞水平以上的学科领域的研究工作，为以破碎细胞在分子水平上进行深入研究为特点的生物化学实验准备了大量的基础性实验材料。这些材料是其他科学家经过艰苦工作得到的，生物化学工作者如何同他们紧密合作并有针对性地选用正确的材料，是成功进行生物化学研究的又一大关键。人工生物材料可分为下述三个类型。

一、新品种材料

遗传变异和自然选择使生物具有高度多样性。分类学家发现的新物种和育种学家发现的具有优良性状的野生种，不断为包括生物化学研究在内的整个生命科学提供新的生物材料。被国际公认为“杂交水稻之父”的袁隆平，就是在自然界中找到了拥有特殊性状的野生种之后，进一步获得巨大成功的。

经典遗传育种技术通过物种之间杂交所形成的杂交种材料、花粉单倍体加倍种质材料，以及人工诱导植物孤雌生殖等方法所形成的新种材料，也是生物化学研究的宝贵材料。相关的生物化学研究是探索杂交种和新种的新性状的分子机制并做出基础性重大发现的必由之路。

随着生物技术的发展，分子育种技术和经典育种技术相结合将产生越来越多的自然界中没有的动植物新品种。从自然界分离到的微生物新种，以及由紫外线和化学试剂诱变产生的微生物新变种也越来越多。生物化学实验技术不仅将成为在分子水平上研究这些新物种材料的主导研究方法，而且这些技术本身也逐渐成为制造新物种的核心技术。

二、组织培养和细胞培养材料

植物细胞全能性的发现和组织培养技术的发展，使植物器官、组织和细胞的离体培养繁殖在越来越多的物种中获得成功；LED光源和即将到来的氢聚变能源的商用，不断降低着人工控制光温的成本，因此，将会不断出现快速传代型(一年种多代型)和丰产优质型品种材料。这不仅挽救了许多濒临灭绝的植物品种，还繁育出许多在自然界难以生存的全新生理品种和快速传代型品种。

借助于解剖刀和解剖镜，可以将各种正常植物组织如根、茎、叶、花、果的局部微小组织切割下来，直接作为生物化学的实验材料。但这样的生物化学研究必须同步于植物的发育时期，为了摆脱材料上的限制和扩大材料来源，很多时候必须在实验室模拟植物的天然生理条件，使之生存(保存材料以供不时之需)或生长(扩大材料量)。可见，组织培养技术可以将材料的发育限制性供给变成周年性供给。

有些植物组织在特定的光温等外界条件下，会进行异常发育。例如，植物的许多组织受到发根农杆菌感染后，会发育为类似头发一样众多而细长的根状组织，这些根状组织的生化代谢涉及许多有价值的次生代谢。这些偏离正常组织的材料是生物化学研究的宝贵材料。

在组织培养的基础上发展起来的植物细胞培养技术，由于广泛采用了微生物遗传学的方法进行操作，目前已获得了巨大成功。动物的肿瘤细胞和干细胞表现出与植物细胞相似的无限繁殖能力。它们产生的大量生化突变型细胞及种类繁多的融合型细胞，也是生物化学研究不可缺少的新型材料。

植物组织培养和细胞培养都可以产生愈伤组织。愈伤组织是一群薄壁细胞团，介于组织和细胞之间。它可以作为脱分化的细胞，用于次生代谢的生物化学研究；也可以被外界条件所诱导进入再分化状态，发育为根、茎、叶甚至植株。愈伤组织是生物化学研究的重要材料。

三、生物产品与生物制品材料

生物产品和生物制品材料很多，国家或企业对各种产品和制品都规定了一定的生物化学指标体系，以便对这些产品或制品的生产过程进行规范，并对其质量进行控制。质量监督检验部门的主要工作就是采用生物化学方法，检测和分析这些材料的各项指标，主要包括医疗上的尿液和血液分析、食品质量分析、生物药品检验及其他生物制品和农产品检验分析等。

第二节 材料的取样与保存技术原理

取样就是采集样品。样品从时间顺序上可以分为原始样品、平均样品和分析样品。原始样品一般存在于研究者所选定的田间(植物)、饲养场(动物)或其他地方(微生物)等；平均样品是具有代表性的样品，是按照统计学原理在特定的多个时空点采集的等质等量样品的集合，它最大限度地代表了研究对象的均一性或发育阶段特异性，在空间上进行统计学多点混合取样是保证研究对象均一性的主要方法，在时间上多点混合取样是保证发育阶段特异性的主要方法。对平均样品按照统一的净化方法和微型化方法(植物样品)或其他前处理方法(动物或微生物样品)进行处理后，即可按每次生化分析所需要的量分装为分析样品。分析样品一方面可以立即被用于生物化学实验分析(多数生物化学实验)；另一方面可以通过适当的方法进行保存，留作今后进行生化研究的材料。根据今后生化研究和分析目的的不同，保存方法主要有三种：繁殖型保存法、静息型保存法和灭活型保存法。

1)繁殖型保存法的核心是模拟样品原来生长的生理条件，以保持样品的活性状态，而这种活性状态是研究目的所必需的。为了摆脱材料上的限制和扩大材料来源，实验室可以模拟植物的天然生理条件，利用组织培养技术，使之生存或生长，以供研究时获取分析样品。

2)静息型保存法是使样品在保存期间处于静息状态，在研究时又能通过某种方法完全恢复或部分恢复活性状态的保存方法。很多微生物菌株样品的保存就是采用这种方法：将其保存于低温条件(冰箱或液氮)下，在保存期间微生物菌株处于静息状态，需要时将其从低温环境中取出来，放在恒温摇床中“摇醒”，其活性状态基本上可以全部恢复，很快开始扩增性繁殖，通常繁殖到对数生长期时进行取样。很多动植物样品也可以保存于低温下，由于动植物是多细胞生物，冻融过程中水、冰体积转变可能造成伤害，使动植物样品的活性很难被“摇醒”和全部恢复，甚至不能部分恢复，但样品中的大分子活性仍然可以得到一定程度的恢复，我们可以借此研究酶和其他活性成分的生物化学性质。

3)如果要研究样品中的结构成分或小分子物质，最好采用灭活型保存法。为了使分析样品在保存后其所测定的成分最大限度地与原始样品中相同，就必须停止样品中物质的转化，而催化物质高效转化的是各种酶类。因此，许多灭活方法就是针对酶失活来进行的。风干是通过失水来灭活酶类的，但风干过程的时间太长，酶在此过程中的活性可以使分析样品中的待分析物质含量偏离原始样品；烘干加上高温杀酶的操作可使灭活过程的时间大大缩短，如先用 100℃以上高温短期处理，然后在80℃的烘箱中持续烘干。另外，还有许多其他灭活酶的方法，如蒸煮法、有机溶剂(乙醇、福尔马林等)浸泡法、盐渍法和真空干燥法等。通过这些方法处理后，样品中的物质便停止转化，有机物质的含量固定不变，随时可以用来进行相关的生化研究。

第三章 生物分子提取的一般原则

提取是在分离纯化前期，通过多种适当的方法将样品(样品可以是新鲜的，也可以是按照第一节所述的各种方法保存的)破碎，把破碎的细胞置于一定的溶剂(又称为提取液)中，使某一类生物分子目的物直接或间接释放到提取液中的过程。提取的难易程度取决于目的物与其他细胞组分的结合强度及其在提取液中的溶解程度。提取液是有别于目的物原来所处的生理体系的，其通常是水(或与水互溶的醇类)、缓冲液、稀盐液或有机溶剂，目的物在其中得到富集，非目的物在其中得到稀释。

所谓直接释放到提取液中的过程，是以目的物在提取液中的溶解度大于它与其他细胞组分的结合强度为基础的。溶解度越大，结合强度越小，直接释放就越充分。所谓间接释放的过程，是指相反的情形，这时，目的物与其他组分结合得太紧密，可以考虑使用促进这种紧密结合的提取液(如丙酮等有机溶剂)，先让两者共沉淀(甚至可以同纤维素共沉淀)，然后再用特异性酶解或其他方法将二者分开，以获得目的物。在通常的生物化学实验中，多数情况下采用直接提取法，即最大限度地将目的物释放到提取液中。

生物分子在大小上可分为生物小分子(如氨基酸、丙酮酸等)和生物大分子(如蛋白质、核酸等)两大类。前者的结构由较强的共价键决定，受环境条件影响较小；而后者的结构(特别是功能结构)中除共价键外，还含有较弱的共价键和次级键(氢键、离子键和疏水作用的统称)，受环境条件影响较大，如果剧烈条件导致次级键破坏，则只剩下共价键相连的一级结构，因而需要温和的条件(主要是酸碱条件、氧化还原条件和表面张力条件等)才能保证生物大分子的构象不被破坏，而构象是蛋白质和酶活性的结构基础。因此，生物小分子和生物大分子的提取液成分和操作条件的差别均很大。

生物分子在遗传上可分为基因的载体物质(DNA)和其表达物(RNA、蛋白质和小分子物质)两大类。DNA 在一级结构上是高度相同的，它的提取纯化方法已经标准化。但是，基因的表达物种类千差万别，其纯化方法有些还在探索之中。表达物可以粗略地分为大类和亚类，作为其中一大类的 RNA 可以分为 rRNA、tRNA 和 mRNA 等几个亚类；蛋白质可以分为水溶性和脂溶性等亚类。如表 3-1 所示，大类的提取方法多数已经标准化，但亚类的提取方法许多还处于探索之中。

表 3-1　生物分子的提取方法

提取物名称	结构特征	大类提取方法	亚类提取方法
DNA	一级结构相同	总 DNA 的提取方法已经标准化	探针调取或 PCR 特异扩增，相关方法也标准化
RNA	一级结构相同，二级和三级结构差异明显	总 RNA 的提纯方法已经标准化	真核 mRNA 的 poly(A) 可通过亲和层析标准化方法纯化
蛋白质(含酶)	各级结构差异十分明显	水溶性总蛋白比脂溶性总蛋白的提取方法更成熟，已有一些基本方法，但都未标准化	每种亚类蛋白质的提取方法都需探索
小分子物质	结构差异很大	大类主要按照在各种溶剂中的溶解度来提取	亚类主要通过各种色谱进行提取

当以制备为目的时，各类生物分子提取的纯度必须达到国家标准(提取物作为商品)或实验要求(提取物作为实验材料)。当以测定为目的时，各类生物分子提取的纯度与测定方法的专一性之间呈负相关关系：专一性越低，提取的纯度越高；反之，专一性越高，提取的纯度越低，甚至允许多种相似相容的亚类生物分子共存于一种提取液中而被测定。

第一节　组织细胞的破碎方法

在分析测定细胞外的分泌物，如动物体液、血液成分和菌株分泌物等时，不必进行组织细胞的破碎。但对于细胞内含物，无论处于细胞的哪个部位(如膜、细胞器和细胞质)都需要进行细胞的破碎。当目的物处于细胞膜中时，首先须获得较为完整的细胞膜，故细胞破碎方法的核心是去掉细胞壁并让细胞器和细胞质从细胞膜内释放出来，和细胞壁一起被去掉；当目的物处于细胞器中时，首先须获得较为完整的细胞器，故细胞破碎方法的核心是去掉细胞壁、细胞膜和细胞质；当目的物处于细胞质中时，细胞破碎方法则相对较为简单和多样化，其核心是将细胞内含物充分释放到水溶性的提取液中，并让细胞壁和膜系统一并作为沉淀而除去。

由于细胞壁的存在，植物和细菌的细胞膜制备比动物细胞膜更为复杂。获得各种植物细胞膜的一个基本方法是酶解-二相系统。用纤维素酶和果胶酶(细菌所使用的酶与此不同)水解细胞壁，并收集完整原生质体；破碎原生质体使之成为碎片，然后放入葡聚糖 T500-PEG6000 二相系统中，上相为 PEG6000，不同聚合物浓度的二相系统分离到的质膜组分不同，其原因是聚合物浓度增加，上相的疏水性也增加。获得所需要的质膜后，就可以进一步纯化其中的目的物。想获得细胞器的细胞破碎法也可以按照相似的酶解方法进行，但更多的时候是通过表 3-2 中的某种方法破碎细胞后，让所有细胞器都释放到同一提取液中，然后利用差速离心法，先在低速离心条件下，收集细胞器和细胞质的混合体，然后依次提高离心速度，分别收集叶绿体、线粒体和核糖体等相对分子质量从大到小的细胞器。

获得细胞质等水溶性组分的细胞破碎方法是多种多样的，主要有机械法、物理法和化学生物法，详见表 3-2。

表 3-2　组织细胞的破碎方法

破碎方法		原理简介
机械法	组织捣碎法	这是一种通过捣碎机的旋转刀片高速切割材料的方法，所用的材料量较大。一般用于动物材料。植物材料也常用此法。适合用于提取生物小分子物质
	匀浆法	这是一种利用研磨球与玻璃管内部及材料之间的摩擦而使材料破碎的方法。破碎程度较组织捣碎机高，但所用的材料较少
	研磨法	这是一种手工利用研钵破碎材料的方法。为了改善研磨效果，可以事先将材料在液氮中速冻或在研磨过程中加入石英砂和玻璃粉等，以提高材料的脆性和摩擦程度。在材料量很少时，可以直接在小离心管中，用圆头玻璃棒研磨
	过滤法	对于幼嫩易碎材料，可以使细胞随提取液通过小孔而被挤碎。实验室较为常见的是用注射器反复抽吸破碎原生质体，发酵工业中常用高压压榨器破碎大量样品
物理法	反复冻融法	先将样品深冷冻固，再缓慢融化，反复进行，可将大部分细胞破碎。此法在提取活性大分子物质时可以优先考虑。有时可在常规冰箱的上(冷藏)下(冷冻)两层进行
	急热骤冷法	将样品投入沸水中数分钟，然后转投到冰中迅速冷却，可以破坏细胞壁。此法常用于细菌和病毒材料，对其非热敏物质加以提取
	超声波处理法	此法多用于微生物材料。通过变换频率(0～200 kHz)和功率(200～500 W)，处理不同时间可以达到破碎不同微生物材料的目的
化学生物法	自溶法	这是一种利用材料自身内部的酶类将细胞破碎的方法。所需时间较长，可以加入少量防腐剂(如甲苯、氯仿)来控制微生物污染
	酶解法	这是一种通过加入外源酶类将细胞破碎的方法，如溶菌酶、纤维素酶、果胶酶等破碎细胞壁的酶类。对于溶菌酶不敏感的细菌，事先可以加入少量巯基试剂或尿素，使其变得对溶菌酶敏感。最后可加入脂酶破碎原生质体
	表面活性剂法	十二烷基硫酸钠(SDS)、十六烷基三甲基溴化铵(CTAB)、脱氧胆酸钠等对细胞膜都有明显的破坏作用

在破碎细胞的具体方法中，可以将表 3-2 中的某些方法加以综合应用。例如，利用酶解法获得原生质体后，可以用过滤法进一步破碎细胞，以获得较大相对分子质量的DNA片段等。不仅如此，其他有助于破碎细胞的方法，也可以在具体的实验设计时加以使用。例如，真空干燥材料和丙酮粉材料可显著改变细胞的透性、破坏细胞膜的结构，有利于进一步破碎细胞；再如，差速离心技术可以将各种细胞器先行分离纯化，是之后从某一细胞器中提取某一物质的基础性步骤。

第二节　生物小分子的提取

生物小分子的相对分子质量一般较小。常见的有各种氨基酸、核苷酸、脂肪酸、维生素、单/双糖和各种代谢中间产物，种类繁多。

一般将适量的生物材料同特定的提取液一起放入研钵中研磨或放入匀浆机中直接匀浆，使小分子目的物释放出来并溶解在提取液中。为了使目的物充分地从其他细胞组分中释放出来，可以在室温下搅拌放置较长时间；也可使用较剧烈的操作条件，如转移到烧杯中直接煮沸，或转移到锥形瓶中用热水浴加温，或剧烈搅拌等；也可用不使目的物降解的高浓度酸、碱溶液提取。高温和酸碱条件，不仅钝化了酶活性，在操作上保证了小分子目的物的稳定性，还有利于软化纤维素等刚性物质，有利于目的物从破碎的材料中释放出来。为了增加目的物在提取液中的溶解度和稳定性，可以改变和优化提取液的组成。

考虑提取液的组成时首先要遵从相似相溶原理。一般说来，极性目的物易溶于极性提取液，非极性目的物易溶于非极性提取液。同一类型的物质如组成蛋白质的基本氨基酸，有些易溶于水，有些难溶于水，可以考虑使用水的乙醇溶液作为提取液，从而达到利用同一提取液提取所有基本氨基酸的目的。其次，pH 影响目的物的解离状态，离子化合物都溶于水，更溶于稀盐、稀酸或稀碱溶液；非解离的分子状态易溶于有机溶剂。因此，当酸性物质处于低 pH 或碱性物质处于高 pH 时，都可以转溶于有机溶剂。但两性物质氨基酸在等电点以外的任何 pH 均呈解离态，故氨基酸一般不用纯有机溶剂提取。

对于提取液的组成，有时还需要考虑目的物在其中的稳定性。例如，为了使有些具有强烈氧化还原性的目的物保持还原状态，需要在提取液中加入还原剂或抗氧化剂，对具有自我降解特征的蛋白酶有时甚至还可加入适量底物以防止自我降解。

经过破碎细胞、提取液溶解和促进释放的操作后，生物小分子目的物便可最大限度地存在于提取液中，最后经过过滤或离心除去残渣，得到含目的物的粗提液。

在分析性生化实验中，如果目的物与后续生化分析中所用分析试剂(如显色剂)反应的专一性程度高，受其他杂质的干扰少，则不需进一步纯化，便可直接用粗提液进行生化分析。例如，表 3-3 中的游离氨基酸和可溶性糖都可以用 80%乙醇溶液作为提取液，两者存在于同一种提取液中，但由于显色剂的特异性，两者的后续生化分析相对独立，互不干扰。但在制备性生化实验中，必须将粗提液用抽提、浓缩和沉淀的方法处理，必要时综合利用其他生物化学或有机化学的方法才能制成高纯品。高纯品是进行结构测定和精细性质测定所必需的。常见的分离纯化方法见表 3-4，这些方法既是分离纯化方法，也可以是常用的生化分析方法。

表 3-3 提取目的物与提取液组成之间的关系举例

提取目的物	生物材料	提取液组成
游离氨基酸	绿豆芽下胚轴	80%乙醇溶液
还原糖	面粉	蒸馏水
总糖	面粉	6 mol/L HCl 溶液
可溶性糖	苹果	80%乙醇溶液
维生素 A	植物鲜样品	乙醚溶液或乙醇溶液
维生素 C	植物鲜样品	2%草酸溶液
淀粉*	面粉	醋酸-氯化钙溶液
总蛋白*	面粉	0.4 mol/L NaOH 溶液
蛋白酶*	豆芽或胰脏	含 0.01%牛血清清蛋白(BSA)和半胱氨酸(Cys)的水溶液

注：不带*者为生物小分子，带*者为生物大分子

表 3-4　生物分子常见分离纯化方法

生物分子	分配纸层析	薄层层析	吸附柱层析	气液色谱	离子交换层析	亲和层析	电泳	超速离心
氨基酸	+	+	–	+	+	–	+	–
多肽	+	+	–	+	+	+	+	–
核苷酸	+	+	–	–	+	–	+	–
单/双糖	+	+	+	+	+	–	+	–
脂肪酸	+	+	+	–	–	–	–	–
磷脂	+	+	+	–	–	–	–	–
固醇	–	+	+	+	–	–	–	–
植物色素	+	+	+	+	–	–	+	–
蛋白质(酶)*	–	–	–	–	+	+	+	+
核酸*	–	+	–	+	+	+	+	+
多糖*	–	–	+	–	–	–	–	+

注：层析也称为色谱，不带*者为生物小分子，带*者为生物大分子，“+”表示可用，“–”表示不可用

第三节　生物大分子的提取

生物大分子主要指蛋白质(酶)、核酸、多糖和脂类等相对分子质量较大的物质。多糖和脂类的结构单元相同，其亚种类不多，作为大类物质，一般按照生物小分子的提取方法进行分离纯化；但核酸和蛋白质的结构单元复杂，其序列还决定着众多的亚种类结构，其分离纯化涉及较多方法。

一、蛋白质和酶的提取

蛋白质在动物中的含量较高，在植物和微生物中的含量较低，并且植物纤维和酚类等物质严重干扰蛋白质的提取，这些决定了不同来源的蛋白质在提取方法上有所差异。植物蛋白质的提取，除了像动物蛋白质那样主要利用提取液进行提取外，有时还将蛋白质与纤维等杂质共沉淀后再用裂解液释放杂质中的蛋白质，以便大大提高某些蛋白质的得率，但所得蛋白质的种类有所减少。具体做法是：液氮中研磨样品→含 10%三氯乙酸(TCA)的丙酮溶液提取过夜→用含尿素的溶液裂解释放出与杂质共沉淀的蛋白质。

大多数情况下，通常采用提取液直接提取样品中的蛋白质。提取液既要一定程度地模拟蛋白质所处的生理条件，又要最大限度地溶解目的蛋白质并限制杂质的含量，更要保证目的蛋白质在提取过程中的稳定性。生理条件主要用离子强度控制渗透压进行模拟，在选择好提取液盐离子类型的基础上，提取非活性蛋白质通常用低渗提取液，提取活性蛋白质通常用等渗提取液，提取某些与膜松散结合的膜蛋白通常先用低渗提取液再用高渗提取液，可部分取代去污剂的作用。

蛋白质在不同提取液中的溶解度差异主要取决于蛋白质分子中极性基团与非极性基团的比例，其次取决于其氨基酸顺序，故在一定的外界条件下，蛋白质分子的结构特性决定了它在一定溶剂中的溶解度。表 3-5 列举了一些蛋白质的溶解性质，对于配制特定蛋白质的提取液具有重要指导意义。

表 3-5　不同结构的蛋白质及其溶解性质

蛋白质类别	溶解性质
简单蛋白质	
白蛋白	溶于水及稀盐、稀酸、稀碱溶液，可被 50%饱和度的硫酸铵溶液析出
真球蛋白	一般在等电点时不溶于水，但加入少量的盐、酸或碱则可溶解
拟球蛋白	溶于水，可被 50%饱和度的硫酸铵溶液析出
醇溶蛋白	溶于 70%～80%乙醇溶液，不溶于水及无水乙醇
壳蛋白	在等电点不溶于水，也不溶于稀盐液，易溶于稀酸、稀碱溶液
精蛋白	溶于水和稀酸，易在稀氨水中沉淀
组蛋白	溶于水和稀酸，易在稀氨水中沉淀
复合蛋白质(包括糖蛋白、核蛋白、脂蛋白、血红蛋白、金属蛋白、黄素蛋白等)	此类蛋白质溶解度性质因蛋白质与非蛋白结合部分的不同而异。除脂蛋白外，一般可溶于稀酸、稀碱及盐溶液中，脂蛋白如脂肪部分露于外，则脂溶性占优势，如脂肪部分被包围于分子之中，则水溶性占优势

由表 3-5 可见，大部分蛋白质都能溶于水、稀盐、稀碱和稀酸，故蛋白质的提取液一般以水为主，再加上少量酸、碱或盐。这是因为少量离子的作用，可以减少蛋白质分子极性基团之间的静电引力，加强蛋白质与提取液之间的相互作用，从而促进溶解。常用的酸碱盐有 Tris-HCl 缓冲液、磷酸缓冲液、碳酸缓冲液和 NaCl 溶液。缓冲液 pH 的选择应首先保证在蛋白质的稳定范围之内，选择在稍偏离等电点的两侧，使蛋白质分子带上净电荷，以增大其溶解度。选择缓冲液时，除了考虑其所覆盖的缓冲范围外，还应注意缓冲液的类型。pH 7 是 Tris-HCl 缓冲液的缓冲边缘，且 Tris 的 pK 值受温度影响大，使用时须加以注意。近年来，实验中也常用由哌嗪磺酸衍生物组成的缓冲液[如 2-(*N*-吗啡啉)乙磺酸缓冲液(MES)和羟乙基哌嗪乙硫磺酸缓冲液(HEPES)]，这类缓冲液覆盖了整个有用的 pH 范围。

与膜或脂质结合得比较牢固的蛋白质或含脂肪族氨基酸较多的蛋白质，难溶于水，常用高浓度有机溶剂(如 70%～80%乙醇溶液)提取。有时也用表面活性剂提取这类蛋白质，相关方法在生物化学研究中越来越多。

大多数酶也是蛋白质，可参照上述原则提取。但在酶活性的生物化学分析实验中，在提取液成分和操作条件两方面都必须保证酶功能结构的稳定性。首先，提取液应为偏离等电点的 pH 缓冲液，其中的离子强度必须适中，以维持酶结构的稳定；其次，应加入适量巯基乙醇(有时可用半胱氨酸、维生素 C、β-巯基乙醇或谷胱甘肽代替)，以防止酶分子中的巯基被氧化和植物材料中的酚被氧化；再次，还应加入乙二胺四乙酸(EDTA)以络合使酶失活的重金属离子。在提取蛋白酶、磷酸化酶或其他低丰度酶类时要加入蛋白酶抑制剂(表 3-6)，以防止其“自杀效应”。为了减少表面张力对酶活性的降低作用，可以加入少量 BSA。有时为了更好地保证酶的稳定性，还要加入少量底物进行“安慰”(表 3-3)，使酶与底物结合为比单独存在时更稳定的复合物，然后被纯化出来。整个操作过程一般应在 0～4℃下进行；搅拌速度应缓慢，以免产生气泡导致表面张力过大而使酶失活。

表 3-6　常用蛋白酶抑制剂

抑制剂名称	抑制剂的作用
EDTA(乙二胺四乙酸)	抑制金属蛋白酶的活性
EGTA[乙二醇双(2-氨基乙醚)四乙酸]	抑制钙依赖性蛋白酶的活性
PMSF(苯甲基磺酰氟)	抑制丝氨酸蛋白酶的活性
TPCK(甲苯磺酰基-*L*-氨基联苯氯甲基酮)和 TLCK(甲苯磺酰赖氨酰氯甲酮)	抑制胰凝乳蛋白酶的活性
大豆蛋白酶抑制剂	抑制多种蛋白酶的活性

如果只是分析蛋白质的含量，那么很多情况下可以直接用表 3-5 中所列蛋白质提取液性质进行生化分析，结果的可靠性取决于目的蛋白与所选显色剂之间的专一性程度。例如，蛋白质与福林(Folin)-酚试剂的反应，在没有酚类物质的样品分析中，其专一性是非常高的。但在蛋白质结构分析和其他研究中，必须将粗提液用抽提、浓缩和沉淀的方法处理，必要时综合利用其他生物化学或有机化学的方法才能制成高纯品。常见的方法见表 3-4。

值得一提的是，即使综合利用这些方法，蛋白质(特别是新蛋白质)的进一步分离纯化仍具有很强的经验性和挑战性。其根本原因在于各种蛋白质在结构种类、存在量和活性稳定性等方面存在较大差别，需要探索并设计出适当的方法后才能成功。一个可行的方法是在提取之后采用初级分级分离技术和层析技术，鲜有直接进行亲和层析的。常见的初级分级分离技术包括盐析法、等电点沉淀、溶剂抽提、分配层析、逆流分配等。常见的层析技术有离子交换层析、吸附层析和疏水作用层析等。纯化后样品的纯度可以用电泳加以检测，看是否达到“电泳单点纯”。

二、核酸的提取

核酸是生物大分子，要分离纯化核酸必须考虑以下几个因素：①为了获得尽量大的核酸片段，整个操作应尽量在较低温度下进行，避免剧烈搅拌和振荡；②破碎细胞后，要尽量采用离心、抽提和酶解等方法除尽蛋白质、脂类和糖类等其他细胞组分；③为了避免非样品材料的核酸污染，所用的试剂和器皿均要消毒灭菌，实验过程中应戴上手套及口罩。由于近年来核酸一直是生命科学的研究热点，包括提取和纯化方法在内的许多方法已经标准化和简单化，一些新技术臻于成熟的周期也较短，不同于新蛋白质的分离纯化方法具有经验性和风险性。核酸分为 DNA 和 RNA 两类，下文分别介绍其分离纯化的一般原理。

(一)DNA 的分离纯化

由于 DNA 分子的种类(核内 DNA 或核外 DNA)、来源(不同生物)及研究目的不同，提取纯化的方法也不完全相同，但真核染色体 DNA 一般都要通过以下步骤进行处理：①在破碎细胞(可用液氮反复冻融以改善匀浆效果)的同时，用含有 CTAB(植物样品)或 SDS(动物、植物或微生物等样品)的提取缓冲液使 DNA 与蛋白质解联；②蛋白酶 K 消化以使蛋白质部分裂解；③通过用缓冲液饱和的苯酚抽提以除去蛋白质，或利用氯仿-异戊醇处理除去蛋白质；④加入一定量的 NaAc 或 LiCl 后，用 70%乙醇溶液沉淀 DNA；⑤利用琼脂糖凝胶电泳进行进一步分离和鉴定。

在上述步骤中，如果第一步用 SDS 提取，第三步则主要采用饱和苯酚抽提，这称为 SDS-苯酚法；如果第一步采用 CTAB，第三步则主要采用氯仿-异戊醇抽提蛋白质，这称为 CTAB 法。

(二)RNA 的分离纯化

真核总 RNA 的分离纯化可参照上述分离纯化 DNA 的 CTAB 法进行，但 CTAB 缓冲液所含的成分明显不同，第四步加入的盐一般为 LiCl，而且整个过程必须在无 RNase 的条件下进行，所以所使用的器皿和缓冲液均要经过 RNase 的高效抑制剂 DEPC(焦碳酸二乙酯)处理后才可使用。按照此法，可以获得总 RNA。然后，可进一步对具有组织特异性和发育阶段特异性的 mRNA 进行分离纯化。需要说明的是，在工业上提取酵母总 RNA 时，常用碱液或盐液提取。

真核 mRNA 分子 3′端具有 poly(A)，能与寡脱氧胸苷酸[oligo(dT)]或寡尿苷酸[oligo(U)]的碱基配对。先将 oligo(dT)或 oligo(U)连接在纤维素或琼脂糖上，装成层析柱，当含有 mRNA 的溶液流经层析柱时，柱上的 oligo(dT)或 oligo(U)便与 mRNA 分子 3′端的 poly(A)配对，使 mRNA 吸附于层析柱上，而其他核酸由于不为层析柱吸附而与 mRNA 分离。吸附于柱上的 mRNA，可用含有 EDTA 和 SDS 的微碱性 Tris 缓冲液洗脱，即可得到纯的 mRNA。

至于细胞器中核酸的提取，可先将细胞匀浆后再进行差速离心，分别将叶绿体、线粒体与细胞核分开，然后在破碎某种细胞器后，参照上述原理进行分离纯化。

除了 SDS-苯酚法和 CTAB 法外，有时也用盐法同时提取 DNA 和 RNA。两种核酸都是极性化合物，一般都溶于水，不溶于乙醇、氯仿等有机溶剂，它们的钠盐比游离核酸易溶于水，RNA 钠盐在水中溶解度可达 40 g/L，DNA 钠盐在水中的溶解度为 10 g/L。在酸性溶液中，DNA、RNA 易水解，在中性或弱碱性溶液中较稳定。

天然状态的 DNA 是以脱氧核糖核蛋白(DNP)和核糖核蛋白(RNP)形式存在的。DNP 和 RNP 在盐溶液中的溶解度受盐浓度的影响比核酸本身的上述差别更大。DNP 在低浓度盐溶液中，几乎不溶解，如在 0.14 mol/L NaCl 溶液中溶解度最低，仅为在水中溶解度的 1%，随着盐浓度的增加溶解度也增加，在 1 mol/L NaCl 溶液中的溶解度很大，比纯水中高 2 倍。RNP 在盐溶液中的溶解度受盐浓度的影响较小，在 0.14 mol/L NaCl 溶液中溶解度较大。因此，在提取时，常用此法分离这两种核蛋白。

可用 0.14 mol/L NaCl 溶液反复洗涤细胞破碎液，在上清液中收集 RNP，在沉淀中富集 DNP，再以 1 mol/L NaCl 溶液提取脱氧核糖核蛋白，再按氯仿-异醇法除去蛋白质、糖和无机离子等。RNP 也用类似方法除去蛋白质。

三、多糖的提取

多糖是自然界中分布最广的糖类，由多个单糖分子通过糖苷键缩合而成。淀粉是植物营养的主要储存形式。利用多糖和水生成胶体溶液的原理，可采用过滤和沉降等方法提取淀粉。直链淀粉溶于80℃热水中，由此可以分开支链淀粉和直链淀粉。

糖原属于高分子糖类化合物，是动物体内糖的主要储存形式，在肝脏内储量较为丰富。糖原在体内的合成与分解代谢，对血糖浓度起着重要的调节作用。糖原微溶于水，无还原性，与碘作用生成红色。常用的提取肝糖原的方法是将新鲜的肝组织与石英砂共同研磨以破坏肝组织，加入三氯乙酸溶液沉淀其中的蛋白质，离心除去沉淀。上清液中的肝糖原则通过加入乙醇沉淀而得。进而再将沉淀的糖原溶于水，取一部分加入碘观察颜色反应，另一部分经酸水解成葡萄糖后，用班氏(Benedict)试剂检验。

四、脂类的提取

人类膳食脂肪主要来源于动物的脂肪组织及植物油。动物脂肪的饱和脂肪酸和单不饱和脂肪酸多，而多不饱和脂肪酸含量较少。植物油主要为不饱和脂肪酸。

天然的脂肪并不是单纯的甘油三酯，而是各种甘油三酯的混合物，它们在不同溶剂中的溶解度因多种因素而变化，这些因素有脂肪酸的不饱和性、脂肪酸的碳链长度、脂肪酸的结构及甘油三酯的分子构型等。不同来源的食品，由于它们结构上的差异，不可能只采用一种通用的提取剂进行脂类的提取。脂类不溶于水，易溶于有机溶剂。测定脂类大多采用低沸点的有机溶剂萃取的方法。常用的溶剂有乙醚、石油醚、氯仿-甲醇混合溶剂等。其中乙醚溶解脂肪的能力强，应用最多。但它的沸点低(34.6℃)，易燃，可含有约2%的水分，含水乙醚会同时抽出糖等非脂类成分，所以实验时，须采用无水乙醚作提取剂，并要求样品无水分。石油醚溶解脂肪的能力比乙醚弱，但含水分比乙醚少，没有乙醚易燃，使用时允许样品含有微量水分。这两种溶剂只能直接提取游离的脂肪，对于结合态脂类，必须预先用酸或碱破坏脂类和非脂成分的结合后才能提取。因乙醚或石油醚各有特点，故常常混合使用。具体提取这些结合脂类时，要根据不同情况进行具体设计，因此，只能对基本原理和共同性的规律作简单介绍。一般说来，在提取之前必须先破坏脂类与其他非脂成分的结合，否则就无法达到满意的提取效果。可以采用醇类使结合态的脂类与非脂成分分离，它或者可以直接作为提取剂，或者可以先破坏脂类与非脂成分的结合；然后，再用乙醚或石油醚等脂肪溶剂进行提取。常用的醇类有乙醇或正丁醇。

氯仿-甲醇是另一种有效的提取剂。它对于脂蛋白、蛋白质、磷脂的提取效率很高，适用范围很广，特别适用于肉类等材料。牛乳中的脂类在牛乳中并不呈溶解状态，而是以脂肪球呈乳浊液状态存在，其周围有一层膜，使脂肪球得以在牛乳中保持乳浊液的稳定状态，这种膜是一群化合物，以穿插配列的形式吸附于脂肪球与乳浆的界面间。其中有蛋白质、磷脂等许多物质，可用一定浓度的硫酸使非脂成分溶解。脂肪球膜被软化破坏，于是乳浊液也被破坏，脂肪即可分离出来。这是一种公认的标准分析方法。可是对于含有糖类或巧克力的某些乳制品来说，采用本法会将糖类焦化，巧克力则进入脂肪中，不能满足测定要求。对于加糖乳制品来说，改进的方法很多，如碱性乙醚提取法，该法不能用腐蚀性大的浓酸。

第四章　分离纯化技术和生物化学检测技术

第一节　沉 淀 技 术

从细胞中初步提取出来的目的物是不纯的，必须经过进一步分离纯化才能获得高纯品。生物小分子目的物粗提液含有多种异类物质，可综合利用有机化学的方法加以纯化。蛋白质和核酸等生物大分子本身种类繁多，在其粗提液中的杂质不仅含有异类物质，还含有同类物质。对于异类物质，如提取蛋白质时含有核酸，或提取核酸时含有蛋白质，一般可用专一性酶水解、有机溶剂抽提或选择性沉淀等方法除去；而对于同类物质，如酶中的杂蛋白，RNA 中的 DNA，以及不同结构和构象的蛋白质、酶和核酸之间的分离纯化，则要复杂得多，涉及一系列生化分离纯化技术。从本节开始，将逐一概要介绍这些分离纯化技术原理。特别值得注意的是：除盐析、透析和本节介绍的沉淀技术外，这些分离纯化技术同时也是常用的生化分析技术。

溶液中的溶质由液相变为固相而析出的过程称为沉淀。沉淀法纯化生物大分子物质的基本原理是：各种物质的结构差异(如蛋白质分子表面疏水基团和亲水基团之间比例的差异性)导致它们在同一溶液中的溶解度也存在差异；另外，由于提取液中某些因子(如 pH、离子强度、极性、金属离子等)的改变，可引起其中一些物质的溶解度发生明显变化，所以适当地改变提取液或者其中的某些因子，使被分离的有效成分呈现最大溶解度，而将其他成分的溶解度大大降低，或者正好相反，以达到通过沉淀法分离有效成分的目的。故沉淀法有时也称为溶解度法。

纯化生物大分子主要用沉淀法。该方法操作简单，安全，成本低。分离同类物质如酶和杂蛋白、RNA 和 DNA 等，以及不同结构的蛋白质、酶、核酸等，都可以选择沉淀法。通过沉淀分离，固相与液相明显分开，根据需要留固相而去掉液相，或留液相而弃去固相，从而达到分离纯化的目的。已纯化的液态大分子化合物也可以通过沉淀技术将其由液态转为固态，加以保存，或做进一步的处理。

在生物化学实验中，沉淀法大多针对具有生物活性的物质，因此不仅要考虑沉淀能否发生的问题，同时还应考虑沉淀剂与沉淀条件对生物活性结构是否具有破坏作用，以及沉淀剂是否容易从生物活性物质中除去等问题，情况比较复杂。表 4-1 列出了生物化学中的沉淀法。生物化学实验中常用到的主要有盐析法和有机溶剂沉淀法。

表 4-1　生物化学中的沉淀法

沉淀法	原理概述	沉淀对象
盐析法	高浓度盐离子降低了水的活度，中和了蛋白质表面的电荷，破坏了包围蛋白质分子的水膜，导致蛋白质溶解度下降而析出	蛋白质和酶
有机溶剂沉淀法	有机溶剂使带有异性电荷的溶质分子接近，发生凝聚作用。另外，有机溶剂破坏蛋白质的水化膜，具有脱水作用	生物小分子、多糖及核酸。有时也用于蛋白质沉淀，用时要防止蛋白质变性
等电点沉淀法	当溶液的 pH 达到 pI 时，分子之间的斥力为零，溶解度最低而发生沉淀	氨基酸、蛋白质、核酸及其他两性物质的沉淀。一般多与其他沉淀方法结合使用
非离子多聚体沉淀法	常见的非离子多聚物有不同分子质量的聚乙二醇和葡聚糖等，它们的作用类似于有机溶剂，使极性生物分子受到疏水性排斥，相互凝聚而沉淀析出	蛋白质、核酸、细菌和病毒等
生成盐复合物沉淀法	许多蛋白质与金属离子(锌、镉、银、铅)、有机酸盐(苦味酸和鞣酸等)、无机酸盐(磷钨酸盐和磷钼酸盐等)形成复合物后，导致介电常数等性质改变，从而发生沉淀	多种生物分子，特别是蛋白质
选择性变性沉淀法	生物大分子对某些物理或化学因素的敏感性不同，可选择性地使其变性沉淀，以达到分离提纯的目的	蛋白质、酶和核酸等

一、盐析法

向提取液中加入高浓度中性盐，达到一定的饱和度使目的物析出的方法称为盐析，它是在分离纯化前期常用的方法，是从提取到分离纯化的衔接技术。盐析法适用于许多非电解质的分离纯化，一般蛋白质与酶、DNA 与 RNA 等都可以出现盐析现象。尽管盐析法有与同类杂质共沉淀的作用，但在目的物的粗提阶段常常用到。

(一)基本原理

蛋白质溶液是大分子化合物溶液，并且具有胶体的稳定性。蛋白质溶液的稳定性由两个因素决定：一是在同一溶液中，蛋白质分子表面带有相同电荷产生相互排斥现象；二是蛋白质分子外表包围有一层水化膜，减少了互相碰撞的机会。如果在蛋白质溶液中加入中性盐，当盐浓度低时，盐离子与水分子对蛋白质分子上的极性基团产生影响，使蛋白质在水中溶解度增大，这种现象称为盐溶。但当盐浓度增大到一定程度时，盐离子则可中和蛋白质分子表面的大量电荷，同时破坏水化膜，水的活度被降低，使蛋白质分子相互聚集而发生沉淀。因此，高浓度盐离子的存在降低了水的活度，中和了蛋白质表面的电荷，破坏了包围蛋白质分子的水膜，导致蛋白质溶解度下降而析出，这种现象称为盐析。

由于不同的蛋白质分子对盐浓度的敏感程度不同，因此选用不同浓度的中性盐溶液使不同的蛋白质分别沉淀析出，以达到不同蛋白质初步分离纯化的目的，这种技术称为分级盐析。

（二）盐类的选择

很多盐类（如硫酸铵、氯化钠和硫酸钾等）都可以使蛋白质发生盐析。一般蛋白质沉淀常选用硫酸铵。与其他盐类相比，硫酸铵的优点明显：①硫酸铵的溶解度大而温度系数小，水温在 0℃时其溶解度为 3.9 mol/L，25℃时为 4.1 mol/L；②硫酸铵对物质的分级效果好，在一些提取液中加入适量的硫酸铵经过一步分级沉淀，就可除去 75%以上的杂蛋白，并且还有稳定蛋白质结构的作用，2～3 mol/L 硫酸铵盐析蛋白质，可于低温条件下保存 1 年，且蛋白质性质不发生变化；③硫酸铵价廉易得。

但硫酸铵也有缺点：当蛋白质需要进一步纯化时，则需要进行脱盐，花费一定的时间；另外，硫酸铵的缓冲能力较弱，且含有氮原子，对蛋白质的定量分析可能会带来一定的影响；硫酸铵溶液的 pH 常在 4.5～5.5，纯品硫酸铵的 pH 会降至 4.5 以下，在其他 pH 条件下进行盐析时，要用硫酸和氨水调节 pH。

1）当粗提液的体积较大时，可以直接将固体硫酸铵逐步加入溶液中，当达到一定的饱和度时，蛋白质便可以沉淀出来。要严格控制加入硫酸铵的速度，少量分批加入，边加边搅动，待硫酸铵完全溶解后，再继续加入。在这个过程中，硫酸铵的浓度不断增加，水分子与硫酸铵结合，当加入的硫酸铵使溶液浓度达到“盐析点”时，蛋白质便沉淀出来。各种不同饱和度的硫酸铵溶液应加入固体硫酸铵的量详见本书附录二。

2）当提取液的体积较小时，可以用饱和溶液加入硫酸铵。饱和硫酸铵的一般配制方法是：取过量的硫酸铵加热溶解，再在 0℃或室温下放置，直至硫酸铵有固体析出即达 100%饱和度。在加入饱和硫酸铵溶液的操作过程中，也应注意少量分批加入，边加边搅动，以免局部浓度过高，影响分离效果。

3）当提取液的体积太小时，可以将待盐析的样品液装于透析袋中，放入一定浓度的硫酸铵饱和溶液中进行透析。外部的硫酸铵由于扩散作用，不断透过半透膜而进入透析袋内，逐步达到盐析所需要的饱和度，这时蛋白质便会沉淀下来。此法盐浓度变化较为连续，不会出现盐的局部浓度升高现象，盐析效果好。这是透析法脱盐的反向操作，透析脱盐是将装有盐析沉淀样品的透析袋放入纯水或缓冲液中进行透析，将盐除去。

（三）盐析的影响因素

1．盐的饱和度

由于不同蛋白质盐析时对盐的饱和度的要求不同，在分离混合组分的蛋白质时，盐的饱和度从低到高逐渐增加，每当沉淀一种蛋白质后，一般放置 0.5～1h，待完全沉淀后再进行离心或过滤（低浓度的硫酸铵溶液盐析后，固液分离常用离心法，而高浓度的硫酸铵溶液密度大，蛋白质在悬浮液中沉降需要较高的离心速度和较长的时间，因此对固液相的分离常采用过滤法）。再继续加入饱和液，增加盐的饱和度，使第二种蛋白质沉淀，再进行分离，以此类推，直到把所有蛋白质组分沉淀分离出来为止。在逐步分级盐析中，盐的饱和度是影响盐析的重要因素。

2．pH

在等电点时，蛋白质溶解度最小，盐析时 pH 常选择在被分离蛋白质的等电点附近。硫酸铵在水中显酸性，为了防止某些蛋白质被破坏，可用氨水调节 pH 至中性。

3．蛋白质浓度

在相同的盐析条件下，目的蛋白质的浓度越高，越容易发生沉淀，使用盐的饱和度极限也降低，对沉淀有利。若在蛋白质混合液中，蛋白质浓度过高，不同分子间的相互作用力增强，易发生多种蛋白质的共沉淀作用，影响盐析效果。一般样品液中蛋白质浓度以 0.2%～2%为宜。

如果进行分级盐析，要注意蛋白质浓度的变化。蛋白质浓度不同，所要求的盐析饱和度也不同。一种蛋白质如经过两次盐析，第一次由于蛋白质浓度较稀，盐析分段范围应较宽，硫酸铵饱和度范围大；第二次盐析分段范围则比较窄，盐的饱和度范围缩小。

4．温度

由于浓盐溶液对蛋白质有一定保护作用，所以盐析操作一般在室温下进行。但对于那些热敏感酶，则应在低温条件下操作。

5．脱盐

蛋白质和酶用盐析法处理后，需进行脱盐处理才能进一步进行分离提纯，得到纯品。脱盐常用的方法是透析法，把蛋白质溶液装入透析袋内，然后放入蒸馏水或缓冲液中进行透析，盐离子通过透析袋扩散到水中或缓冲液中，蛋白质大分子则留在透析袋内。通过更换蒸馏水或缓冲液，直至透析袋内盐分透析完毕。由于透析时间较长，因此该过程应在低温条件下进行。另外，也可在外加低电压的电场中进行电透析。随着透析袋内盐分的降低，可逐渐升高电压，以缩短透析时间，但要有冷却装置。此外，用凝胶层析脱盐效果也很好。

二、有机溶剂沉淀法

有机溶剂可以使许多能溶于水的生物分子发生沉淀作用。有机溶剂沉淀法与盐析法比较有以下优点：①有机溶剂沉淀法比盐析法的分辨力高，一种蛋白质能在一个比较窄的有机溶剂浓度范围内沉淀；②有机溶剂沉淀弥补了盐析法的缺点，其沉淀不用脱盐处理，过滤也比较容易。有机溶剂沉淀法的主要不足之处是使某些生物大分子如酶等变性失活，同时此法必须在低温条件下进行。

(一)基本原理

有机溶剂的介电常数比水小，可以降低溶液的介电常数，导致溶剂的极性减小，使带有异性电荷的溶质分子之间距离变小，吸引力增强，发生凝聚作用。另外，有机溶剂与水的作用能破坏蛋白质的水化膜，与盐溶液一样具有脱水作用。这两种作用足以使蛋白质在一定浓度的有机溶剂中沉淀析出。

（二）有机溶剂的选择

首先，选用的有机溶剂能与水相混溶。对于核酸、糖类、氨基酸、核苷酸等物质，常选用乙醇作为沉淀剂；对于蛋白质和酶，用乙醇、甲醇和丙酮都可以，但甲醇和丙酮对人体有一定的毒性。使用有机溶剂进行沉淀时，需加入一定量的有机溶剂使溶液达到一定的浓度。

（三）影响有机溶剂沉淀的因素

1．温度

大多数生物大分子，如蛋白质、酶和核酸，在有机溶剂中对温度特别敏感，温度稍高，即发生变性。因此生物大分子溶液中要加入冷却至较低温度的有机溶剂，操作过程也必须在冰浴中进行，同时，应缓慢加入有机溶剂，并不断搅动，以免局部浓度过高。另一些有机小分子化合物如核苷酸、氨基酸、生物碱及糖类等，分子结构比较稳定，不易被破坏，对温度没有十分严格的要求，但低温条件对提高它们的沉淀效果仍是有利的。

2．样品浓度

蛋白质样品浓度低，使用的有机溶剂量大，共沉淀作用小，有利于提高分离效果。但具有生理活性的样品，易产生稀释变性。反之，高浓度样品可以节省有机溶剂，减少变性危险，但共沉淀作用大，分离效果差。一般蛋白质最初浓度为5～20 mg/mL 比较合适，再加上选择适当的 pH 进行分离，即可获得较好结果。

3．pH

操作时的 pH 大多数控制在待沉淀蛋白质的等电点附近，有利于提高沉淀效果，一般在有机溶剂沉淀时添加中性盐的浓度为 0.05 mol/L 左右比较适合，若浓度过高则导致沉淀效果不好。因此有机溶剂沉淀蛋白质时，宜在稀盐溶液或在低浓度缓冲液中进行。

除了盐析法和有机溶剂沉淀法外，在实验室还会用到其他沉淀方法（表 4-1）。本书第二节将介绍的低速离心，在一些情况下也可造成沉淀，此法根据被分离物质颗粒的大小，在外加离心力的作用下使其分离；还有常用的等电点沉淀法，此法利用蛋白质在等电点时溶解度最低、不同的蛋白质具有不同的等电点的特点进行分离，常和盐析法、有机溶剂沉淀法联合使用。随着生物化学实验技术的发展，其他许多衍生的或新的沉淀方法将会层出不穷。

单纯的沉淀是制备性生物化学实验的重要目标。同种生物分子高纯度沉淀在一起，在一定条件下常常形成晶体；因此，通过沉淀形成结晶是分析性生物化学实验所追求的重要目标。

第二节　离 心 技 术

离心技术是利用离心机旋转时产生的强大离心力，以及处于一定密度的介质中的目的物的大小、形状和密度的差异而进行分离的一种方法。这种技术常用于分离细胞器、大分子物质，以及用于固液分离，同时它也是测定某些纯物质部分性质的一种方法，故通常可分为制备性离心和分析性离心两类。具体操作时可以将含有目的物的待分离物质悬浮于溶剂或其他离心介质中，并装入离心管，加上一定的离心场，待分离物质中的各溶质颗粒由于大小、形状和密度的差异而彼此分离。生化实验中的制备性离心主要用于为后续生化研究制备特定的细胞内容物样品；而分析性离心主要用于检测生物大分子样品的纯度，以及分析它们的化学性质和生物学特性。

离心的效果取决于离心机提供的离心力、目的物形态性质差异和介质密度差异三大因素。

一、离心机类型

离心机是离心技术的关键设备。根据使用目的不同，离心机分为制备性离心机和分析性离心机。制备性离心机按其转速可分为三大类，即低速离心机、高速冰冻离心机和超速离心机。分析性离心机结构与制备性超速离心机相同，只是多一个光学观察系统。通过光学系统，人们可以观察到大分子物质在离心场中的沉降行为，进而可研究大分子化合物的分子特征。目前，光吸收法中采用了电子扫描检测法，使其精确性和灵敏度都有了提高。几种常见的离心技术及其特性如表 4-2 所示。

表 4-2　几种常见的离心技术及其特性

名称	最大转速/(r/min)	最大相对离心力/g	转子的温度控制	沉降分离物	注意事项
低速离心	4 000～6 000	3 000～7 000	室温，但长时间离心时温度升高	快速沉降物如酵母、真核细胞、细胞壁碎片和粗沉降物等	注意样品热变性和离心管平衡
高速冰冻离心	25 000	89 000	转子位于冰冻室中	微生物、较大细胞器(如叶绿体)和硫酸铵沉淀	离心管的精确平衡
超速离心	80 000	600 000	转子位于真空密闭冰冻室内，以避免相对空气流的升温作用	病毒，小细胞器(如核糖体)等	离心管的精确平衡

1．低速离心机

不同型号的低速离心机最高转速不同，但最高的转速只能达到 6000 r/min。这种离心机型号很多，转速低，速度不能精确控制，无低温设备，但应用广泛，价格低廉，是实验室不可缺少的设备。低速离心机的装载量因型号而异，可从几十毫升到几升。它主要用于固液沉降分离，从而利用其上清液或沉淀。这种离心机中，转头一般被镶置在一个刚硬的轴上，因此精确地平衡离心管和内含物(两管之差不超过 0.25 g)是十分重要的。转头中绝不允许装载单数离心管，当转头为部分装载时，离心管必须放在转头的对称位置，以便使负载均匀地分布在转头轴的周围。

2．高速冰冻离心机

高速冰冻离心机的最大转速为20 000～25 000 r/min，最大相对离心力达89 000 *g*，一般都带有制冷设备，以消除由于转头与空气摩擦而产生的热量。这类离心机常见的有两种：一种是低容量高速冰冻离心机；另一种是较简单的大容量连续流动离心机。

低容量高速冰冻离心机品种很多，性能也有差异，是生物化学实验室应具备的主要设备。这种离心机的速度控制要比低速离心机精确，通过离心室底部的热电偶可使离心室的温度维持在0～4℃。它装有控制时间、转速、温度的调节器，也具有控制器，以便在离心结束时缩短减速所需的时间。可采用多种转头，其总容量可达1.5 L。低容量高速冰冻离心机可用于收集微生物菌体、细胞碎片、大的细胞器、硫酸铵沉淀物和免疫沉淀物等。当然，它尚不能产生足够的离心力，以有效地沉淀病毒和小的细胞器等。大容量连续流动离心机主要用于从大体积(5～500 L)培养液中收集酵母和细菌细胞。

3．超速离心机

超速离心机最高转速可达80 000 r/min，产生的相对离心力可达600 000 *g*以上。这种离心机不仅可以进行各种细胞器的分级分离、病毒的分离提纯，还可以分离纯化DNA、RNA、蛋白质等大分子化合物，甚至可以分辨出仅以^{15}N代替天然存在的^{14}N的两型DNA分子。超速离心机主要由4部分组成，即驱动和控速装置、温度控制设备、真空系统、转头。

大多数超速离心机的驱动装置由水冷电动机通过精密齿轴箱连接到转头轴构成。转头轴较细，在旋转期间，细轴可有一定的弹性弯曲以便适应转头的轻度不平衡，而不至于引起振动或轴的损伤。转头的转速是利用变阻箱和带有旋转计的控制器进行选择的。同时还有过速保护装置。

超速离心机的温度控制是通过安装在转头下面的红外线射量感应器直接而连续的监测而实现的，这种控温系统比热电偶装置更灵敏、准确。

超速离心机的真空系统是为了消除转头和空气摩擦产生的热量而设置的。转速在20 000 r/min以下时，转头与空气摩擦只产生少量的热量。而在更高的速度时，空气的摩擦作用明显增大，当转速超过40 000 r/min时，摩擦产生的热量就成为严重的问题。在转头室密封后，通过两个不同的真空泵的工作，可达到并维持高真空度。在此条件下，温度控制就容易多了。

超速离心机配有多种转头，以满足不同工作的需要。

二、低密度介质离心技术

低密度介质离心技术的特点是以水、缓冲液、稀盐溶液等作为离心介质，它们对于目的物具有明显的溶剂化特性，目的物可以最大限度地悬浮并分散于其中。常见的有沉淀离心技术和差速离心技术。沉淀离心技术是将含目的物(或不含目的物)的所有沉淀与上清液分离的最常用方法，随着相对离心力的增加，被沉淀分离的溶质颗粒越来越小。差速离心技术是将含有几种目的物的沉淀重新悬浮在离心介质中，通过分级差速离心将同一样品中的各个溶质组分分级离心出来。例如，将植物组织匀浆后，用尼龙纱布过滤，滤液在 200 *g* 下离心 5 min，弃沉淀；上清液用 1000 *g* 离心 10 min，可获得叶绿体沉淀；上清液再用 10 000 *g* 离心 20 min，获线粒体沉淀；上清液再用 10 000 *g* 离心 10 h，获核糖体沉淀。更小的溶质颗粒则要用高速冰冻离心或加大离心介质的密度才能制得(图 4-1)。

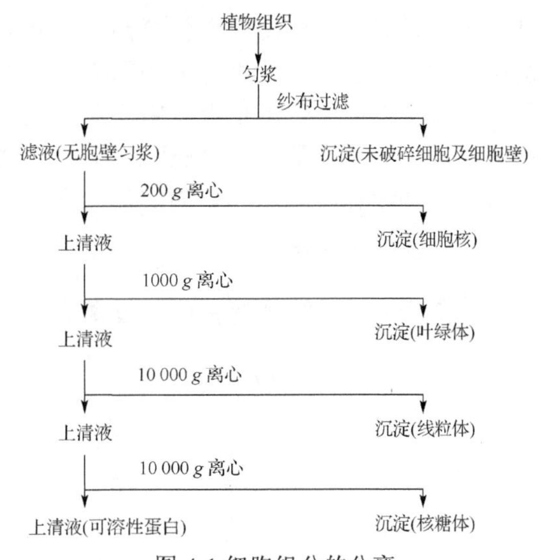

图 4-1 细胞组分的分离

(一) 沉淀离心技术

沉淀离心技术是选定一定的转速、时间进行离心，使样品液中的大颗粒固形物和液体分离，从而获得沉淀或上清液。所用离心机为低速离心机。这是一种最初级而应用最为广泛的技术，如匀浆液残渣的去除、硫酸铵沉淀的获得等。

为了增加离心效果，可以将目的物重新悬浮、反复离心。第一次离心时，由于物质之间的吸附作用，一部分较小的溶质组分要同该级离心的目的物一起沉淀。这样既影响了目的物的纯度，又影响了下一级离心组分的得率。但反复悬浮离心的次数不能太多，否则会影响本次离心目的物的得率，故一般 2 或 3 次即可。

(二) 差速离心技术

差速离心又称为差级离心或差分离心，是在均匀的介质溶液中，利用各种物质粒子在沉降速度上的差别而分批分离的方法。差速离心技术一般用于分离沉降系数相差较大的物质粒子。

在操作时，首先选定一个特定的离心场进行离心，在离心管底部首先得到沉降系数最大的部分。然后用倾倒法将上清液和沉淀分开，将沉淀在同样离心场中“洗涤”数次，这是因为得到的沉淀不是均一的，往往带有其他成分，通过洗涤(即将沉淀悬浮后再离心)才能得到较纯的部分。然后加大离心场，对上次离心的上清液再进行离心，又得到沉降系数比较大的粒子。如此反复多次，每次都增加相对离心力，最后可将最轻、最小的颗粒沉降。这种方法是从细胞匀浆中制备各种亚细胞成分最常用的方法(图 4-1)。

三、高密度梯度离心技术

用密度更大的介质代替溶剂作为离心介质，可大大增加离心技术对溶质的分离纯化能力，甚至可以用于直接分离纯化和分析生物大分子。常见的有沉降平衡法和沉降速度法。前者主要用于大小相近、密度差别较大的生物大分子之间的分离和分析；后者主要用于密度相近、大小差别较大的生物大分子之间的分离和分析。这两种方法需要先用介质(如蔗糖和氯化铯)在离心管中制备一个连续的密度梯度，后者也可以在加载样品后，让样品的沉降与密度梯度的形成同时进行。

（一）沉降平衡法

沉降平衡法又称为等密度梯度离心法，常用的是氯化铯(CsCl)密度梯度平衡离心法，它主要用于分子大小相同而密度不同的核酸的分离、纯化和研究。各待分离的核酸组分在离心过程中分别漂浮于与自身密度相等的某一 CsCl 溶液密度层中，此密度层称为该组分的浮力密度。例如，用此方法很容易将不同构象的 DNA、RNA 及蛋白质分开：蛋白质漂浮在最上面，RNA 沉于管底，超螺旋 DNA 沉降较快，开环及线状 DNA 沉降较慢。收集各区带的 DNA，经抽提、沉淀，可得到纯度相当高的 DNA(图 4-2)。

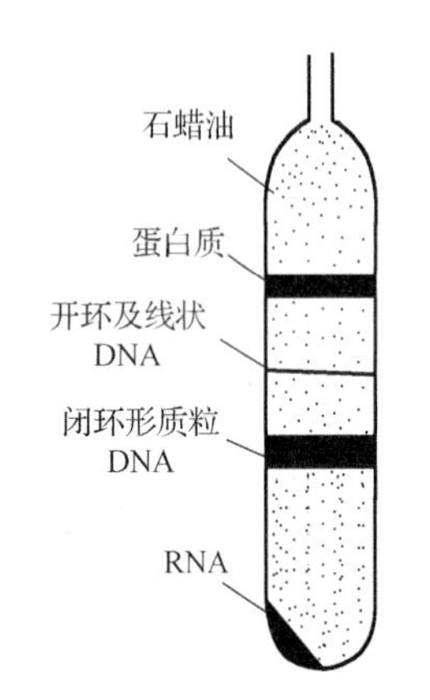

图 4-2　染料-氯化铯密度梯度超离心后质粒 DNA 及各种杂质的分布(引自朱利泉，1997)

（二）沉降速度法

沉降速度法又称为速度-区带离心法。在待沉降分离的样品中，各种分子密度相近而大小不等时，它们在具密度梯度的介质中离心，将按自身大小所决定的沉降速度下沉。所谓沉降速度是指单位时间内样品分子在离心管中下降的距离，大小相同的分子以相同的沉降速度下降，形成清楚的沉降界面。当沉降样品中含有几种大小不同的颗粒时，就会出现几个沉降界面，用特殊的光学系统可以观测这些沉降界面的沉降速度。

单位离心场中的沉降速度称为沉降系数，用 S 表示。沉降系数常用来表示生物大分子及生物超分子复合物的大小。核酸、核糖体、病毒等的沉降系数通常为 1×10^{-13}～200×10^{-13} s，为方便使用，将 10^{-13} s 作为一个单位，用 S 表示，以纪念对超速离心技术做出重大贡献的科学家 T. Svedberg。因此，10^{-13} s 称为斯韦德贝里(Svedberg)单位。例如，tRNA 分子的大小约为 4 S，即其沉降系数约为 4×10^{-13} s。

第三节　层析技术

层析技术又称色层分析技术或色谱技术，是生物化学中常用的分离复杂混合物中各种成分的物理化学方法。层析技术的最大特点是：既能保证较高的分离效率，又能分离各种性质极相类似的物质；既可用于大量物质的分离纯化制备，又可用于少量物质的分析鉴定。因此，作为一种重要的分析分离技术，层析技术广泛地应用于科学研究及石油、化工、医药卫生、生物科学、环境科学、农业科学等领域。

一、基本原理

层析的原理是利用混合物中各组分的理化性质(如吸附能力、分子形状和大小、分子所带电荷的性质和数量及分子亲和力等)的差异，使其通过互不相溶的两个相(一个称为流动相，另一个称为固定相)组成的体系，由于被分离混合物中各组分在两相中的分配系数不同，因此会以不同速度移动而互相分离开来。在某一时间点，某一组分在固定相和流动相中的分配可以达到平衡，此时该组分在两相中平均浓度的比值称为分配系数(K)。

$$K=溶质在固定相中的浓度(C_s)/溶质在流动相中的浓度(C_m)$$

分配系数是由各组分的性质(分子的大小、电荷、相对分子质量等)所决定的。不同的层析类型，其K值的含义不同：吸附层析中，K值表示吸附平衡常数；分配层析中，K值表示分配系数；离子交换层析中，K值表示交换常数；亲和层析中，K值表示亲和常数。K值大表示该组分在固定相中浓度高，在层析过程中，移动较慢；K值小表示该组分在流动相中浓度高，在层析过程中，移动较快；若两组分在某一条件下具有相似的K值，则表示两组分的移动速度相似，分离效果差。由于两组分之间具有相似K值的概率极低，因此层析技术的分辨率很高，可以实现组成、结构和性质相似的物质之间的分离。

二、层析类型

以亲和力和渗透性的种类为标准，生物化学实验中常用的层析技术有纸层析、吸附层析、离子交换层析和凝胶过滤层析等。前一种层析在纸上进行，后三种有两种方式：直接将固定相均匀地铺在玻璃板上的叫薄层层析：直接将固体固定相装入层析柱中的叫柱层析，如图 4-3 所示。纸层析、薄层层析和柱层析的操作步骤相似，包括：①加样于选定的固定相上；②展开(在纸层析和薄层层析中称为展层，在柱层析中称为洗脱)；③结果的检出与鉴定。

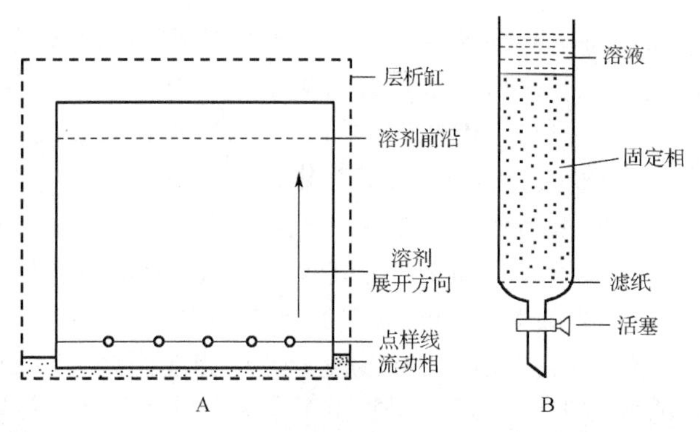

图 4-3　薄层层析(A)和柱层析(B)示意图(引自朱利泉，1997)

纸层析和薄层层析都是平面层析，前者是柔性的，可以卷成圆桶状，后者则是不可卷折的刚性平面。纸层析的固定相是固定不变的，而薄层层析的固定相则可以像柱层析那样多种多样。常见层析类型如表 4-3 所示。由于洗脱分离比展层分离的用途更为广泛，因此各种类型的柱层析发展更完善，包括高效液相色谱、气相色谱和亲和层析等。

表 4-3　常见层析类型

层析大类型	层析亚类型	固定相的形状与主要类型
纸层析	纸层析	各种类型和厚度的层析纸，如 Whatman 层析纸
薄层层析	可包括所有下面柱层析的亚类型，但主要是吸附层析	作为固定相的支持物主要有硅胶 G、氧化铝、纤维素、硅藻土、纤维素 G、DEAE-纤维素、交联葡聚糖凝胶。层析前均匀涂布在一定大小的玻璃板上
柱层析	离子交换层析	离子交换层析是在以离子交换剂为固定相，液体为流动相的系统中进行的。离子交换剂是由基质、电荷基团和反离子构成的。离子交换剂与水溶液中离子或离子化合物的反应主要以离子交换方式进行，或借助离子交换剂上电荷基团对溶液中离子或离子化合物的吸附作用进行
	凝胶过滤层析	凝胶过滤层析又称为分子筛层析，其原因是凝胶具有网状结构，小分子物质能进入其内部，而大分子物质却被排除在外部。当一混合溶液通过凝胶过滤层析柱时，溶液中的物质就会按不同分子质量筛分开
	高效液相色谱	高效液相色谱是在经典液相色谱的基础上，引入了气相色谱的理论与技术而建立的分析法。因此，它可分为多种类型。按分离机制的不同分为液固吸附色谱法、液液分配色谱法(正相与反相)、离子交换色谱法、分子排阻色谱法等
	气相色谱	气相色谱是在以适当的固定相做成的柱管内，利用气体(载气)作为移动相，使试样(气体、液体或固体)在气体状态下展开，在色谱柱内分离后，各种成分先后进入检测器，用记录仪记录色谱图谱
	亲和层析	亲和层析的原理与抗原-抗体、激素-受体和酶-底物等特异性反应的机理相类似。把具有识别能力的配体 L(如对酶的配体可以是类似底物、抑制剂或辅基等)以共价键的方式固化到含有活化基团的基质 M(如活化琼脂糖等)上，制成亲和吸附剂 M-L，或者称为固相载体。然后，让欲分离的样品液通过柱，恰当地改变起始缓冲液的 pH，或增加离子强度，或加入抑制剂等因子，即可把目的物从固相载体上解离下来

（一）纸层析

纸层析是以滤纸作为支持物的分配层析。滤纸纤维与水有较强的亲和力，能吸收 22%左右的水，其中 6%～7%的水是以氢键形式与纤维素的羟基结合。由于滤纸纤维与有机溶剂的亲和力很弱，因此在层析时，以滤纸纤维及其结合的水作为固定相，以有机溶剂作为流动相。纸层析对混合物进行分离时，发生两种作用：第一种是溶质在结合于纤维上的水与流过滤纸的有机相之间进行分配(即液-液分离)；第二种是滤纸纤维对溶质的吸附及溶质溶解于流动相的不同分配比进行分配(即固-液分配)。显然混合物的彼此分离是这两种因素共同作用的结果。

在实际操作中，点样后的滤纸一端浸没于流动相液面之下，由于毛细管作用，流动相开始从滤纸的一端向另一端渗透扩展。当流动相(有机相)沿滤纸经过点样处时，样品中的溶质就按各自的分配系数在有机相与附着于滤纸上的水相之间进行分配。一部分溶质离开原点随着有机相移动，进入无溶质区，此时又重新进行分配；另一部分溶质从有机相进入水相。在有机相不断流动的情况下，溶质不断地进行分配，沿着有机相流动的方向移动。样品中各种不同的溶质组分有不同的分配系数，移动速率也不一样，从而使样品中各组分得到分离和纯化。

在纸层析中，可以用相对迁移率(R_f)来表示一种物质的迁移：

R_f=组分移动的距离/溶剂前沿移动的距离

=原点至组分斑点中心的距离/原点至溶剂前沿的距离

在滤纸、溶剂、温度等各项实验条件恒定的情况下，各物质的R_f值是不变的，它不随溶剂移动距离的改变而变化。R_f与分配系数K的关系：$R_f = 1/(1+\alpha K)$。其中，α是由滤纸性质决定的一个常数。由此可见，K值越大，溶质分配于固定相的趋势越大，而R_f值越小；反之，K值越小，则分配于流动相的趋势越大，R_f值越大。R_f值是定性分析的重要指标。

在样品所含溶质较多或某些组分在单向纸层析中的R_f比较接近、不易明显分离时，可采用双向纸层析法。该法是将滤纸在某一特殊的溶剂系统中按一个方向展层以后，即予以干燥，再旋转90°，在另一溶剂系统中进行展层，待溶剂到达所要求的距离后，取出滤纸，干燥显色，从而获得双向层析谱。应用这种方法，即使溶质在第一溶剂中不能完全分开，但经过第二种溶剂的层析能得以完全分开，大大提高了分离效果。

植物色素的纸层析结果可用肉眼观察，其他生物小分子物质的层析结果可以用特定的试剂显色鉴定。

(二)薄层层析

薄层层析(TLC，图4-4)是在玻璃板上涂布一层固定相支持剂，待分离样品点在薄层板一端，然后让流动相从上流动，从而使各组分得到分离的物理方法。常用的支持剂有硅胶G、氧化铝、纤维素、硅藻土、纤维素G、DEAE-纤维素、交联葡聚糖凝胶等。使用的支持剂种类不同，其分离原理也不尽相同，有分配层析、吸附层析、离子交换层析、凝胶层析等多种。薄层层析的基本原理及R_f值的计算与纸层析相似。

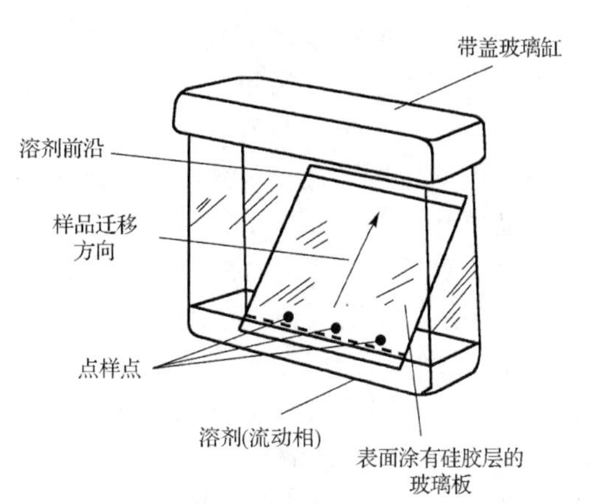

图4-4　TLC系统(引自朱利泉，1997)

一般实验中应用较多的是以吸附剂为固定相的吸附层析。物质之所以能在固体表面停留，是因为固体表面的分子和固体内部分子所受的吸引力不同。在固体内部，分子之间互相作用的力是对称的，其力场互相抵消。而处于固体表面的分子所受的力是不对称的，向内的一面受到固体内部分子的作用力大，而表面层所受的作用力小，因而气体或溶质分子在运动中遇到固体表面时受到这种剩余力的影响，就会被吸引而停留下来。吸附过程是可逆的，被吸附物在一定条件下可以解吸出来。在单位时间内被吸附于吸附剂的某一表面积上的分子和同一单位时间内离开此表面的分子之间可以建立动态平衡，称为吸附平衡。吸附层析过程就是不断地产生平衡和不平衡、吸附与解吸的动态平衡过程。

吸附剂（固定相）和洗脱剂（流动相）的选择是吸附层析成败的关键。实验室中常用的固体吸附剂有硅胶、氧化铝、氧化镁、硅藻土和纤维素等。硅胶为微酸性吸附剂，适合分离酸性和中性物质；氧化铝和氧化镁是微碱性吸附剂，适合分离碱性和中性物质；硅藻土和纤维素为中性吸附剂，适合分离中性物质。常用洗脱液按极性递增的次序有：石油醚≪环己烷<四氯化碳<苯<甲苯<乙醚<氯仿<乙酸乙酯<正丁醇<丙酮<乙醇<甲醇<水。吸附层析通常用于分离脂类、类固醇类、类胡萝卜素、叶绿素及它们的前体等非极性或极性不强的有机物。值得注意的是，除吸附层析本身外，吸附作用还或多或少地存在于其他类型的层析中。

吸附剂能力的强弱除取决于吸附剂（固定相）和被吸附物质的性质外，还因洗脱剂（流动相）的影响而发生变化。一般用活度来表示吸附剂的吸附能力。吸附能力主要受吸附剂含水量的影响。吸附剂活度强时，能吸附极性较小的基团；吸附剂活度弱时，对非极性基团的吸附能力也较强。一般利用加热烘干的办法来减少吸附剂的水分，从而增强其活度。通常，分离水溶性物质时，因其本身具有较强极性，故吸附剂活度要弱一些；相反，分离脂溶性物质时，吸附剂活度要强一些。

薄层层析设备简单，操作简便，快速灵敏。通过改变薄层厚度，既能做分析鉴定，又能做少量制备。配合薄层扫描仪，可以同时做到定性定量分析，因此其在生物化学、植物化学等领域是一类广泛应用的物质分离方法。

（三）离子交换层析

离子交换层析是利用离子交换剂上的可交换离子与周围介质中被分离的各种离子间的亲和力不同，经过交换平衡达到分离目的的一种柱层析法。该法可以同时分析多种离子化合物，具有灵敏度高，重复性、选择性好，分离速度快等优点，是当前最常用的层析法之一，常用于多种离子型生物分子的分离，包括蛋白质、氨基酸、多肽及核酸等。

离子交换剂主要由基质和荷电基团构成，在水中呈不溶解状态，能释放出反离子。同时它与溶液中的其他离子或离子化合物相互结合，结合后不改变本身和被结合离子或离子化合物的理化性质。离子交换剂基质可以由多种材料制成，均是高分子不溶性物质。目前常用的有人工合成的树脂、纤维素（cellulose）、葡聚糖纤维素（sephacel）、交联葡聚糖凝胶（sephadex）、琼脂糖（sepharose）等。在这些不溶性母体上引入不同的活性基团，即具有离子交换的作用，可成为各种类型的离子交换剂。这些离子交换剂同时具有离子交换和分子筛的作用，交换容量大，分辨能力强。

这些基质与电荷基团之间可以通过共价键连接，以组合的方式构成多种多样的离子交换剂。根据与基质共价结合的电荷基团的性质，可以将离子交换剂分为阳离子交换剂和阴离子交换剂。

1) 阳离子交换剂的电荷基团带负电，可以交换阳离子物质。根据电荷基团的解离度，又可以分为强酸型、中等酸型和弱酸型三类。区别在于电荷基团完全解离的pH 范围不同：强酸型离子交换剂在较大的 pH 范围内电荷基团完全解离，而弱酸型离子交换剂电荷基团完全解离的 pH 范围则较小，如羧甲基在 pH 小于 6 时就失去了交换能力。一般结合磺酸基团（$—SO_3H$）如磺酸甲基（SM）、磺酸乙基（SE）等为强酸型离子交换剂；结合磷酸基团（$—PO_3H_2$）和亚磷酸基团（$—PO_2H$）为中等酸型离子交换剂；结合酚羟基（—OH）或羧基（—COOH）如羧甲基（CM）为弱酸型离子交换剂。一般来讲，强酸型离子交换剂对 H^+的结合力比 Na^+小，弱酸型离子交换剂对 H^+的结合力比 Na^+大。

2) 阴离子交换剂的电荷基团带正电，可以交换阴离子物质。同样根据电荷基团的解离度不同，可以分为强碱型、中等碱型和弱碱型三类。一般结合季胺基团[$—N(CH_3)_3$]如季胺乙基（QAE）为强碱型离子交换剂；结合叔胺[$—N(CH_3)_2$]、仲胺（$—NHCH_3$）、伯胺（$—NH_2$）等为中等或弱碱型离子交换剂，如结合二乙基氨基乙基（DEAE）为弱碱型离子交换剂。一般来讲，强碱型离子交换剂对 OH^-的结合力比 Cl^-小，弱碱型离子交换剂对 OH^-的结合力比 Cl^-大。

离子交换层析对物质的分离通常是在一根填充有离子交换剂的玻璃管中进行。含有待分离离子的溶液通过离子交换柱时，各种离子即与离子交换剂上的荷电部位竞争结合。任何离子通过交换柱的移动速率取决于与离子交换剂的亲和力、电离程度和溶液中各种竞争性离子的性质和浓度。

离子交换层析与水溶液中离子或离子化合物所进行的离子交换反应是可逆的。假定以 RA 代表阳离子交换剂，在溶液中解离出来的阳离子 A^+与溶液中的阳离子 B^+可发生可逆的交换反应：$RA+B^+ \longleftrightarrow RB+A^+$；该反应能以极快的速度达到平衡，平衡的移动遵循质量作用定律。

溶液中的离子与交换剂上的离子进行交换，一般来说，电性越强，越易交换。对于阳离子树脂，在常温常压的稀溶液中，交换量随交换剂离子的电价增大而增大，如 $Na^+<Ca^{2+}<Al^{3+}<Si^{4+}$。如原子价数相同，交换量则随交换离子的原子序数的增大而增大，如 $Li^+<Na^+<K^+<Pb^+$。在稀溶液中，强碱型树脂各负电性基团的离子结合力次序是：$CH_3COO^-<F^-<OH^-<HCOO^-<Cl^-<SCN^-<Br^-<CrO_4^{2-}<NO_2^-<I^-<C_2O_4^{2-}<SO_4^{2-}<$柠檬酸根。弱酸型阴离子交换树脂对各负电性基团结合力的次序为：$F^-<Cl^-<Br^-=I^-=CH_3COO^-<MoO_4^{2-}<PO_4^{3-}<AsO_4^{3-}<NO_3^-<$酒石酸根<柠檬酸根$<CrO_4^{2-}<SO_4^{2-}<OH^-$。两性离子如蛋白质、核苷酸、氨基酸等与离子交换剂的结合力，主要取决于它们的理化性质和特定条件下呈现的离子状态：当 pH<pI 时，能被阳离子交换剂吸附；反之，当 pH>pI 时，能被阴离子交换剂吸附。若在相同 pI 条件下，且 pI>pH 时，pI 越高，碱性就越强，越容易被阳离子交换剂吸附。

（四）凝胶过滤层析

凝胶过滤层析也称分子筛层析，是指混合物随流动相经过凝胶层析柱时，其中各组分按其分子大小不同而被分离的技术。该法设备简单、操作方便、重复性好、样品回收率高，除常用于分离纯化蛋白质、核酸、多糖、激素等物质外，还可以用于测定蛋白质的相对分子质量，以及样品的脱盐和浓缩等。

凝胶是一种不带电的具有三维空间的多空网状结构、呈珠状颗粒的物质，每个颗粒的细微结构及筛孔的直径均匀一致，形似筛子，小的分子可以进入凝胶网孔，而大的分子则排阻于颗粒之外。当含有分子大小不一的混合物样品加到用此类凝胶颗粒装填而成的层析柱上时，这些物质即随洗脱剂的流动而发生移动。大分子物质沿凝胶颗粒间隙随洗脱剂移动，流程短，移动速率快，先被洗出层析柱；而小分子物质可通过凝胶网孔进入颗粒内部，然后再扩散出来，故流程长，移动速度慢，最后被洗出层析柱，从而使样品中不同大小的分子彼此获得分离（图 4-5）。如果两种以上不同相对分子质量的分子都能进入凝胶颗粒网孔，但由于它们被排阻和扩散的程度不同，在凝胶柱中所经过的路程和时间也不同，从而也可以彼此分离开来。常用的凝胶主要有交联葡聚糖凝胶、聚丙烯酰胺凝胶（生物胶，Bio-Gel P）、琼脂糖凝胶，以及由烷基葡萄糖胺与 *N,N'*-亚甲基双丙烯酰胺共价交联制成的丙烯葡聚糖凝胶（sephacryl）等。另外还有多孔玻璃珠、多孔硅胶、聚苯乙烯凝胶等。其中以交联葡聚糖凝胶用得最多。

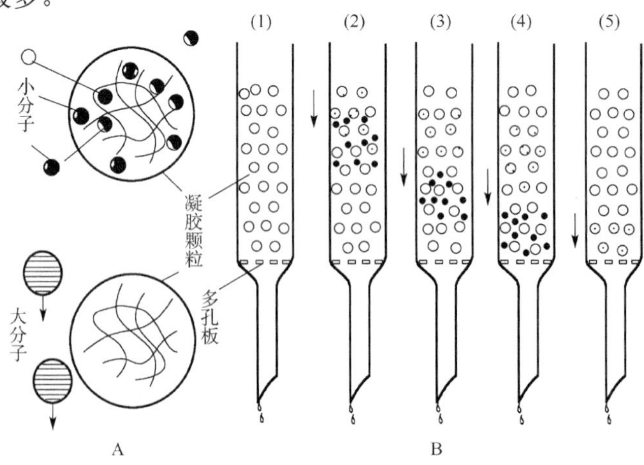

图 4-5 凝胶层析的原理（引自朱圣庚和徐长安，2017）

A.小分子由于扩散作用进入凝胶颗粒内部而被滞留，大分子被排阻在凝胶颗粒外，在颗粒之间迅速通过。B.（1）蛋白质混合物上柱；（2）洗脱开始，小分子扩散进入凝胶颗粒内，大分子则被排阻于颗粒之外；（3）小分子被滞留，大分子向下移动，大、小分子开始分开；（4）大、小分子完全分开；（5）大分子行程较短，已洗脱出层析柱，小分子尚在行进中

（五）高效液相色谱

高效液相色谱（HPLC），又称高压液相层析。它兼具普通液相层析和气相层析

的优点，既有普通液相层析的功能(可在常温下分离制备水溶性物质)，又有气相层析的特点(即高压、高速、高分辨率和高灵敏度)。可见，高效液相色谱是一种多用途的层析方法，可以使用多种固定相和流动相，从而具有如离子交换层析、凝胶渗透层析、疏水层析或反相分配层析等功能，可以根据特定类型分子的大小、极性、可溶性或吸收特性的不同将其分离开来，未来将得到越来越广泛的应用。

高效液相色谱仪一般由溶剂槽、高压泵、色谱柱、进样器(手动或自动)、检测器(常见的有紫外检测器、折光检测器、荧光检测器等)、数据处理机或色谱工作站等组成。其核心部件是耐高压的色谱柱，柱长和内径介于气相色谱柱和一般层析柱之间，比气相色谱柱的内径大 20 倍左右。HPLC 柱通常由不锈钢制成，并且所有的组成元件、阀门等都是用可耐高压的材料制成。溶剂运送系统的选择取决于以下两方面。①等度(无梯度)分离：在整个分析过程中只使用一种溶剂(或混合溶剂)。②梯度洗脱分离：使用一种微处理机控制的梯度程序来改变流动相的组分，该程序可通过混合适量的两种不同物质来产生所需要的梯度。

由于 HPLC 具有高速、灵敏和多用途等优点，它已成为许多生物小分子分离的常用方法。常用的是反相分配层析法。大分子物质(尤其是蛋白质和核酸)的分离通常需要一种“生物适合性”的系统如 Pharmacia FPLC 系统。在这类层析中用钛、玻璃或氟化塑料代替不锈钢组件，并且使用较低的压力以避免其生物活性的丧失。这类分离用离子交换层析、凝胶渗透层析或疏水层析等方法来完成。

(六)气相色谱

将层析柱尽量拉长和变细之后，改用气体物质作为流动相，可以最大限度地提高层析的分离和分析能力。现代的气相色谱(GS)使用长达 50 m 的毛细管层析柱(内径为 0.1～0.5 mm)。固定相通常为一种交联的硅多体，附着在毛细管内壁成一层膜。在正常操作温度下，其性质类似于液体膜，但要结实得多。流动相(载气)通常为氮气或氢气。依据不同组分在载气与硅多体相之间的分配能力不同达到选择性分离的目的。大多数生物大分子的分离受柱温的影响。柱温有时在分析过程中维持恒定(等温，通常为 50～250℃)，更常见的为设定一个增温程序(如以每分钟 10℃的速度从 50℃升高到 250℃)。样品通过一个包含有气紧阀门的注射孔注入柱顶部。柱中的产物可用下列方法检测出。

1) 火焰离子检测法：流出气体通过一种可使任何有机复合物离子化的火焰，然后被一个固定在火焰顶部附近的电极所检测。

2) 电子捕获法：使用一种发射β射线的放射性同位素作为离子化的方式。这种方法可以检测极微量(pmol①)的亲电复合物。

3) 分光光度计法：包括质谱分析法(GC-MS)和远红外光谱分析法(GC-IR)。

4) 电导法：流出气体中的组成成分的改变会引起铂电缆电阻的变化，此变化可被转化为检测信号。

① 1 pmol=1×10^{-12} mol

（七）亲和层析

生物分子间存在很多特异性的相互作用，如抗原-抗体、酶-底物或酶-抑制剂、激素-受体等，它们之间都能够专一而可逆地结合，这种结合力称为亲和力。亲和层析的分离原理简单地说就是通过将具有亲和力的两个分子中的一个固定在不溶性基质上，利用分子间亲和力的特异性和可逆性，对另一个分子进行分离纯化。被固定在基质上的分子称为配体，配体和基质是共价结合的，构成亲和层析的固定相，称为亲和吸附剂（图 4-6）。亲和层析时首先选择与待分离生物大分子有亲和力的物质作为配体，如分离酶可以选择其底物类似物或竞争性抑制剂作为配体，分离抗体可以选择抗原作为配体等。并将配体共价结合在适当的不溶性基质上，如常用的 Sepharose 4B 等。将制备的亲和吸附剂装柱平衡，当样品溶液通过亲和层析柱时，待分离的生物分子就与配体发生特异性结合，从而留在固定相上；而其他杂质不能与配体结合，仍在流动相中，并随洗脱液流出，这样层析柱中就只有待分离的生物分子。通过适当的洗脱液将其从配体上洗脱下来，就得到了纯化的待分离物质。

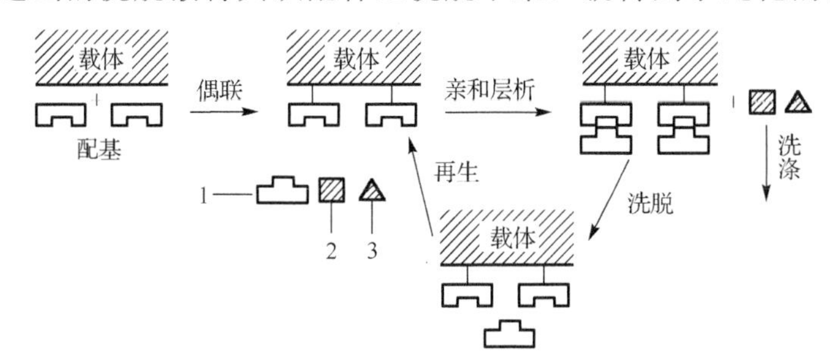

图 4-6　亲和层析原理示意图（引自朱利泉，1997）

1. 亲和物；2，3. 杂质

常用的配体有：①三嗪染色剂，用于蛋白质的纯化；②酶的底物或偶联因子，用于特定酶的纯化；③抗体，用于相应的抗原；④蛋白质 A，用于 IgG 抗体的纯化；⑤单链寡核苷酸，用于互补的核酸如 mRNA，或特定的单链 DNA 序列；⑥凝集素，用于特定的单糖亚基；⑦亲和素（avidin），用于分离含有生物素（biotin）的蛋白质等；⑧激素，用于分离相应的受体或结合蛋白；⑨维生素，分离其结合蛋白；⑩辅酶，用于分离相应的酶类；⑪poly（U），用于分离 mRNA 及各种 poly（U）结合蛋白；⑫poly（A），可以用于分离各种 RNA、RNA 聚合酶及其他 poly（A）结合蛋白；⑬DNA，可以用于分离各种 DNA 结合蛋白、DNA 聚合酶、RNA 聚合酶、核酸外切酶等多种酶类；⑭*L*-精氨酸，可以用于分离羧肽酶；⑮*L*-赖氨酸，广泛应用于分离各种 rRNA；⑯各种凝集素，可以用于分离红细胞及各种淋巴细胞；⑰胰岛素，可以用于分离脂肪细胞等；⑱各种烷胺，用于分离糖原磷酸化酶 b 等；⑲His 多聚体，用于分离表达蛋白等。

第四节　电 泳 技 术

带电分子在电场作用下向着与其电性相反的电极移动的过程称为电泳。许多重要的生物分子，如氨基酸、多肽、蛋白质、核苷酸、核酸等都具有可电离基团，它们在某个特定的 pH 下可以带正电或负电，在电场的作用下，都会发生电泳现象。电泳技术是继离心沉淀技术和层析技术之后，进一步分离纯化生物大分子的基本方法，但如氨基酸、多肽、糖等小分子物质的电泳分离效果不佳，目前一般使用更灵敏的层析技术如 HPLC 等来进行分析。电泳技术在生物大分子的分离分析方面效果较好，实际上已经成为分离、分析蛋白质和核酸等生物大分子的重要核心技术。

一、基本原理

当外界缓冲液的 pH 偏离生物大分子溶质的等电点时，点样到惰性支持物上的样品中的溶质组分在电场中便会向其带电方向相反的电极移动。在一定的外界条件下，不同溶质由于所带电荷性质、数量及分子大小、形状不同，在电场中的泳动方向和速度不同而被分离。

凭借电泳方向的不同，很容易将不同的溶质粒子分开。但在更多的情况下，是凭借相同电泳方向的电泳速度的不同，将不同的溶质粒子分开的。带电溶质粒子在电场中的运动速度用迁移率来表示，它由多种因素决定：如与带电分子所带净电荷成正比，与分子的大小(如果是球形)和电泳缓冲液的黏度成反比，或在确定的缓冲液条件下，与电场强度成反比，等等。

(一) 电场强度

电场强度和电泳速度成正比关系。电场强度是指每厘米的电位降，也称电位梯度或电势梯度。电场强度对泳动速度起重要作用。电场强度越高，则带电颗粒泳动越快。但电压增加，相应电流也增大，但电流过大时易产生热效应，可使蛋白质变性而不能分离。

(二) 电泳缓冲液的 pH

为使电泳时 pH 恒定，必须采用缓冲液作为电极液，缓冲液的 pH 决定带电颗粒的解离程度，也决定其所带电荷的多少。当介质的 pH 等于某种两性物质的等电点时，该物质处于等电点状态，既不向正极移动也不向负极移动。当介质 pH 小于其等电点时，则呈正离子状态，移向负极；反之，介质 pH 大于其等电点时，则呈负离子状态，移向正极。因此，任何一种两性物质的混合物电泳均受介质 pH 的影响，溶液 pH 离等电点(pI)越远，则颗粒所带的净电荷越多，泳动速度也越快；反之，则越慢。为了保护介质 pH 的稳定性，常用一定 pH 的缓冲液，使欲分离的各种蛋白质所带的电荷数量有较大的差异，更有利于彼此的分开。

(三)缓冲液的离子强度

溶液离子强度与离子浓度和离子价数呈正相关关系。离子强度影响颗粒的电动势，缓冲液离子强度越高，电动势越小，则泳动速度越慢，但区带分离清晰；反之，区带分离不清晰。胶体粒子还会吸附一些相反符号的离子形成离子氛，它使该粒子向相反方向移动，降低了迁移率，所以离子浓度低，电泳迁移率大。但若离子强度过低，则缓冲能力差，往往会因溶液 pH 变化而影响泳动速度。一般最适合的离子强度为 0.02～0.2。

(四)电渗作用

在电场中，液体对固体的相对移动，称为电渗。由于电渗现象与电泳同时存在，因此溶质粒子的电泳迁移率也受电渗影响。如果电泳方向和电渗方向相反，实际上泳动的距离等于电泳移动距离减去电渗距离；如电泳方向和电渗方向一致，其移动距离等于两者相加。电渗现象所造成的移动距离可用不带电的有色染料或有色葡聚糖点在支持物的中间，观察电渗方向和距离。

(五)温度对电泳迁移率的影响

电泳过程中由于通电产生热，其大小与电流强度的平方成正比。热对电泳有很大的影响。温度升高时，介质黏度下降，分子运动加剧，使自由扩散变快，迁移率增加，分辨率降低。热效应内高外低，使凝胶内外电泳迁移率出现差别，导致电泳区带变形，特别是凝胶较厚和有冷却装置时，更是如此。

(六)溶质分子的大小、电荷和形状

带电溶质分子由于各自的电荷和形状大小不同，因此在电泳过程中具有不同的电泳迁移率，形成了依次排列的不同区带而被分开。即使两个分子具有相似的电荷，如果它们的分子大小不同，由于它们所受的阻力不同，因此迁移速度也不同，在电泳过程中就可以被分离开。有些类型的电泳几乎完全依赖于分子所带的电荷不同进行分离，如等电聚焦电泳；而有些类型的电泳则主要依靠分子大小的不同即电泳过程中产生的阻力不同而得到分离，如 SDS-聚丙烯酰胺凝胶电泳。分子形状也影响电泳迁移率，如棒状分子的电泳迁移率比球状分子慢，因球状分子受到的阻力更小。

二、常用凝胶电泳方法

电泳过程必须在一种支持介质中进行，介质的种类和形状是区分电泳方法类型的基础。最初的自由界面电泳没有固定支持介质，所以扩散和对流都比较强，影响分离效果。于是出现了固定支持介质的电泳，样品在固定的介质中进行电泳过程，减少了扩散和对流等干扰作用。最初的支持介质是滤纸和醋酸纤维素薄膜等主要用来分离生物小分子的介质，后来逐渐被对小分子分离更加有效的层析技术所代替，故目前这些介质在实验室已经应用较少。凝胶作为支持介质的引入大大促进了电泳技术的发展，使电泳技术成为分析蛋白质、核酸等生物大分子的重要手段之一。最初使用的凝胶是淀粉凝胶，但目前使用得最多的是琼脂糖凝胶和聚丙烯酰胺凝胶。DNA 电泳主要使用琼脂糖凝胶，蛋白质电泳主要使用聚丙烯酰胺凝胶，RNA 或小片段 DNA 视具体情况兼用这两种凝胶。

（一）琼脂糖凝胶电泳

将一定量的琼脂糖置于锥形瓶中，加入适量的缓冲液，在高压锅或微波炉内加热融化，摇匀，即制成一定浓度的胶液。然后降低温度，趁胶液凝固的过程，可根据需要制成柱状凝胶或板状凝胶。在胶凝范围内，琼脂糖凝胶的孔径范围比聚丙烯酰胺凝胶大，且制胶更简便，支持性能更强，故琼脂糖凝胶更适合于较大的 DNA 片段的分离纯化。

DNA 的等电点较低，在中性或偏碱性的 pH 缓冲液中带负电荷，在电场中移向阳极。在未加入变性剂（如尿素）的琼脂糖凝胶体系中，由于凝胶介质对 DNA 片段的分子筛效应，所以 DNA 片段的泳动速度，除受到电荷效应的影响外，还与 DNA 片段的大小和构象有关，故使用该体系可分离纯化到具相近相对分子质量的不同构象的 DNA 分子，或具相同构象的不同相对分子质量的 DNA 分子。溴化乙锭（EB）可插入双螺旋的两个碱基对之间，形成发荧光的络合物，从而检出 DNA 电泳分离带。

在变性琼脂糖凝胶体系中，变性条件使 DNA 变性为单链，DNA 片段的泳动速度只与其大小有关，而与其碱基顺序无关。故在变性凝胶体系中可分离纯化到不同长度的 DNA 单链片段。

（二）聚丙烯酰胺凝胶电泳

聚丙烯酰胺是丙烯酰胺单体（Acr）和交联剂 *N,N'*-亚甲基双丙烯酰胺（Bis）在催化剂作用下聚合而成的固型网络结构，既可制成柱状凝胶用于圆盘电泳，又可制成板状凝胶用于垂直板电泳。凝胶孔径的大小可随 Acr 或 Bis 浓度的大小而变化，故可用于多种不同大小的带电分子的分离。

聚丙烯酰胺凝胶电泳（PAGE）通常由两种孔径的凝胶组成。位于上方的大孔径胶叫浓缩胶，它主要对样品起浓缩作用；再加上缓冲液离子强度的不连续性和 pH 的不连续性作用，使得样品中的各溶质按其电泳大小顺序，在与位于其下的分离胶接触面上积压成薄层（浓缩效应），这层样品薄层便是在分离胶中进行电泳的起始区带。下方的小孔径胶叫分离胶，它的主要作用是对起始区带中的各溶质组分进行电泳和分子筛分离（分子筛效应）。浓缩效应、分子筛效应及电泳系统中固有的电荷效应统称为 PAGE 电泳三效应。这三种物理效应共同作用，将样品中的各种带电溶质快速高效地分离开。

除了受到上述三种物理效应的作用外，溶质本身的物理性质也决定着它的电泳方向和速度。在中性 pH 缓冲液中核酸分子都带负电荷，电泳时都向正极泳动。而各种蛋白质组分在电性、电荷数和分子大小形状上差别较大，这些因素都和电泳速度有关，因此，常在电泳系统中加入十二烷基硫酸钠（SDS），这种电泳称为 SDS-PAGE。

SDS是一种很强的阴离子表面活性剂，能将蛋白质变性，引入净电荷以降低或清除蛋白质所带电荷对迁移率的影响，并使蛋白质变成椭圆状或棒状结构，从而也消除了蛋白质天然形状对迁移率的影响。在SDS存在时，SDS可与蛋白质的疏水区相结合并把绝大部分蛋白质分离成它们的组成亚单位，同时，SDS的结合还使变性的、随机盘曲的多肽链得到大量负电荷，这种电荷基本上掩盖了无SDS存在时正常带有的任何电荷。目前认为：SDS使这些复合物所带负电荷之大，足以使各种蛋白质本身的电荷忽略不计，故SDS消除了蛋白质电荷差异对电泳速度的影响；而且这些复合物呈棒状，棒的短轴与蛋白质种类无关，长轴与蛋白质相对分子质量成正比，故SDS又消除了蛋白质形状差异对电泳速度的影响。所以在一定外界条件下，只有蛋白质(或寡聚蛋白质的亚基)的相对分子质量大小决定着SDS-PAGE的电泳速度。所以蛋白质的电泳速度和它们的相对分子质量的对数呈直线关系。

在用SDS-PAGE测定蛋白质相对分子质量时，需同时至少用3或4种标准蛋白质，这几种蛋白质的相对分子质量有的应大于待测蛋白质，有的应小于待测蛋白质，使待测蛋白质的相对分子质量处于标准蛋白质中间，从标准蛋白质得到的直线上就能找到待测蛋白质的适当位置，从而确定其相对分子质量。常见的电泳形式有圆盘电泳和垂直板电泳。前者用柱状凝胶，后者用板状凝胶，原理相同。前者常用于分离纯化，后者常用于生化分析。

三、其他电泳技术

(一)醋酸纤维素薄膜电泳

醋酸纤维素薄膜电泳是以醋酸纤维素薄膜为支持物的电泳方法。这种膜对蛋白质样品吸附性小，几乎能完全消除纸电泳中出现的“拖尾”现象，又因为膜的亲水性比较小，它所容纳的缓冲液也少，电泳时电流大部分由样品传导，所以分离速度快、电泳时间短、样品用量少。因此特别适用于病理情况下微量异常蛋白质的检测。醋酸纤维素薄膜经过冰醋酸乙醇溶液或其他透明液处理后可使膜透明化，有利于对电泳图谱的光吸收扫描测定和膜的长期保存。

醋酸纤维素薄膜电泳在膜的预处理、染色和电泳结果保存等方面与凝胶电泳有所不同。①膜的预处理：必须于电泳前将膜片浸泡于缓冲液中，浸透后，取出膜片并用滤纸吸去多余的缓冲液，不可吸得过干。②加样与电泳：样品可以方便地点在膜的任何位置，进行电泳。③染色：一般蛋白质染色常使用氨基黑和丽春红，糖蛋白用甲苯胺蓝或过碘酸-Schiff试剂，脂蛋白则用苏丹黑或品红亚硫酸染色。④脱色与透明：对水溶性染料应用最普遍的脱色剂是5%乙酸水溶液。为了长期保存或进行光吸收扫描测定，醋酸纤维素薄膜可浸入冰醋酸∶无水乙醇=30∶70(*V*/*V*)的透明液中。

(二)等电聚焦电泳

等电聚焦(isoelectrofocusing，IEF)是一种利用有 pH 梯度的介质分离等电点不同的蛋白质的电泳技术。由于其分辨率可达 0.01 pH 单位，因此特别适用于分离相对分子质量相近而等电点(pI)不同的蛋白质组分。在 IEF 电泳中，介质的 pH 梯度从阳极到阴极逐渐增大。在碱性区域蛋白质分子带负电荷向阳极移动，直至某一 pH 位点时失去电荷而停止移动，此处介质的 pH 恰好等于聚焦蛋白质分子的等电点。同理，位于酸性区域的蛋白质分子带正电荷向阴极移动，直到它们的等电点上聚焦为止。可见，等电点是蛋白质组分的特性量度。将等电点不同的蛋白质混合物加入有 pH 梯度的凝胶介质中，在电场内经过一定时间后，各组分将分别聚焦在各自等电点相应的 pH 位置上，形成分离的蛋白质区带。

pH 梯度的建立一般是在水平板或电泳管正负极间引入等电点彼此接近的两性电解质的混合物，在正极端吸入酸液，如硫酸、磷酸或乙酸等，在负极端引入碱液，如氢氧化钠、氨水等。电泳开始前两性电解质的混合物 pH 为一均值，即各段介质中的 pH 相等。电泳开始后，混合物中 pH 最低的分子，带负电荷最多，向正极移动速度最快，当移动到正极附近的酸液界面时，pH 突然下降，这一分子不再向前移动而停留在此区域内。由于两性电解质具有一定的缓冲能力，使其周围一定区域内介质的 pH 保持在它的等电点范围。pH 稍高的第二种两性电解质，也移向正极，由于其等电点稍大，因此定位于第一种两性电解质之后，这样，经过一定时间后，具有不同等电点的两性电解质按各自的等电点依次排列，形成了从正极到负极等电点递增、由低到高的线性 pH 梯度。

除了有良好的线性 pH 梯度和缓冲能力外，两性电解质载体还应有足够的电导，以允许一定的电流通过。不同 pI 的两性电解质应有相似的电导系数从而使整个体系的电导均匀。最常用的 pH 梯度支持介质是聚丙烯酰胺凝胶。电泳后，不可用染色剂直接染色，因为常用的蛋白质染色剂也能和两性电解质结合，因此应先将凝胶浸泡在 5%的三氯乙酸中去除两性电解质，然后再以适当的方法染色。

(三)双向电泳

双向电泳是 IEF 电泳和 SDS-PAGE 的集合。其中 IEF 电泳(管柱状)为第一向，SDS-PAGE 为第二向(平板)。在进行第一向 IEF 电泳时，电泳体系中应加入高浓度尿素、适量非离子型去污剂 NP-40。蛋白质样品中除含有这两种物质外还应加入二硫苏糖醇以促使蛋白质变性和肽链舒展。

IEF 电泳结束后，将圆柱形凝胶在 SDS-PAGE 所应用的样品处理液(内含 SDS、β-巯基乙醇)中振荡平衡，然后包埋在 SDS-PAGE 的凝胶板上端，即可进行第二向电泳。

IEF/SDS-PAGE 双向电泳对蛋白质(包括核糖体蛋白、组蛋白等)的分离是极为精细的，因此特别适用于分离细菌或细胞中复杂的蛋白质组分，是蛋白质组学的分析工具。

(四)毛细管电泳

毛细管电泳实际上是微柱胶电泳。简单的毛细管电泳是将毛细管浸入均一浓度的凝胶混合液中，使凝胶充满总体积的 2/3 左右，然后将其撤入约 2 mm 厚的代用黏土垫上，封闭管底，用一支直径比装凝胶的毛细管更细的硬质玻璃毛细管吸水铺在凝胶上。聚合后，除去水层并用毛细管加样品蛋白质溶液(0.1～1.0 μL，浓度为 1～3 mg/mL)于凝胶上，毛细管的空隙用电极缓冲液注满，切除插入黏土部分，即可电泳。

复杂的毛细管电泳，特别是高效电泳色谱仪，为 DNA 片段、蛋白质及多肽等生物大分子的分离、回收提供了快速、有效的途径。其将凝胶电泳解析度和快速液相色谱技术融为一体，在从凝胶中洗脱样品时，连续的洗脱液流载着分离好的成分，通过一个连机检测器，将结果显示并打印记录下来。高效电泳色谱法既具有凝胶电泳固有的高分辨率、生物相容性的优点，又可方便地连续洗脱样品。

第五节　生物化学检测方法

经过上述离心、层析(色谱)和电泳等技术所获得的分离纯化物，需要应用一定的检测方法才能进行定性和定量分析。生物化学实验中常用的检测方法有分光光度法和印迹法等，这些方法正朝着微型化和高通量方向发展。

一、分光光度法

分光光度法又称为吸收光谱法。吸收光谱是以待测物吸收的波长为横坐标，以相应波长处的吸光度(吸光度为纯化物溶液透光率的负对数)为纵坐标所绘制的图谱。它涉及许多基本的问题，如人类所能获得的各种辐射源的波长跨度有多大？物质为什么会吸收不同波长的光谱？生物化学中常用的光谱在什么范围？

(一)吸光原理与光谱类型

人类所能获得的各种辐射源的波长跨度为 10^{-3}～10^{9} nm，从短波到长波，可以将它们区分为 γ 射线、X 射线、紫外光、可见光、红外光、微波和射频等不同的波段，每种波段所产生的吸收光谱是不同的，如表 4-4 所示。

表 4-4　吸收光谱的类型

波段	γ 射线	X 射线	紫外光	可见光	红外光	微波	射频
吸收光谱类型	γ 射线谱	X 射线谱	紫外吸收光谱	可见吸收光谱	红外吸收光谱	顺磁共振微波波谱	核磁共振波谱
跃迁类型	核反应	内层电子跃迁	外层电子跃迁		分子振动	分子转动	

表 4-4 中的跃迁类型是指能级跃迁类型。组成物质的分子均处于一定能态并不停地运动着，分子的运动可分为平动、转动、振动和分子内电子的运动，每种运动状态都处于一定的能级，因此分子的能量可以写为

$$E=E_0+E_{平}+E_{转}+E_{振}+E_{电}$$

式中，E_0 是分子内在的不随分子运动而改变的能量；平动能 $E_{平}$ 只是温度的函数，是连续的热运动，因此只有 $E_{转}+E_{振}+E_{电}$ 所表征的运动才是量子化的运动。

通常分子处于基态，当它吸收一定能量跃迁到激发态，则产生吸收光谱。分子转动、振动和电子能级的跃迁，相应地产生转动光谱、振动光谱及电子光谱。

按照量子力学原理，分子能态按一定的规律跳跃式地变化，物质在入射光的照射下，分子吸收光时，其能量的增加是不连续的，物质只能吸收一定能量的光，吸收光的频率和两个能级间的能量差要符合如下关系：$E=E_2-E_1=h$。式中 h 表示能级之间的能量差；E_1、E_2 分别表示初能态和终能态的能量。初能态与终能态之间的能量差愈大，则所吸收光的频率愈高(即波长愈短)，反之则所吸收光的频率愈低(即波长愈长)。因为分子转动、振动及电子能级跃迁的能量差别较大，因此，它们的吸收光谱出现在不同的光谱区域。分子转动能级级差小，ΔE<0.05 ev(电子伏特)，分子转动光谱的吸收出现在远红外区或微波区。振动能级间的差别较大，ΔE=0.05～1 ev，振动光谱出现在中红外区。电子能级的级差更大，ΔE=1～20 ev，所以由电子跃迁得到的光谱主要出现在可见紫外光谱区。

值得注意的正是紫外-可见吸收光谱。其跃迁类型是外层电子，而外层电子刚好是形成共价键的价电子。生物化学的核心就是研究旧共价键的断裂和新共价键的形成。因此，紫外-可见分光光度法在生物化学实验中具有独特的重要地位，其波长一般为200～800 nm，包括大部分紫外光区和可见光区。对同一纯化物溶液，从 200～800 nm变换波长，相应的吸光度也在变化，由此得到的吸收光谱称为紫外-可见吸收光谱。

(二)参与紫外光吸收的价电子类型

紫外光吸收光谱，是由于分子中联系较松散的价电子被激发产生跃迁从而吸收光辐射能量形成的，即分子由基态变为激发态，电子由低能级的轨道(即成键轨道)，吸收了光能量跃迁到高能级轨道(称为反键轨道)。

与吸收光谱有关的三种电子是：①两个原子的电子沿其对称方向相互形成的共价键(即单键)，称为 σ 键，构成键的电子称为 σ 电子，如 C—C 键、C—H 键。②平行于两个原子轨道形成的价键(即双键)，称为 π 键，形成 π 键的电子称为 π 电子，如 C═C 键。③未共享成键的电子，称为 n 电子。各种电子跃迁所需能量大小的顺序是：$n\to\pi^*<\pi\to\pi^*\leqslant n\to\sigma^*<\pi\to\sigma^*<\sigma\to\pi^*<\sigma\to\sigma^*$。

紫外吸收光谱主要是由于双键电子，尤其是共轭双键中的 π 电子和未共享的电子对的激发所产生的。所以各种物质分子对紫外光的吸光性质取决于该分子的双键数目和未共享电子对的共轭情况等，见表 4-5。

表 4-5　电子跃迁类型与紫外吸收波长关系表

电子跃迁类型	示例	紫外吸收波长范围/nm
$\sigma\to\sigma^*$	C—H	100～150
$\pi\to\pi^*$(非共轭)	C═O	<200
$\pi\to\pi^*$(共轭)	═C—C═	200～300
$n\to\pi^*$	C═O	>300

注：*表示激发态

能够产生表 4-5 中后三种跃迁的基团称为发色团，如 C═C、C═O 等。其中值得注意的是 $\pi \rightarrow \pi^*$(共轭)跃迁，此类跃迁所需能量较小，吸收波长在紫外区的 200～300 nm，不饱和烃、共轭烯烃及芳香烃均可发生这类跃迁，氨基酸、蛋白质与核酸均含有大量共轭双键，因而 200～300 nm 的紫外吸收测定在生化实验技术中有极广泛的用途。另外一些具有孤对电子的基团(如—OH、—NH_2、—SH 等)，在波长>200 nm 处没有吸收，当它与发色团相连接时，产生 $\pi \rightarrow \pi^*$(共轭)跃迁，使发色团的吸收带向长波移动，称为红移(或浅色效应)，红移的同时吸收带的强度增加。若助色团与发色团相连接，产生 $n \rightarrow \pi^*$跃迁，使吸收波长向短波移动，称为蓝移(或深色效应)。大分子构象的改变也改变吸收，如 DNA 的增色效应和减色效应(图 4-7)。

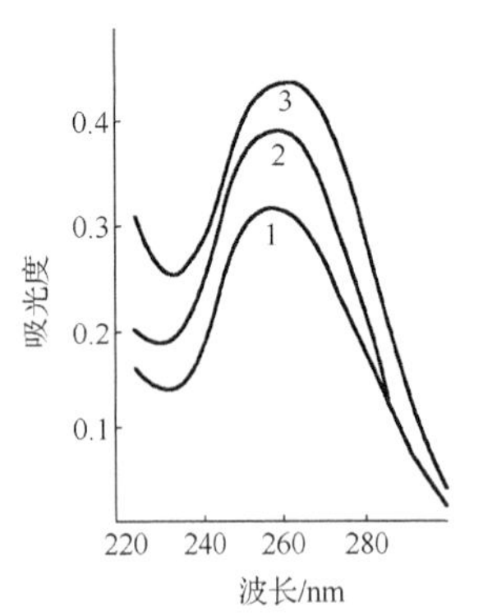

图 4-7　核酸[双链(1)和单链(2)]和核苷酸(3)的吸收光谱(引自朱利泉，1997)

若逐渐改变照射某物质的入射光的波长，并测定物质对各种波长光的吸收程度(吸光度 A 或光密度 OD)或透射程度(透光度 T)，以波长 λ 为横坐标，A 或 T 为纵坐标，画出连续的 A-λ 或 T-λ 曲线，即为该物质的吸收光谱曲线，如图 4-7 所示的核酸和核苷酸的吸收光谱。在生化实验中，常用吸收光谱的峰形进行定性测定，利用吸收光谱的峰值进行定量测定。

在利用峰形进行定性测定时，由于化合物紫外吸收峰较少，而且峰形都很宽，不像红外光谱是许多指纹峰。化合物相同，其紫外光谱应完全相同；但是紫外光谱相同不一定化合物就相同，可能仅是存在某些相同的发色团或基团，因此在鉴定时应与红外光谱相结合。常用标准的紫处吸收光谱是 Sadtler 紫外标准图谱。测定某物质的紫外吸收光谱的曲线，可与已知的紫外标准图谱相对照，对照时须注意测定的条件，如溶剂、浓度等。

利用吸收光谱的峰值进行定量测定的理论依据是朗伯-比尔(Lambert-Beer)定律：$A_i=\varepsilon_i C_x L$，式中，A_i 是波长为 i 处的吸光度；ε_i 是最大峰值波长或其附近波长为 i 处的消光系数；C_x 为待测物(即分离纯化物)的浓度；L 为比色杯的厚度。在紫外区有吸收峰的分离纯化物可直接用紫外吸收光谱进行定量分析。蛋白质和三种芳香族氨基酸(色氨酸、酪氨酸和苯丙氨酸)在 280 nm 附近有最大吸收峰；核酸、核苷酸和碱基在 260 nm 附近有最大吸收峰。因此，可分别在 280 nm 和 260 nm 处进行测定。但由于两个吸收峰的峰尾可能相互交叠影响，因此待测物应达到相当的纯度，否则，应做修正处理才能准确地对待测物进行定量分析。另外，许多维生素与辅酶也可以直接用紫外吸收光谱进行测定。例如，维生素 A 的乙醇溶液的吸收峰为 324 nm；维生素 C 的水溶液的吸收峰为 265 nm；NAD 和 NADP 水溶液的氧化型只有一个波长为 259 nm 的吸收峰，其相应的还原型有 259 nm 和 339 nm 两个吸收峰。生物色素，如叶绿素 a、叶绿素 b 和叶黄素等天然呈色物质的提取液可直接用可见吸收光谱法进行定量分析。而天然非呈色物质(包括可用紫外吸收光谱测定的物质)，则必须同特定的称为显色剂的化合物反应之后，才能用可见吸收光谱法进行定量分析。

（三）紫外光谱向可见光谱的转换——待测物的显色分析

待测物（即分离纯化物）与显色剂反应的专一性越高，对待测物纯化程度的要求就越低。高专一性显色反应，如3,5-二硝基水杨酸与还原糖之间的显色反应，可直接用还原糖的提取液进行定量显色分析，而不必将还原糖高度纯化。特别是酶催化的代谢中间物的测定更是如此。无专一性的显色反应，如浓硫酸对有机物都能显色，常用于抗腐蚀性层析固定相上展开的待测物的显色检测。专一性介于这两个极端之间的显色反应，定量分析结果的准确度取决于参比实验对待测物中所含杂质的抵消程度。表4-6列举了一些待测物的显色测定原理。

表4-6　一些生物分子的可见光谱定量分析方法

待测物	显色剂	原理概要
己糖（包括醛糖和酮糖）	蒽酮试剂：100 mg蒽酮溶于100 mL 98% H_2SO_4（现配现用）	糖与浓H_2SO_4作用生成糖醛，后者与蒽酮反应生成蓝绿色物质，其颜色深浅在10～100 μg/mL范围内与糖含量成正比，利用沸水加热显色，测A_{656}
葡萄糖或还原糖	3,5-二硝基水杨酸：3,5-二硝基水杨酸钠盐的碱性溶液	还原糖与3,5-二硝基水杨酸在加热条件下生成黄褐色产物，测A_{548} 如测总糖，须先将非还原糖水解成还原糖
果糖	钼酸铵溶液：A液为2.5mol/L H_2SO_4，B液为16%钼酸铵；临用前A∶B=1∶1混匀	在酸性条件下，钼酸铵与果糖生成蓝色化合物，在10～100 μg/mL范围内颜色深浅与糖含量成正比。测A_{650}
甘油三酯	变色酸试剂：将600 mL浓硫酸慢慢加入300 mL水中，冷却后，取出800 mL加入1%的变色酸溶液中	将甘油三酯皂化为脂肪酸和甘油，甘油经过碘酸钠氧化成醛，最后加变色酸与醛生成紫色化合物。测A_{570}
氨基酸	茚三酮溶液	在酸性条件下，氨基酸被氧化成醛，放出NH_3和CO_2的同时，水合茚三酮得到还原，然后两分子茚三酮和NH_3一起缩合成一种蓝紫色化合物，测A_{570}。脯氨酸是一种特殊的氨基酸，它呈黄色，测A_{448}
蛋白质	福林-酚试剂：试剂甲为$CuSO_4$的碱性溶液；试剂乙为钨酸钠和钼酸钠溶液	显色原理包括两步：第一步是在碱性条件下，蛋白质与铜作用生成蛋白质-铜复合物；第二步是蛋白质-铜复合物还原磷钼酸-磷钨酸试剂，生成蓝色物质，测A_{580}
	考马斯亮蓝染料液：0.25 g考马斯亮蓝R-250溶于100 mL含7.5%乙酸和5%甲醇的溶液中	经电泳分离后的蛋白质，经过固定、染色、脱色，最后用一定体积的洗脱液洗脱，测定洗脱液的A_{590}
维生素A	三氯化锑-氯仿溶液：25%三氯化锑溶于100 mL氯仿中，棕色瓶保存	维生素A在氯仿溶液中能与三氯化锑反应生成蓝色物质，颜色深浅与维生素A的量成正比。由于蓝色不甚稳定，因此必须在一定时间内测其A_{620}
核酸	定磷试剂：3 mol/L H_2SO_4∶水∶2.5%钼酸铵∶10%维生素C=1∶2∶1∶1（体积比）	将样品与浓H_2SO_4（18 mol/L H_2SO_4）一起加热消化，使核酸中的有机磷分解氧化成无机磷，再用钼蓝法，测其A_{660}
	苔黑酚（地衣二酚）试剂（测RNA用）：苔黑酚的$FeCl_3$水溶液	RNA经酸解后生成嘧啶核苷酸、嘌呤碱及核糖。核糖在浓酸中脱水环化成糖醛，后者与苔黑酚反应生成蓝绿色，测其A_{670}
	二苯胺试剂（测DNA用）：将1 g重结晶二苯胺溶于98 mL冰醋酸中，加2 mL 18 mol/L H_2SO_4，限当天使用	DNA经酸解后生成嘧啶核苷酸、嘌呤、磷酸及脱氧核糖。脱氧核糖在酸性条件下脱水生成ω-羟基-r-酮基戊醛。后者与二苯胺反应生成蓝色，最大吸收峰在600 nm处

在进行层析和电泳结果的显色分析中，应选用灵敏度高、专一性好且不与支持介质起反应的显色剂。氨基酸纸层析用茚三酮显色；DNA 琼脂糖电泳谱带常用 EB 显色；蛋白质 PAGE 谱带常用考马斯亮蓝染色；各种同工酶电泳谱带可根据其酶活性进行特异性显色；RNA 电泳谱带可用次甲基蓝(亚甲蓝)染色。

二、印迹法

DNA 印迹技术最初由 Southern 创建，故称为 Southern 印迹技术，它将以前各种复杂的核酸杂交体系简化并统一于以膜为基础的印迹杂交体系。其基本原理是具有一定同源性的两条单链核酸分子在一定的条件下(主要是指温度和离子强度)，可按碱基互补原则退火形成杂交双链。RNA 印迹技术正好与 DNA 印迹技术相对应，故被趣称为 Northern 印迹，只是检测样品为 RNA 而不是 DNA。后来人们发现，蛋白质在电泳分离之后也可以印迹转移并固定于膜上，故趣称为 Western 印迹。由于蛋白质常用抗体探针来检测，因此 Western 印迹实际上是一种免疫印迹技术。这三种印迹技术的基本步骤相似，都包括将样品展开(通常是电泳展开)、印迹转移至膜上、探针的制备和杂交检测等步骤。

(一)电泳展开

样品的展开方法多种多样：有手工或自动化直接点样到膜上使其成为斑点或不同密度的点阵；有多种抽滤方法将蛋白质按照所需图形或图阵布展到膜上，而转模前的电泳分离，则是展开蛋白质样品的一种常用方法。如前面所述，由于样品分子的大小不同，需要采用不同孔径大小的凝胶支持物进行电泳。DNA 主要使用琼脂糖凝胶电泳，蛋白质主要使用聚丙烯酰胺凝胶电泳，RNA 或小片段视具体情况兼用此两种凝胶：大分子 RNA 使用琼脂糖凝胶电泳；核酸片段小到一定程度(100 bp 以下)改用聚丙烯酰胺凝胶电泳。

为了保证 RNA 分子完好的单链特性，RNA 电泳与 DNA 电泳存在一些差别。在进样前用甲基氢氧化汞、乙二醛或甲醛使 RNA 变性，而不用 NaOH，因为 NaOH 会水解 RNA 的 2′-羟基基团。RNA 变性后有利于在转印过程中与硝酸纤维素膜结合，它同样可在高盐中进行转印，但在烘烤前与膜结合得并不牢固，所以在转印后不能用低盐缓冲液洗膜，否则 RNA 会被洗脱。在胶中不能加 EB，因为它会影响 RNA 与硝酸纤维素膜的结合。为测定片段大小，可在同一块胶上加标记物一同电泳，之后将标记物胶切下，上色、照相。样品胶则进行 Northern 转印，标记物胶上色的方法是在暗室中将其浸在含 5 μg/mL EB 的 0.1 mol/L 乙酸铵中 10 min，在水中就可脱色。在紫外光下用一次成像相机拍照时，上色的 RNA 胶要尽可能少接触紫外光，若接触太多或在白炽灯下暴露过久，会使 RNA 信号降低。从琼脂糖凝胶中分离功能完整的 mRNA 时，甲基氢氧化汞是一种强力、可逆变性剂，但是有毒，因而许多人喜欢用甲醛作为变性剂。所有操作均应避免 RNase 的污染，常用 RNase 抑制剂 DEPC 处理电泳缓冲液和相关器具。

为了保证蛋白质待测样品的正确构象，以实现与抗体探针的正确识别，常用 PAGE 分离和展开蛋白质样品，尽管这种方法通常缺乏 SDS-PAGE 的分辨率，但当蛋白质须保留生物活性时该方法非常有用。印迹前分离复杂蛋白质混合物的最常见方法是 SDS-PAGE，它根据蛋白质的相对分子质量进行高浓度、高分辨率分离展开。双向凝胶电泳则是现代蛋白质组学的关键技术，双向免疫印迹可提供相对分子质量和等电点信息，并可用于区分翻译后修饰产生的不同蛋白质形式。可以预期，在组学时代，这种展开方法的使用会越来越多。

（二）膜印迹

将样品（核酸或蛋白质）从凝胶转移到膜（硝酸纤维素膜或尼龙膜）上，同时保持它们的相对位置和分辨率，这种技术被称为膜印迹。膜印迹可以用毛细转移法或电转移法等不同的转移方式实现。

1．毛细转移法

该方法利用干燥吸水纸的毛细作用进行转移。将分布着 DNA 片段的凝胶倒扣在一张两端浸入转移液中的滤纸上。凝胶上面铺放着一张与凝胶大小相同的硝酸纤维素膜或尼龙膜，二者紧密贴合。膜上面放 2 或 3 层湿润的滤纸，滤纸上面是一叠干燥吸水纸（或卫生纸）。滤纸、吸水纸的大小均与凝胶相同，吸水纸上面放置一重物均匀施加重力，在稳定放置过程中，由于干燥吸水纸产生的毛细作用，使缓冲液沿滤纸上升，形成经过凝胶、膜至吸水纸的细微液流，凝胶中的 DNA 片段被液流带出沉积在膜的表面。毛细转移法分上行毛细转移和下行毛细转移（图 4-8）。

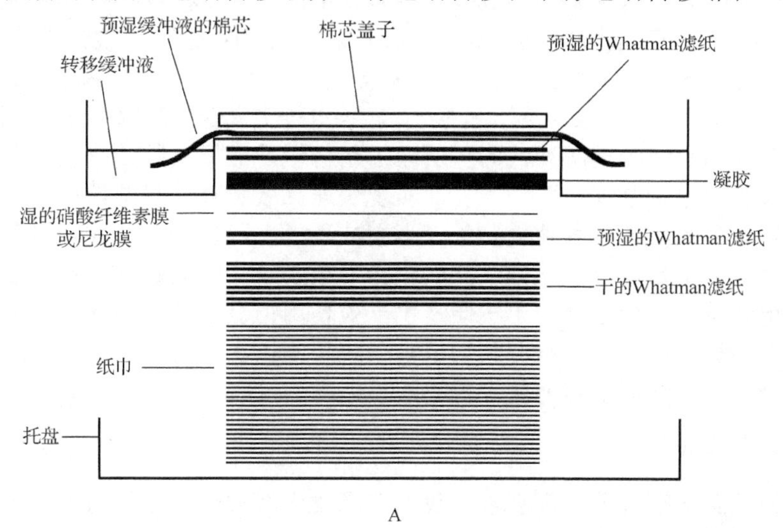

图 4-8 DNA 从琼脂糖凝胶向下（A）和向上（B）的毛细转移（引自 M.R. 格林和 J. 萨姆布鲁克，2017）

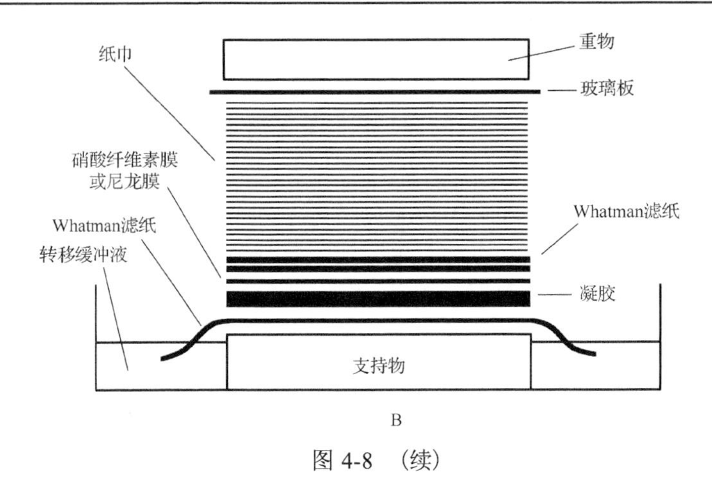

图 4-8 （续）

2．电转移法

毛细转移法可以满足大多数中等大小的样品杂交实验的要求。但当被检样品的相对分子质量太大或太小时，靠毛细作用不能实现完全转移，可考虑改用电转移法进行印迹转膜。样品相对分子质量太大，毛细作用拉不动；太小又被聚丙烯酰胺凝胶（或聚丙烯酰胺与琼脂糖构成的混合凝胶）等小孔径凝胶所阻滞，也拉不动。电转移法多使用经正电荷修饰的尼龙膜，不能使用在高盐溶液中与 DNA 结合的硝酸纤维素膜，若使用高盐溶液，电泳时会产生强大电流而使转移体系升温，导致 DNA 被破坏。

电转移法是基于电泳原理的转移方法。凝胶上的样品在电场作用下脱离凝胶，原位转至固相支持物上。电转移方法可分为湿转移和半干转移。两者的原理完全相同，只是用于固定胶/膜叠层和施加电场的机械装置不同。湿转移是一种传统方法，将胶/膜叠层浸入缓冲液槽然后加电压。这是一种有效方法但比较慢，需要大体积缓冲液且只能用一种缓冲液。另外用这种方法转移双向电泳中常规使用的聚丙烯酰胺凝胶比较困难。湿转移系统一般在恒压条件下进行，转移过程中混合缓冲液保持电流相对恒定。

半干转移则是用浸透缓冲液的多层滤纸代替缓冲液槽。因为电极板直接与滤纸接触，使凝胶中电场强度尽可能大从而实现快速高效转移。与湿转移相比，这种方法又快又好。多数半干转移使用一种以上缓冲系统，可以同时高效转移大小不同的蛋白质。然而，半干印迹系统因缓冲液较少不适于较长时间转移。对于大双向胶的印迹，半干转移是理想选择。半干印迹仪一般使用恒流条件，转移过程中电压逐渐增加。半干转移系统中，滤纸和膜切成与凝胶相同大小，这样电流必须通过凝胶，否则，在凝胶边缘处滤纸重叠将导致电流短路。

（三）探针及其标记物

探针的概念含有人的主观因素，我们在能发生特异性相互作用的生物大分子之中，选择出其中一种并附加上可被检测的标记，该种生物大分子即称为探针，如抗原-抗体、受体和配体及核酸与其互补核酸间的杂交等反应均可发生特异相互作用，选择其中一种作为探针，另一种就为待测样品。

常见的探针有核酸探针和蛋白质探针。核酸探针是指标记(末端或全分子标记)的核酸单链或双链。它具有特定的序列，能够与具有一定同源性的相应互补序列的核酸片段结合。根据探针核酸的不同来源可分为基因组DNA探针、cDNA探针、寡核苷酸探针和RNA探针。蛋白质探针通常是标记的抗体。理想的探针必须具备：①是一段已知的核苷酸序列或已知蛋白质的抗体；②必须加以标记；③便于杂交后的检测。

探针标记物可分为放射性和非放射性两大类。前者灵敏度高、特异性强，但半衰期短，稳定性差，污染环境。后者灵敏度差，但具有安全、稳定、经济和实验周期性长等特点。非放射性标记核酸探针及其显色方法，已成为核酸探针技术的重要发展趋势。

1．放射性同位素标记物

用放射性同位素标记的探针灵敏性高，制作方法简单，稳定性好。通过放射自显影可以直接使X射线片上的乳胶颗粒感光，可检出微量的待测样品。常用于标记核酸探针的放射性同位素有^{32}P、^{3}H、^{35}S等。常用于标记抗体的是^{125}I和^{135}I。^{32}P比活性高，能释放高能量的β粒子，是最为常用的核酸标记物，被广泛用于各种膜杂交，通过放射自显影检测。由于高能量的β粒子会损伤探针结构，标记探针最好在一周内使用。^{3}H比活性低，释放β粒子的能量极低。采用放射自显影检测时，可通过延长曝光时间获得本底浅和分辨率高的结果。^{3}H标记探针仅用于原位杂交，标记探针可存放较长时间。^{35}S的比活性比^{32}P略低，射线散射作用弱，特别适用于原位杂交。由于半衰期比^{32}P长，因此^{35}S标记的探针能在–20℃保存6周。^{125}I和^{135}I的半衰期分别是60 d和8 d。

核酸标记常用的放射性同位素形式是α-^{32}PdNTP、^{3}HdNTP及^{35}SdNTP，多用缺口平移法、末端标记法、随机引物延伸法和反转录标记法。在用mRNA制备cDNA时，同时掺入标记的脱氧核苷酸，制出cDNA标记探针。蛋白质标记常用的放射性同位素碘乙酰胺，直接通过化学反应将^{125}I或^{135}I标记抗体(有时是抗原)。

2．非放射性标记物

非放射性标记物因具有安全、无放射性污染、稳定性好、显色快和易观察等优点，近年来得到越来越广泛的应用。常用于核酸探针制备的非放射性标记物有生物素(biotin)、地高辛(digoxigenin，dig)、荧光素(异硫氰酸荧光素、罗丹明等)、酶(辣根过氧化物酶、碱性磷酸酶及半乳糖苷酶等)等。

将上述非放射性标记物接入核酸探针的方法有多种。

(1)酶促生物素标记核酸　以生物素化的脱氧核苷三磷酸(Bio-11-dUTP，Bio-7-dATP、Bio-11-dCTP)等代替相应^{32}P标记的脱氧核苷三磷酸，经DNA聚合酶作用(缺口平移法和随机引物延伸法)掺入DNA。

(2)光敏生物素标记核酸　目前使用的光敏生物素试剂有两种：光生物素和补骨脂素生物素。它们都是由一个光敏基团、一个连接臂和一个生物素基团组成。光生物素的光敏基团是—N3，它在光的作用下可与核酸中的碱基结合。补骨脂素生物素中的光敏基团补骨脂素在光照（320～400 μm）下，也可与单链或双链核酸发生反应，反应主要发生在胸腺嘧啶（T）上。

（3）酶标 DNA　标记试剂是辣根过氧化物酶（HRP）或碱性磷酸酶（AP）。通过对苯醌（PBQ）与聚乙烯亚胺（PEI）连接而成（HRP-PBQ-PEI），此试剂在戊二醛的作用下与变性的 DNA 结合，使 HRP 与 DNA 连接在一起，组成 HRP 标记的 DNA 探针。

（4）DNA 半抗原标记　其原理与 Bio-11-dTUP 相同，只是用毛地黄皂苷代替生物素形成 Dig-11-dUTP，酶促掺入 DNA 分子。用抗毛地黄皂苷抗体检测标记在 DNA 上的半抗原分子地高辛。

常用于蛋白质探针制备的非放射性标记物与核酸探针有相似之处，包括荧光素、酶及胶体金等。其中胶体金为蛋白质探针所独有的标记物。作为探针标记的胶体金粒子，其直径应在 3～30 nm。常在四氯金酸（$HAuCl_4$）中加入还原剂使之还原并聚积形成胶体金粒子。使用不同种类、不同剂量的还原剂，可以控制所产生的粒子大小。以柠檬酸钠和单宁酸作还原剂，能够制备大小相对一致、直径 3～16 nm 的胶体金。利用柠檬酸为还原剂，可以制备 12～150 nm 直径的胶体金。也可以用磷作为还原剂来制备直径 5 nm 的胶体金，它避免了单宁酸残基的问题，但所形成的胶体金粒子体积变化较大。胶体金粒子数量越多，体积越小；粒子直径每增加一倍，数量减少为原来的 1/8，可根据实际需要选用合适大小的胶体金。

（四）杂交及检测

待检测样品转移到膜上以后，可以较长时间放置在干燥的环境中。待探针制备与标记好之后，再从容地取出印迹膜进行杂交和检测。杂交检测的基本程序包括：预杂交、杂交、漂洗和检测。

1．预杂交

膜上有许多没有结合 DNA 分子的地方，若不在杂交前用一些封闭剂结合位点，加入探针后，探针 DNA 分子将会结合在这些位点上，导致杂交背景变深。预杂交的目的是用非特异性 DNA 分子（鲑精 DNA）及其他高分子化合物［封闭剂，如脱脂奶粉或牛血清清蛋白（BSA）］将待杂交膜中的非特异性位点封闭，从而减少杂交背景。

2．杂交

将标记好的探针加到杂交液中，在一定温度条件下，使探针与膜上的 DNA 杂交。杂交可分为严谨型杂交和松弛型杂交：严谨型杂交是在高温和低离子强度下的杂交；松弛型杂交正好相反，是在低温和高离子强度下的杂交。

3．漂洗

漂洗指用不同组成及离子强度（严谨度）的溶液洗去膜上的封闭剂及非特异性杂交的探针。漂洗也分为严谨型和松弛型两类：严谨型漂洗是在高温和低离子强度下的漂洗；松弛型漂洗是在低温和高离子强度下的漂洗。两种类型的杂交和两种类型的漂洗，可以组合成为 4 种杂交-漂洗类型，构成了杂交的核心体系。

4．检测

杂交结果的显示方法多种多样，与探针的标记方法相关。一般来说，放射性标记探针的显示方法单一，主要是放射性自显影或计数。但是，非放射性标记探针的显示方法类型则要多得多，如表 4-7 所示。

表 4-7　非放射性标记探针杂交体的显示系统

标记物类型	杂交体的检测方法
放射性同位素	放射自显影、计数
生物素	生物素-亲和素或生物素-链霉亲和素，后者与过氧化物酶(或碱性磷酸酶)结合，再经过化学发光及增强作用，将光量放大后，在 X 射线片上发光自显影
光敏-地高辛	直接发光检测或与抗 Dig-碱性磷酸酶结合后进行显色检测
半抗原地高辛标记	先使探针与半抗原抗体(第一抗体)结合，再与酶连接特异抗抗体(二抗)结合

此外，近年来荧光素(异硫氰酸荧光素、罗丹明等)、酶(辣根过氧化物酶、碱性磷酸酶及半乳糖苷酶等)等显示系统的发展很快。

三、检测技术的新进展

最初的生化检测技术主要是根据物质的密度、黏度、颜色、质量、溶解度、氧化还原性质等基本性质进行检测，在历史上演化出许多生化检测技术。但这些技术许多已经不再使用。近代生化检测技术的基石主要有两个：①价电子的跃迁行为可以吸收或放出多种类型或多种波长的光；②放射性自显影。除了分光光度技术和印迹技术外，在这两个基石的基础上，还演化出如下所述的其他多种技术。

(一)光谱学方法

本章第五节所述的分光光度法是生物化学中最常用的一种光谱检测技术。人类所能获得的各种辐射源的波长跨度为 10^{-3}～10^{9} nm，可以将它们区分为不同的波段，每种波段所产生的吸收光谱是不同的，如表 4-4 所示。各种光谱技术按波长从小到大彼此构成了一个基本连续的递进关系，下文简述荧光光谱法、红外光谱法、核磁共振光谱法和 PCR 法。

1．荧光光谱法

荧光可以看成紫外-可见吸收光谱的一种特殊形式。价电子吸收紫外光或可见光(即产生紫外-可见吸收光谱)之后，被激发到较高能态的电子不可能永远保持受激状态，而要返回基态。在回到基态的过程中，原来从入射光子得到的能量，要么与其他分子(如溶剂分子)相碰向周围传递动能或热能而被耗散掉，要么向周围发出更长波长的光，即荧光。是发热还是发荧光，取决于生色团是否具有发射荧光的特殊结构，但是，发射荧光时也伴随着碰撞等能量耗散，故与入射光相比，荧光具有更长的波长。因此，荧光的发射涉及两种光，即激发光和发射光，前者的波长更短，能量更高。

利用上述原理，我们可以通过多种方法利用同一样品液测定多种组分：①两种组分可产生同一吸收，但它们可产生不同的荧光或只有其中一个产生荧光；②两种组分可产生同一吸收和相同荧光，但可以选择性地猝灭其中一种的荧光；③利用荧光强度容易受到溶剂、pH、温度等改变的性质，制造或增大待测组分之间荧光强度的差异。

2．红外光谱法

红外吸收光谱产生的原因与紫外-可见吸收光谱不同——不是价电子的跃迁，而是分子内原子的振动和转动，这两种运动的能级比电子跃迁能级小，故只能吸收红外光。其波长跨度为 700 nm～500 μm，最常用的是 25～50 μm 的中红外区。因此，红外光谱反映的是组成分子的原子运动特征，特别是功能团(如甲基、亚甲基、羰基、酰胺基)的特征，是鉴定生物分子特别是生物小分子结构的有力工具。与紫外-可见吸收光谱不同的是，红外吸收光谱的横坐标不是用波长表示，而是用波数(即波长的倒数)表示。

红外吸收光谱的样品制备具有特殊性。水强烈吸收红外光，故样品不能溶解在水中进行测定，而常常根据红外波长范围选择有机溶剂，如四氯化碳、二硫化碳、苯和氯仿等。找不到有机溶剂的样品，常与氯化钾一起精细研磨，形成一种透明薄片而被测定。玻璃和石英在红外区不透光，故常用氯化钠窗片来代替：让非水溶解的样品在两氯化钠窗片之间形成薄层液，进行测定；有时也可以溶解在挥发性溶剂中，在氯化钠窗片上蒸发后形成薄膜再进行测定。

3．核磁共振光谱法

核磁共振(NMR)光谱法，也是一种类似紫外-可见吸收光谱法的吸收光谱法。分子被放到一定的强磁场(根据 NMR 仪器档次，有 60 MHz、90 MHz、200 MHz、300 MHz、400 MHz、500 MHz、600 MHz)中，一定类型的原子核(通常是 ^{1}H 和 ^{13}C)吸收射频区的电磁辐射，从而产生 NMR 光谱。射频电波的吸收是射频电波特殊频率、磁场强度和环境的函数，从而也是分子结构的函数。因此，NMR 光谱可以测定生物分子的结构及其变化情况。

4．PCR 法

PCR 技术类似于 DNA 的天然复制过程，其特异性依赖于与靶序列两端互补的寡核苷酸引物。PCR 由变性、退火和延伸三个基本反应步骤构成。①模板 DNA 的变性：模板 DNA 经加热至 93℃左右一定时间后，使模板 DNA 双链或经 PCR 扩增形成的双链 DNA 解离成为单链，以便它与引物结合，为下轮反应做准备。②模板 DNA 与引物的退火(复性)：模板 DNA 经加热变性成单链后，温度降至 55℃左右，引物与模板 DNA 单链的互补序列配对结合。③引物的延伸：DNA 模板-引物结合物在 *Taq* DNA 聚合酶的作用下，以 dNTP 为反应原料、靶序列为模板，按碱基配对与半保留复制原则，合成一条新的与模板 DNA 链互补的半保留复制链。重复变性—退火—延伸的过程，就可获得更多的“半保留复制链”，而且这种新链又可成为下次循环的模板。每完成一个循环需 2～4 min，2～3 h 就能将待扩目的基因扩增几百万倍，到达平台期所需循环次数取决于样品中模板的拷贝。

PCR 的三个反应步骤反复进行，使 DNA 扩增量在理论上呈 2^n 指数上升，实际上可呈 $(1+X)^n$ 扩增（X 表示平均每次的扩增效率，n 表示循环次数）。反应初期，靶序列 DNA 片段的增加呈 2^n 指数形式，随着 PCR 产物的逐渐积累，被扩增的 DNA 片段不再呈指数增加，而进入线性增长期或静止期，即出现“停滞效应”，这种效应称为平台期，主要由 DNA 聚合酶活性下降和非特异性扩增产物干扰造成。大多数情况下，平台期的到来是不可避免的。

PCR 扩增产物可分为长产物片段和短产物片段。短产物片段的长度严格地限定在两个引物链的 5′端之间，是需要扩增的特定片段。短产物片段和长产物片段是由于引物所结合的模板不一样而形成的。以一个原始模板为例，在第一个反应周期中，以两条互补的 DNA 为模板，引物是从 3′端开始延伸，其 5′端是固定的，3′端则没有固定的止点，长短不一，这就是“长产物片段”。进入第二周期后，引物除与原始模板结合外，还要同新合成的链（即“长产物片段”）结合。引物在与新链结合时，由于新链模板的 5′端序列是固定的，这就等于这次延伸的片段 3′端被固定了止点，保证了新片段的起点和止点都限定于引物扩增序列以内、形成长短一致的“短产物片段”。不难看出，“短产物片段”按指数倍数增加，而“长产物片段”则以算术倍数增加，几乎可以忽略不计，这使 PCR 的反应产物不需要再纯化，就能保证足够纯的 DNA 片段供分析与检测用。

在基本要素不变的前提下，PCR 体系中的一些技术要件，如模板、温度、引物等因素都可以改变，从而演化出很多拓展的 PCR 技术类型。这些技术类型在特定场合下有特定的用途，如表 4-8 所示。可以预期，以 PCR 基本原理衍生出来的新型 PCR 技术将会越来越多。

表 4-8　PCR 的拓展类型及其用途

PCR 拓展类型	技术要件的变化	主要用途
RT-PCR （反转录 PCR）	模板为 mRNA，需反转录酶转录为相应的 DNA 模板。可设内标引物，转变为竞争性反转录 PCR（cRT-PCR）	检测组织或发育阶段特异性基因表达。cRT-PCR 用于低丰度 mRNA 定量检测
M-PCR （多重 PCR）	在同一 PCR 体系中加入多对引物，可扩增出同一长模板的几个区域	用于长模板 DNA 多处缺失的检测
asymmetric PCR （不对称 PCR）	在扩增循环中引入不同引物浓度	得到单链 DNA 并进行序列测定，以了解目的基因的序列
A-PCR（锚定 PCR）	在未知序列末端添加同聚物尾序，将互补的引物连接于一段带限制性内切酶位点的锚上，在锚引物和基因另一侧特异性引物的作用下，将未知序列扩增出来	未知序列扩增与检测
DDRT-PCR （mRNA 差别显示）	用 12 种 3′-T11MN 和 20 种 3′端 10bp 随机引物进行扩增	检测在一定发育阶段某种细胞类型中所表达的绝大部分 mRNA
real-time PCR （实时荧光定量 PCR）	PCR 反应体系中加入荧光基团，利用荧光信号积累实时监测整个 PCR 进程	通过标准曲线对未知模板进行定量分析
IS PCR （原位 PCR）	通过 PCR 技术对靶核酸序列在染色体上或组织细胞内进行原位扩增，使其拷贝数增加，然后通过原位杂交方法检测	对靶核酸进行定性、定位、定量分析

（二）报告基因系统

外界条件变化与基因表达之间是否构成严格的因果关系，是研究真核基因表达调控的关键。由于基因表达产物的种类多且表达量变化多样，再加上真核生物作为多细胞生物进一步割裂开了原因与结果之间的关系，如果不找到一个简单普适的检测方法，那么要确定某一基因表达的条件依赖性变化，或要确定特定发育时间点的基因表达情况都会非常困难。幸好近年来发展了一种简单的检测基因调控的方法，即报告基因分析系统。所谓报告基因，就是通过自己的存在来证明或报告与之连锁的被检测基因的存在的基因，被检测基因可以是内源基因，但通常是指转入的外源基因。为了达到准确灵敏的检测效果，报告基因应该与被检测基因及其所在的真核生物体(细胞或组织)在许多方面截然不同：报告基因通常是原核基因，其表达产物一方面不能与真核生物细胞内的内含物相似和相互作用，另一方面应该能被快速、简便、高灵敏地检测出来。到目前为止，报告基因通常是在报告基因载体质粒中与被检测基因序列相连，先让质粒在大肠杆菌中进行增殖，再提取质粒，转化进入感兴趣的真核细胞中。与此同时，还要将具有真核启动子和增强子的另一种报告基因质粒共转入同一细胞，以作为遗传转化的内对照。在转化后的适当时间内，检测报告基因的 mRNA、编码的蛋白质或酶的活性。通常检测这些产物需要破坏细胞，但也可以通过原位杂交或细胞培养物上清液来检测，甚至用活细胞通过流式细胞仪进行检测。选择何种报告基因，系统应根据研究的目的、组织与细胞的类别、信号检测的时空特性来确定。常见的报告基因如表 4-9 所示。

在上述普适性报告基因的基础上，现在已经快速发展出某些特殊用途的报告基因质粒载体，被很多生物技术公司进行商品化生产，应用越来越方便。随着时间的推移，报告基因技术已经从基因的调控与功能的研究领域，扩大到高产量药物的筛选、基因治疗实验及生物传感器的构建等领域。可以预见，报告基因的种类及检测的方法、灵敏度、特异性均会得到很大的发展。

表 4-9　常见的报告基因

报告基因	功能特性	检测方法	优缺点
氯霉素乙酰转移酶(CAT)报告基因	细菌的氯霉素乙酰转移酶能将乙酰基从乙酰辅酶A转移到氯霉素上，而使氯霉素失去抗菌性	该反应能通过测量放射性标记的底物而量化。放射性同位素标记底物有 ^{3}H 标记的乙酰辅酶 A 和 ^{14}C 标记的氯霉素或荧光素标记的 CAT 抗体。CAT 抗体因可以用于 ELISA 法检测 CAT，所以也广泛用于该反应的检测	此法在真核细胞中的本底很低，结果的重现性很好且灵敏度很高。测定只能用细胞提取物进行，且测定的范围很窄，可能有放射性同位素的污染

续表

报告基因	功能特性	检测方法	优缺点
β-半乳糖苷酶(β-gal)报告基因	大肠杆菌β-gal 能将胞内底物乳糖水解为半乳糖。能水解胞外底物如 X-gal 等产生颜色改变，能水解多种荧光素源底物	基于颜色改变的分光光度法和基于荧光的检测和显微相关观察方法都适用	可选的检测方法多，需要区别内、外源性的β-gal(主要是改变缓冲液的 pH 至 8.0)，本底较高
β-葡糖苷酸酶(GUS)报告基因	GUS 为大肠杆菌的又一水解酶，它能水解葡糖苷	已经发展了荧光底物如 4-甲基-伞形酮-β-D-半乳糖苷(MUG)等，检测的灵敏度很高	主要用于缺乏该酶的病毒性植物病原体、植物、酵母及真菌等的研究中，在医学中应用相对较少
分泌型碱性磷酸酶(SEAP)报告基因	SEAP 具有耐热性，分泌到胞外发挥磷酸酶活性	检测时加热，即可将内源性碱性磷酸酶(AP)灭活。已经有多种化学发光分析和荧光分析的试剂盒	该酶能分泌到胞外，可以在不破坏细胞的情况下，在任意时间进行重复和动态的检测，很有发展前途
荧光素酶(luc)报告基因	能催化甲虫的荧光素的氧化性羧化作用，发射出光子	该酶的半衰期很短，已经发展出多种方法，稳定其荧光发射长达 5 h 之久，能被多种分光光度法或闪烁计数器定量检测	荧光素酶分析具有快速、方便和良好的浓度线性范围，现已被广泛应用。多种方法正在发展之中
绿色荧光蛋白(GFP)报告基因	该蛋白在紫外光下发射荧光，可以被多种方法检测。检测不需要底物，加热、变性剂、去垢剂及一般的蛋白酶均不能使它灭活	所发射的荧光可被多种方法检测，甚至可用荧光显微镜或荧光激活的细胞分类系统进行检测。GFP 已被大量改造，其荧光更亮、颜色种类更多，可在细胞的不同部位表达	最大优点是能在活细胞条件下观测，而且能进行细胞内的定位分析

(三)大信息量检测——生物芯片系统

人类基因组计划的实施，使海量的基因序列数据正在以前所未有的速度膨胀。由此而来的一个问题是，如何高通量、微型化和自动化地利用海量的基因信息揭示生命的奥秘？于是，一项类似于计算机芯片技术的新兴生物技术——生物芯片技术应运而生。生物芯片主要是指通过微加工和微电子技术在固体芯片表面构建微型生物化学分析系统，以实现对生命机体的组织、细胞、蛋白质、核酸、糖类及其他生物组分进行准确、快速、大信息量的检测。目前常见的生物芯片分为三大类：基因芯片、蛋白质芯片、芯片实验室等。它们和我们日常所说的计算机芯片非常相似，只不过高度集成的不是半导体管，而是成千上万的网格状密集排列的基因或蛋白质探针，通过分子识别与样品中的待测分子相互作用而实现检测。生物芯片技术主要包括 4 个基本技术环节：芯片微阵列制备、样品制备、生物分子反应和信号的检测及分析。

1．基因芯片

基因芯片又称 DNA 芯片、DNA 微阵列等，比蛋白质芯片发展得更成熟，其 4 个基本技术环节也最完善。基因芯片的设计、制备、杂交、检测、数据分析是第一个环节，目前制备芯片主要采用表面化学的方法或组合化学的方法来处理固相基质如玻璃片或硅片，然后使 DNA 片段(或蛋白质分子等)按特定顺序排列在片基上。目前已可将近 40 万种不同的 DNA 分子放在 1 cm^2 的高密度基因芯片上，并且正在制备包含上百万个甚至更多的含有 DNA 探针的基因芯片。生物样品的制备和处理是基因芯片技术的第二个重要环节。生物样品往往是非常复杂的生物分子混合体，除少数特殊样品外，一般不能直接与芯片进行反应。要将样品进行特定的生物处理，获取其中的待测蛋白质或 DNA、RNA 等信息分子并加以标记，以提高检测的灵敏度。第三个环节是待测生物分子与芯片进行反应。芯片上的生物分子之间的反应是芯片检测的关键一步。通过选择合适的反应条件使生物分子间的反应处于最佳状态，减少生物分子之间的错配比率，从而获取最能反映生物本质的信号。基因芯片技术的最后一个环节是芯片信号检测和分析。目前最常用的芯片信号检测方法是将芯片置入芯片扫描仪中，通过采集各反应点的荧光强弱和荧光位置，经相关软件分析图像，即可以获得有关生物信息。

2．蛋白质芯片

蛋白质芯片与基因芯片的原理相似。不同之处在于：①蛋白质芯片上固定的分子是蛋白质如抗原或抗体等；②检测的原理是依据蛋白质分子、蛋白质与核酸、蛋白质与其他分子的相互作用。蛋白质芯片技术出现得较晚，尚处于发展时期，但也取得了重大进展，已经获得了酵母蛋白质组芯片。相信不久将会有包含更高等生物甚至人类蛋白质组的蛋白质芯片研制成功，并应用于生物医学基础研究和疾病诊断领域。

3．芯片实验室

芯片实验室是生物芯片技术发展的最终目标。它将样品制备、生化反应及检测分析的整个过程集约化形成微型分析系统。现在已有由加热器、微泵、微阀、微流量控制器、微电极、电子化学和电子发光探测器等组成的芯片实验室问世。芯片实验室的追求目标是：样品制备单一化、生化反应多重化和检测分析多指标化。借助于流式细胞仪，目前已经初步制造成功了将单一样品制备、多重生化反应和多指标检测技术等部分集成的生物芯片相关检测设备。

第六节　生物化学实验中的计算机辅助设计

一个完整的生物化学研究过程包括 5 个环节：发现问题、提出问题、实验设计(包括假说和预期的结论)、实验实施、结论(包括推导和运用结论)。其中，实验设计是联系问题和结论的桥梁。所谓实验设计就是将各种单个的实验方法，按照研究目的和研究艺术，串联为一整套技术路线的过程。实验方法是相对固定不变的，而技术路线则可能千变万化，犹如 4 种核苷酸可以串联为千变万化的核酸序列一样。生物化学实验设计的第一步，就是要明确其与分子生物学实验设计的联系与区别。

生化反应的本质是那些在进化过程中幸运地获得了酶催化的有机化学反应，由此可推导出两大要点：一是有机化学反应多，而生物化学反应少，生物化学反应是有机反应的特例；二是研究酶的产生机制和催化机制。由此两点出发可知：典型的生物化学研究方法是"从生物化学反应开始，中间经过酶蛋白的研究，最后到基因 DNA 的鉴定和克隆的方向"进行的。

分子生物学研究方法则与上述方向相反。于是分子生物学家找了几种模式生物，首先测定了其全基因组 DNA，然后再根据序列特征来确定可能的基因，并进一步利用一些方法(如转基因相关技术)来验证这些可能的基因的产物对生物化学反应的作用。已经发现特定结构的基因表达产物的分子功能可能有多种，且具有条件依赖性，这些构成了当今迅速发展的分子生理学(甚至细胞或个体生理学)的研究内容。

这样，就产生了一系列问题：生物化学家发现的基因及其控制的过程是实在的，因而数目偏少；而分子生物学家得到的基因首先是推导出来的，因而数目偏多。究竟哪种方法更好呢？另外，几种模式生物中，生物化学家得到的基因数目与分子生物学家的基因数目差别有多大？能否从分子生理学的视角探讨后基因组时代的科学思想会如何调和这种差别？这是掌握系统知识并走向创新的第一步。

计算机辅助实验设计的内容包括：网上数据库的利用、查询与信息收集，利用各种软件工具对信息进行在线或离线分析，实验过程的虚拟，实验数据的收集、整理等。具体体现在下列步骤之中。

(一)根据实验目的，浏览和收集专业网站信息

随着生物化学与现代生命科学的发展，早在 20 世纪 70 年代 Sanger 测序法成功之后，一些著名的大学和研究单位，即开始收集、整理发表于文献上的 DNA 和蛋白质序列数据及其相关资料，之后逐步得到所在国家或一些公司的资助，建立起了许多各有特色的网站数据库。最常用的是美国国家生物信息中心(NCBI)的核酸序列库 GenBank、蛋白质序列库 NR、生化遗传缺陷型数据库 OMIM 和文献库 PubMed 等，其他的蛋白质序列库 SWISS-PROT、蛋白质结构库 PDB 和生化代谢途径数据库 KEGG 等也经常用到。这些数据库充分体现了一定时限以前的资源共享原则，但新近扩展和升级的信息资源往往需要付费获取。

(二)充分利用软件工具，筛选和处理信息

随着大量的数学、物理、化学和计算机专家涌入现代生命科学领域，生物化学

及相关生命科学的软件得到了迅速发展，赋予了生物化学实验研究无限的魅力。常用的有 NCBI 的数据库搜索软件 Entrez 和同源序列搜索软件 BLAST，EBI(一个将 SWISS-PROT 和 TrEMBL 合并的数据库)的序列多重比对软件 ClustalW 和三维结构数据库搜索软件 DALI 等。此外，还常常用到进化树构建软件 MGEG、聚类分析软件 GeneCluster、基因预测软件 GenScan、蛋白质结构预测软件 PredictProtein 和蛋白质三维结构的编辑可视化软件 RasMol 等。这些软件随时处于扩展和升级状态，可以帮助实验室快速完成许多工作。

(三)实验过程的模拟与虚拟

再完善的实验室和教学计划，也不可能保证提供足够的条件和时间，让实验者把本门课程的全部实验都做完。如何通过做有限数目的实验来实现对实验体系的整体掌握呢？现在的计算机多媒体制作技术，已经可以制作与几乎全部现行生物化学实验相关的动画或仿真视频。特别是对高成本、高毒性和长时间实验内容的意义更大，完全可以使实验者不通过亲手实验，也能达到掌握实验原理与操作的目的，如 DNA 测序、PCR 反应、琼脂糖凝胶电泳、各种层析实验等，均有相关视频。此外，计算机技术几乎使所有现行的生物化学实验得到模拟与虚拟，这些实验有时称为“干试验”，是实验者亲手做的实验内容的有效补充和衔接，甚至可以将实验内容无限延伸到整个生命科学体系之中。参考软件常按照系列升级开发，如显示和分析蛋白质交互作用的虚拟软件 InterViewer，化学与生物化学反应动力学仿真与优化软件 Gepasi，模拟蛋白质纯化过程的软件 ProtLAB，虚拟的生物化学实验室软件 Virtlab 等。

(四)实验数据的收集和整理

实验数据的收集通常用数据库的方法，而实验数据的整理通常用电子表格的方法。例如，Office 软件拥有强大和完整的 Access 数据库功能和 Excel 电子表格功能，从 Access 数据库中可以完整地导出包括 Excel 电子表格在内的多种文件，可使用 Office 中的 Excel 宏文件编制的数据处理和分析模板。此外，还可以根据实际需要和个人习惯使用其他专门软件，如数据处理软件 CurveExpert、数据分析软件 SPSS、数据绘图软件 Origin、序列格式转换软件 ETSTools、PCR 相关软件 FastPCR、siRNA 在线设计软件 siDirect 等。

了解新信息和学习新技术，对于进行创造性生物化学实验设计工作十分重要。上述生物实验技术信息和软件资源，可能使生物化学实验工作者不会感到“本领恐慌”。

(朱利泉　张贺翠)

下　篇

方　法

第五章　蛋　白　质

与 DNA 是遗传信息的载体不同，蛋白质是一切生命活动的执行者和重要的物质基础。因此，大多数种类的动物体中除了水分外含量最多的就是蛋白质；蛋白质在植物中的量也很大，是一般植物体干重中的第二大组分，仅次于糖类。

蛋白质是 20 种基本氨基酸的多聚物，氨基酸之间通过氢键、离子键和疏水作用而形成蛋白质的空间结构。蛋白质的空间结构是蛋白质的功能结构，当它受到物理、化学等因素作用时，就会发生活性改变，产生变性作用。因此，在进行蛋白质研究时，首先要明确研究目的是否涉及蛋白质的功能。如果涉及蛋白质的功能，整个实验过程的条件(溶剂条件、温度条件、酸碱条件和氧化还原条件等)必须温和，以保证蛋白质功能结构的变化尽量小，小到不影响实验结果的程度。例如，本章的后 4 个实验，抗原与抗体之间的特异性识别要求蛋白质分子之间具有表面互补的构象。

本章的大多数蛋白质的生化实验不涉及蛋白质分子本身的功能结构，整个实验过程的条件可以在不同程度上剧烈一些。最剧烈的条件是断裂共价键：蛋白质在 110℃条件下，加 6 mol/L 盐酸或 6 mol/L NaOH 溶液水解 24 h，水解为游离氨基酸。这些游离氨基酸或直接从植物组织中提取的游离氨基酸是氨基酸的混合物，根据其带电性和溶解度的差异，可用各种层析和电泳将其分开，其中要求一定的高温和酸碱条件。为此，本章安排了实验一至实验四 4 个实验。实验五是蛋白质的纯化方法。实验六是在纯化基础上的蛋白质含量测定，其中的双缩脲反应、Folin-酚反应和考马斯亮蓝反应实际上是理化显色反应。实验七和实验八是测定蛋白质性质的方法。实验一至实验八不需要蛋白质保持完全正确的构象。实验九至实验十二是基于蛋白质免疫而设计。

蛋白质的基础生化实验主要由上述涉及和不涉及蛋白质功能的两类组成，实验过程是否保持蛋白质的正确构象是这两类实验的主要区别：前一类实验结果的准确性主要取决于蛋白质具有正确构象；后一类实验结果的准确性主要取决于干扰杂质的排除和实验条件的控制。

实验一　植物组织中氨基酸总量的测定——茚三酮溶液显色法

一、实验目的

氨基酸是组成蛋白质的基本单位，也是蛋白质的分解产物。植物根系吸收、同化的氨主要是以氨基酸和酰胺的形式进行运输。测定植物组织中不同时期、不同部位游离氨基酸的含量，有助于研究根系生理状况和氮素代谢。

二、实验原理

氨基酸的游离氨基与水合茚三酮作用后，能产生二酮茚-二酮茚胺的取代盐等蓝紫色化合物，在一定范围内，其颜色的深浅与氨基酸的含量成正比。据此，可用分光光度计在波长 570 nm 下测定反应产物的吸光度。根据标准曲线计算出未知样品中氨基酸的总量。但脯氨酸和羟脯氨酸与茚三酮反应呈黄色，应在波长 570 nm 下测定吸光度。

氨基酸与水合茚三酮的反应分两步进行：首先，氨基酸脱氨脱羧被氧化，水合茚三酮被还原；然后，氧化型和还原型的水合茚三酮与氨反应生成二酮茚-二酮茚胺的取代盐等蓝紫色化合物(图 5-1)。

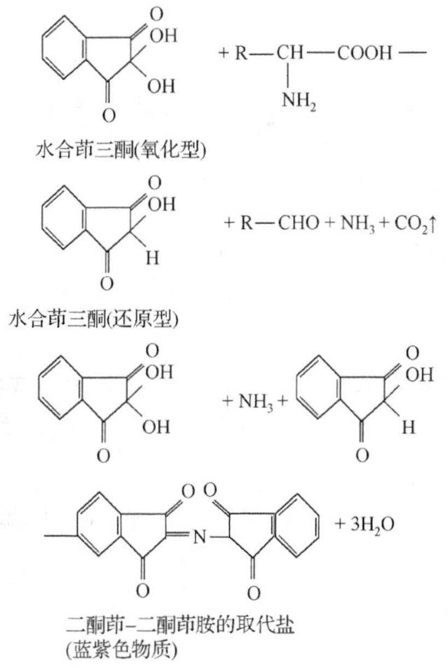

水合茚三酮(氧化型) + R—CH(NH$_2$)—COOH —

水合茚三酮(还原型) + R—CHO + NH_3 + CO_2↑

+ NH_3 +

二酮茚-二酮茚胺的取代盐(蓝紫色物质) + $3H_2O$

图 5-1　氨基酸与水合茚三酮的反应(引自朱利泉，1997)

现在已知这种蓝紫色化合物包含不止一种物质，而是几种有色物质。但各种氨基酸与茚三酮反应均可产生紫色的双-1,3-二酮茚(图 5-2)。

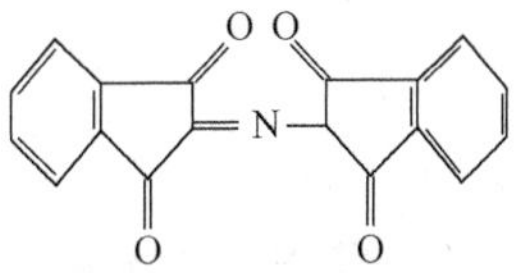

图 5-2　双-1,3-二酮茚结构式(引自朱利泉，1997)

三、实验器材

1．材料

黄豆芽。

2．仪器

容量瓶(100 mL)、烧杯、干燥器、滤纸、锥形瓶(50 mL)、研钵、具塞刻度试管(20 mL)、刻度吸管(10 mL、2 mL、0.5 mL)、天平、恒温水浴锅、分光光度计等。

3．试剂

1)水合茚三酮试剂：称取 0.6 g 再结晶的茚三酮置于烧杯中，加入 15 mL 正丙醇，搅拌使其溶解。再加入 30 mL 正丁醇及 60 mL 乙二醇，最后加入 9 mL pH 5.4 的乙酸-乙酸钠缓冲液，混匀，贮于棕色瓶，置 4℃冰箱中保存备用，10 d 之内有效。

注意：茚三酮若变为微红色，则需按如下方法重结晶。称取 5 g 茚三酮溶于 15～25 mL 热蒸馏水中，加入 0.25 g 活性炭，轻轻搅拌。加热 30 min 后趁热过滤，滤液放入 4℃冰箱过夜。次日析出黄白色结晶，抽滤，用 1 mL 冷水洗涤结晶，置干燥器干燥后，装入棕色玻璃瓶中保存。

2)乙酸-乙酸钠缓冲液(pH 5.4)：称取化学纯乙酸钠 54.4 g，加 100 mL 无氨蒸馏水，在电炉上加热至沸，使体积蒸发至原体积的一半。冷却后加 30 mL 冰醋酸，用无氨蒸馏水稀释至 100 mL。

3)标准亮氨酸溶液：称取 80℃下烘干的亮氨酸 46.8 mg，溶解在 10%的异丙醇中，并用 10%异丙醇稀释至 100 mL。取此液 5 mL，用蒸馏水稀释至 50 mL，即为含氮量 5 μg/mL 的标准液。

4)0.1%抗坏血酸(维生素 C)溶液：称取 50 mg 抗坏血酸溶于 50 mL 无氨蒸馏水中，现用现配。

5)10%乙酸、60%乙醇溶液。

四、实验步骤

1．提取样品

选取有代表性的植物材料(如黄豆芽)，洗净擦干，剪碎，迅速称取 0.5～1.0 g，加 5 mL 10%乙酸，在研钵中研碎，用蒸馏水稀释至 100 mL，摇匀，上清液通过干滤纸过滤到锥形瓶中。

2．制作标准曲线

取 6 支 20 mL 具塞刻度试管，按表 5-1 操作。

表 5-1　标准曲线的试剂配制表

试剂	管号					
	1	2	3	4	5	6
标准亮氨酸溶液/mL	0	0.2	0.4	0.6	0.8	1.0
无氨蒸馏水/mL	2.0	1.8	1.6	1.4	1.2	1.0
水合茚三酮试剂/mL	3.0	3.0	3.0	3.0	3.0	3.0
抗坏血酸溶液/mL	0.1	0.1	0.1	0.1	0.1	0.1
每管含氮量/μg	0	1.0	2.0	3.0	4.0	5.0

加完试剂后，混匀，盖上玻璃塞，置沸水浴中加热 15 min，然后取出放在冷水浴中迅速冷却并经常摇动，使加热时形成的红色逐渐被空气氧化而褪色，直至溶液呈蓝紫色时，用 60%乙醇溶液定容至 20 mL，混匀，用光径为 1 cm 的比色杯，在波长 570 nm 下测定其吸光度，制作标准曲线。

3．测定样品液

吸取样品液 1 mL，放入 20 mL 具塞刻度试管中，加无氨蒸馏水 1 mL，其他步骤与制作标准曲线的操作相同。测定样品液的吸光度。根据吸光度在标准曲线上查得样品液的含氮量。

五、实验结果

获得结果后按下式计算出 100 g 鲜样品中氨基态氮的含量。

$$\text{氨基态氮量(mg/100 g鲜样品)}=\frac{C(\mu g)\times\dfrac{\text{稀释总体积}}{\text{比色用体积}}}{\text{样品重(g)}\times 100}\times 100$$

式中，C 为由标准曲线查得的样品中氨基态氮的质量(μg)。

六、实验讨论

1)茚三酮与所有氨基酸的反应都一样吗？产物是否相同？最终颜色是否一样？为什么？

2)实验中为什么要加入抗坏血酸？其作用是什么？

实验二　氨基酸的纸层析

一、实验目的

层析的优点是能够分离与分析在组成、结构及性质上极为相似的物质，而这是用其他方法很难做到的。同时层析设备简单，操作容易，样品用量很少，结果也较准确。因此，此法已广泛地用于氨基酸、核酸、蛋白质、激素、维生素、糖类等的分离与分析。本实验的目的在于掌握纸层析法的一般原理和操作技术。

二、实验原理

纸层析法是以滤纸作为支持物的分配层析法。分配层析法利用物质在两种不相混合溶剂中的分配系数不同而达到分离目的。通常用 α 表示分配系数。在一定条件下，一种物质在某溶剂系统中的分配系数是一个常数。

$$\alpha = \frac{\text{溶质在固定相中的浓度}}{\text{溶质在流动相中的浓度}}$$

层析溶剂由有机溶剂和水组成。由于滤纸纤维素和水有较强的亲和力(纸上有很多—OH，可与水以氢键相连)，吸附很多水分，一般达滤纸重的 22%左右(其中约有 6%的水与纤维素结合成复合物)，因此使这一部分水扩散作用降低而形成固定相；而有机溶剂与滤纸的亲和力很弱，可以在滤纸的毛细管中自由流动，便形成流动相。层析时，将滤纸一端浸入层析溶剂中，有机溶剂连续不断地通过点有样品的原点处，使其中的溶质依据本身的分配系数在两相间进行分配。分配的过程为：一部分溶质随有机相移动离开原点而进入无溶质区，并进行重新分配，即一部分溶质从有机相又进入水相。随着有机相不断向前移动，溶质不断地在两相间进行可逆的分配，不断向前移动。各种物质因其分配系数不同，在两相间分配的数量就不同，分配系数小的溶质在流动相中分配的数量多，向前移动的速度快；而分配系数大的溶质在固定相中分配的数量多，移动的速度慢。所以各种溶质在层析的过程中，由于移动的速度不同而彼此分开。溶剂由下向上移动的层析，称为上行法；由上向下移动的层析，称为下行法。

将样品点在滤纸上(此点称为原点)进行展层，样品中各种溶质(如各种氨基酸)即在两相溶剂中不断进行分配。由于它们的分配系数不同，不同溶质随流动相移动的速率(迁移率)不等，于是就将这些溶质分离出来，形成距原点不等的层析点。

溶质在滤纸上的迁移率用 R_f 值表示。

$$R_f = \frac{\text{原点到层析点中心的距离}}{\text{原点到溶剂前沿的距离}}$$

只要条件(如温度、展层溶剂的组成、滤纸的质量等)不变，R_f 值是常数。故可根据 R_f 值进行定性分析。

如果只用一种溶剂展层，由于某些氨基酸的 R_f 值相同或相似，就不能把它们分开。为此，当用一种溶剂展层后，将滤纸转动 90°，以第一次展层所得的层析点为原点，再用另一种溶剂展层，从而达到分离目的。这种方法称为双向纸层析法。

R_f 值取决于很多因素，其中最主要的是所分离物质的分配系数。物质的分配系数由以下因素决定。

1) 物质极性的大小。水的极性很强，一般极性强的物质容易进入水相，非极性的物质易进入有机溶剂。例如，含—OH 和—NH_2 较多的碱性氨基酸易分配在水相中，R_f值较小，而含非极性基(如—CH_3)较多的物质其分子的极性降低，R_f值增大。

2) 滤纸的质地及被水分饱和的程度。滤纸的质地必须均一、纯净、厚薄适当，具有一定的机械强度，层析前应为水和有机溶剂的蒸气所饱和。

3) 溶剂的纯度、pH 和含水量。pH 和含水量的改变可使氨基酸和层析溶剂的极性改变，R_f值随之改变。

4) 层析的温度和时间。温度改变使溶剂中有机相含水量改变，R_f值也改变。当所有条件相同时，层析时间短，则 R_f值小。

因而，在层析过程中，对以上影响 R_f值的因素必须严格控制。

纸层析一般多采取单向层析。如果样品中溶质种类较多，且某些溶质在某一溶剂系统中的 R_f值十分接近时，单向层析分离效果不佳，则可采用双向层析。这时，将样品点在一方形滤纸的角上，先用一种溶剂系统展层。滤纸取出干燥后，再将滤纸转动 90°，用另一种溶剂系统展层。所得图谱分别与在两种溶剂系统中的标准物质层析图谱对比，即可对混合物样品中各成分进行鉴定。

茚三酮反应：所有氨基酸及具有游离α-氨基和α-羧基的肽与茚三酮反应都产生蓝紫色物质，只有脯氨酸和羟脯氨酸与茚三酮反应产生(亮)黄色物质。此反应十分灵敏，根据反应所生成蓝紫色的深浅，用分光光度计在 570 nm 波长下进行比色就可测定样品中氨基酸的含量(在一定浓度范围内，显色溶液的吸光度与氨基酸的含量成正比)，也可以在分离氨基酸时作为显色剂对氨基酸进行定性或定量分析。

三、实验器材

1．材料

绿豆芽或者黄豆芽的下胚轴。

2．仪器

剪刀、恒温水浴锅、烘箱、研钵、锥形瓶、蒸发皿、小漏斗、50 mL 分液漏斗、量筒、微量吸管(或标有刻度的毛细吸管)、电热吹风机、层析缸及培养皿、层析滤纸(实验前发放)、小型玻璃喷雾器、天平、铅笔、直尺、针、线、玻璃棒等。

3．试剂

1) 标准氨基酸溶液(2 mg/mL)：根据需要，选取下列其中一组或多组氨基酸，每种氨基酸称取 1 mg，共溶于 10%异丙醇溶液中，或共溶于 0.5 mL 0.01 mol/L HCl 溶液中。保存于 4℃冰箱中。

第一组：丙氨酸(1 mg/mL)、谷氨酸(1 mg/mL)、色氨酸(1 mg/mL)，每种称取 100 mg 用 10%异丙醇溶液溶解配制 100 mL，天门冬酰胺(2.5 mg/mL)称取 250 mg 用 10%异丙醇溶液溶解配制 100 mL。

第二组：鸟氨酸、甘氨酸、γ-氨基丁酸、缬氨酸。

第三组：谷氨酸、精氨酸、苯丙氨酸、组氨酸、脯氨酸。

第四组：酪氨酸、半胱氨酸、色氨酸、谷氨酰胺。

第五组：胱氨酸、羟脯氨酸、异亮氨酸、瓜氨酸、天门冬酰胺。

第六组：亮氨酸、谷氨酸、缬氨酸、脯氨酸。

第七组：赖氨酸、脯氨酸、苯丙氨酸、亮氨酸、缬氨酸。

2)溶剂系统：两向系统分别如下。

第一向：正丁醇∶甲酸∶水(15∶3∶2，体积比)= 50 mL∶10 mL∶6.7 mL，摇匀静置备用，临用时配制。一般在展层溶液中加入茚三酮(每 66.7 mL 溶液中加入 0.125 g 茚三酮)。

第二向：正丁醇∶吡啶∶95%乙醇∶水(1∶1∶1∶3，体积比)，可连续使用。

注意：第二向也可用苯酚∶水(80∶20，*m/m*)。配制方法：在分液漏斗中先计量加入少量去离子水，再加入一定量的新蒸馏酚，根据酚量补足应加入的全部去离子水，这样可避免因酚的冷凝而造成的溶解困难。充分摇匀后静置备用。

3)去离子水：用于实验中各种试剂的配制。

4)10%异丙醇溶液：用于配制氨基酸溶液。

5)80%乙醇溶液：取分析纯乙醇用去离子水稀释。

6)0.01 mol/L HCl 溶液、2 mol/L HCl 溶液、浓硫酸、活性炭、石英砂等。

四、实验步骤

1．氨基酸的提取

在进行比较精确的测定时，称取黄豆芽下胚轴 50.0 g，加 80%乙醇溶液，按照 1∶2 比例研磨溶解，过滤(先用纱布再用滤纸)，用 80℃水浴加热蒸干，再用 50 mL 水溶解，滤纸过滤，备用。

取新鲜的黄豆芽下胚轴样品 2.0 g，加 80%乙醇溶液 10 mL，加少量石英砂，在研钵中研成匀浆，移入锥形瓶。用少量 80%乙醇溶液淋洗研钵，一并移入锥形瓶。加 0.8 g 活性炭(色素含量和糖、酚含量不高的样品，可不用活性炭处理)，置沸水浴中加热至沸 1 min，取下冷却，用滤纸过滤，用少量 80%乙醇溶液冲洗滤渣。滤液收集在蒸发皿中，置 50～60℃水浴蒸干。用 1 mL 10%异丙醇溶液(或 0.5 mL 0.01 mol/L HCl 溶液，视标准氨基酸的溶解方法而定)溶解，收集样液，准备点样。

2．滤纸的准备

1)单向层析滤纸：取 20 cm×20 cm 层析滤纸一张，在对应的两边，页边距 2 cm 处，用铅笔和直尺分别画一条平行于纸边的直线，其中一条为溶剂前沿到达的标志，另一条为点样线。在点样线上每隔 2 cm 画一与点样线垂直的短线，标出 5 组标准氨基酸和样品的点样位置。

2) 双向层析滤纸：取 28 cm×28 cm 层析滤纸两张，在对应的两边，页边距 2 cm 处各画一条平行于纸边的直线，以“井”字格下缘直线左端交点为原点，原点右手方向为第一向，另一垂直方向为第二向。一张滤纸用于制作标准氨基酸图谱，另一张用于制作样品图谱。

3．点样

氨基酸点样量以每种氨基酸 5～20 μL 为宜。用毛细吸管，吸取氨基酸样品点于原点(分批点完，点 2 或 3 次，干了后再点下一次)，原点直径不能超过 0.5 cm。必须在每一滴样品干后再点第二滴。为使样品加速干燥，可在有加热装置的点样台上进行，或用吹风机吹干，样点的直径以 2～3 mm 为宜。点样时温度不能过高，否则会破坏氨基酸。将点好样品的单向和双向层析滤纸均卷成筒形，在上、中、下三处系三道线，但滤纸两边缘不能接触。

为了清除盐酸的干扰，避免拖尾现象，可将层析滤纸放入盛有浓氨水的层析缸中熏 10 min，取出后在 45℃烘箱中将氨驱净，再进行层析。

在整个操作过程中，最好戴上乳胶手套或一次性手套，以避免污染滤纸，同时还要防止空气中的氨对实验造成影响。

4．层析(本实验采用上行层析法)

1) 把展层剂[正丁醇∶80%甲酸∶水=15∶3∶2(体积比)，已经加入茚三酮]倒入层析缸内(约 1 cm 高，用完后回收)；将滤纸放入层析缸中(画线端向下)，注意滤纸勿与层析缸壁接触，点样点不能浸入溶剂，以免浸脱。盖上盖子(滤纸勿与溶剂接触)。平衡 1 h，然后将滤纸放入层析溶剂中，注意点样点不能浸入溶剂，以免浸脱。将层析缸密封，这时溶剂沿纸上升，待溶剂前沿到达标志线时，立即取出，用吹风机吹干或 45℃下烘干，然后显色。

2) 双向层析：按照上述单向层析方法，将点好标准氨基酸和样品的双向层析滤纸用第一向溶剂进行上行展层，到达前沿标志时立即取出并用吹风机吹干，剪去溶剂前沿以外的部分，然后将滤纸转动 90°，以同样的方法用第二向溶剂进行上行展层，到达前沿标志时立即取出并用吹风机吹干。

5．显色

为简化实验步骤，一般在展层溶液中加入茚三酮(每 66.7 mL 溶液中加入 0.125 g 茚三酮)。将层析结束后的滤纸从层析液中取出，在空气中让多余的溶剂挥发后，放入 80℃烘箱中烘干 5～10 min，即显示各氨基酸的色斑。

用喷雾器将 0.25%茚三酮显色剂均匀地喷在层析滤纸上，注意不要喷得过多。用吹风机吹干溶剂后，放在 80℃烘箱中烘 30 min 或用吹风机吹热风，即能显出各种氨基酸的色斑。

为消除铵离子的影响，可于展开后在滤纸上喷含 1%氢氧化钾的无水乙醇溶液，在 60℃下保持 15 min，以使氨全部挥发掉，再行显色。

五、实验结果

1) 单向层析：显色完毕后，用铅笔将各色谱的轮廓和中心点描绘出来，然后量出由原点至色谱中心点和溶剂前沿的距离，计算出各种已知和未知色谱的 R_f 值，最后进行比较和鉴定。分辨出混合氨基酸和样品中有哪些一致的氨基酸种类，已知氨基酸的色谱顺序由指导教师提供。

2) 双向层析：其 R_f 值由两个数值组成，即要在第一向和第二向层析中各计算一次，根据 R_f 值并借助各种氨基酸的特有颜色，分别与标准氨基酸对比，即可鉴定氨基酸，从而可知样品中所含氨基酸的种类。

六、实验讨论

1) 为什么各氨基酸 R_f 值不同？影响 R_f 值的因素有哪些？

2) 如何用纸层析法对氨基酸进行定性与定量分析？

实验三　谷物种子中赖氨酸含量的测定

一、实验目的

赖氨酸是人的 8 种必需氨基酸(对婴幼儿来说有 9 种)之一，我国人民的主食以谷类为主，其中的赖氨酸含量不平衡且都较低。本实验用比色法测定谷物种子蛋白质中赖氨酸含量，有助于对谷类作物品种进行品质评价，并加深对培育高赖氨酸谷物的意义的认识。

二、实验原理

蛋白质可与茚三酮试剂反应生成蓝紫色物质，其中最主要的反应基团是赖氨酸残基上的 $\varepsilon\text{-}NH_2$，反应后颜色的深浅与蛋白质中赖氨酸的含量在一定范围内呈直线关系。因此，用已知浓度的游离氨基酸制作标准曲线，通过比色分析(530 nm)即可测出样品中蛋白质的赖氨酸含量。

亮氨酸与赖氨酸所含碳原子数相同，且与肽链中赖氨酸残基一样含有一个游离氨基，所以通常用亮氨酸配制标准溶液。但由于这两种氨基酸的相对分子质量不同，以亮氨酸计算赖氨酸含量时，应乘以校正系数 1.151 5，而且最后还应减去样品中游离氨基酸的含量。

三、实验器材

1．材料

脱脂玉米粉。

2．仪器

分析天平、721型分光光度计、恒温水浴锅、具塞试管、漏斗、容量瓶等。

3．试剂

1) 茚三酮试剂：称取1.0 g水合茚三酮和2.0 g氯化镉($CdCl_2 \cdot 2H_2O$)，放入棕色瓶中，加25 mL甲酸-甲酸钠缓冲溶液及75 mL乙二醇，室温下放置24 h使用。若瓶内出现沉淀，可过滤后使用。该试剂放置时间不得超过48 h。

2) 甲酸-甲酸钠缓冲溶液：称取50.0 g甲酸钠溶于60 mL热蒸馏水中，再加10 mL 88%甲酸，最后加水定容至500 mL。

3) 亮氨酸标准溶液(100 μg/mL)：准确称取5 mg亮氨酸，溶解于1 mL 0.5 mol/L HCl溶液中，加蒸馏水定容至50 mL。

4) 95%乙醇溶液、细石英砂、4%碳酸钠溶液、0.5 mol/L HCl溶液。

四、实验步骤

1．制作标准曲线

按表5-2将亮氨酸标准溶液加入各试管中，然后向各试管中加入1 mL 4%碳酸钠溶液，2 mL茚三酮试剂，塞紧管口摇匀，置80℃水浴中显色30 min。然后用冷水冷却，再各加95%乙醇溶液5 mL，摇匀，在530 nm波长下比色。以吸光度为纵坐标，亮氨酸含量(μg)为横坐标，绘出标准曲线作为定量依据。

表5-2　标准曲线的制作

项目	管号					
	1	2	3	4	5	6
亮氨酸标准溶液/mL	0.0	0.2	0.4	0.6	0.8	1.0
蒸馏水/mL	1.0	0.8	0.6	0.4	0.2	0.0
亮氨酸含量/μg	0	20	40	60	80	100

2．样品测定

准确称取两份约30 mg的脱脂玉米粉，放入具塞试管内。加入约300 mg细石英砂和1 mL 4%碳酸钠溶液、1 mL蒸馏水，充分振荡3～4 min，80℃水浴中提取10 min。然后加入2 mL茚三酮试剂，加盖摇匀，置80℃水浴中显色30 min。取出后用冷水冷却，各加95%乙醇溶液5 mL，混匀后过滤，滤液在530 nm波长下比色。如果滤液颜色太深，可加适量95%乙醇溶液稀释后比色。

五、实验结果

根据所测样品的吸光度在标准曲线上查出对应的亮氨酸含量，再按下式计算赖氨酸含量。

$$\text{赖氨酸}(\%)=\frac{\text{在标准曲线上查得的亮氨酸含量}(\mu g)}{\text{样品重}(mg)\times 10^3}\times\text{稀释倍数}\times 1.1515-\text{样品中游离氨基酸含量}$$

六、实验讨论

1）本实验中赖氨酸含量测定的原理是什么？

2）计算结果时为什么需要乘以校正系数？

实验四　脯氨酸含量的测定

一、实验目的

在逆境条件（旱、盐碱、热、冷、冻）下，植物体内脯氨酸（proline，Pro）的含量显著增加。植物体内脯氨酸含量在一定程度上反映了植物的抗逆性，可作为抗逆育种的生理指标。

二、实验原理

用磺基水杨酸提取植物样品时，脯氨酸便游离于磺基水杨酸溶液中，然后用酸性茚三酮加热处理后，溶液即成红色，再用甲苯处理，则色素全部转移至甲苯中，色素的深浅即表示脯氨酸含量的高低。在 520 nm 波长下比色，从标准曲线上查出（或用回归方程计算）脯氨酸的含量。

三、实验器材

1．材料

待测植物（水稻、小麦、玉米、高粱、大豆等）叶片。

2．仪器

722 型分光光度计、100 mL 小烧杯、容量瓶、大试管、普通试管、带玻塞试管、移液管、吸管、注射器、水浴锅、滤纸、分析天平、离心机、剪刀等。

3．试剂

1）酸性茚三酮溶液：将 1.25 g 茚三酮溶于 30 mL 冰醋酸和 20 mL 6 mol/L 磷酸中，加热（70℃）搅拌溶解，贮于 4℃冰箱中。

2）3%磺基水杨酸溶液：3.0 g 磺基水杨酸加蒸馏水溶解后定容至 100 mL。

3）冰醋酸、脯氨酸、甲苯等。

四、实验步骤

1．标准曲线的绘制

1）在分析天平上精确称取 25 mg 脯氨酸，倒入小烧杯内，用少量蒸馏水溶解，然后倒入 250 mL 容量瓶中，加蒸馏水定容至刻度，此标准液中脯氨酸含量为 100 μg/mL。

2）系列标准浓度脯氨酸的配制：取 6 个 50 mL 容量瓶，分别盛入脯氨酸原液 0.5 mL、1.0 mL、1.5 mL、2.0 mL、2.5 mL 及 3.0 mL，用蒸馏水定容至刻度，摇匀，各瓶的脯氨酸浓度分别为 1 μg/mL、2 μg/mL、3 μg/mL、4 μg/mL、5 μg/mL 及 6 μg/mL。

3）取 6 支试管，分别加入 2 mL 系列标准浓度的脯氨酸溶液、2 mL 冰醋酸和 2 mL 酸性茚三酮溶液，每管在沸水浴中加热 30 min。

4）冷却后各试管准确加入 4 mL 甲苯，振荡 30 s，静置片刻，使色素全部转至甲苯溶液。

5）用注射器轻轻吸取各管上层脯氨酸甲苯溶液至比色杯中，以甲苯溶液为空白对照，在 520 nm 波长下进行比色。

6）先求出吸光度（*Y*）依脯氨酸浓度（*X*）而变的回归方程式，再按回归方程式绘制标准曲线，计算 2 mL 测定液中脯氨酸的含量（μg/2 mL）。

2．样品的测定

1）脯氨酸的提取：准确称取不同处理的待测植物叶片各 0.5 g，分别置于大试管中，然后向各管分别加入 5 mL 3%磺基水杨酸溶液，在沸水浴中提取 10 min（提取过程中要经常摇动），冷却后过滤于干净的试管中，滤液即为脯氨酸的提取液。

2）吸取 2 mL 提取液于另一干净的带玻塞试管中，加入 2 mL 冰醋酸及 2 mL 酸性茚三酮试剂，在沸水浴中加热 30 min，溶液即呈红色。

3）冷却后加入 4 mL 甲苯，摇荡 30 s，静置片刻，取上层液至 10 mL 离心管中，在 3000 r/min 下离心 5 min。

4）用吸管轻轻吸取上层脯氨酸红色甲苯溶液于比色杯中，以甲苯为空白对照，在 520 nm 波长下比色，求得吸光度。

五、实验结果

根据回归方程计算出（或从标准曲线上查出）2 mL 测定液中脯氨酸的含量（*X* μg/2 mL），然后计算样品中脯氨酸的含量。计算公式如下。

$$\text{脯氨酸含量}(\mu g/g) = (X \times 5/2)/\text{样品重}(g)$$

六、实验讨论

1) 待测植物叶片中叶绿素的存在会不会影响脯氨酸的测定？为什么？

2) 本实验加入甲苯的作用是什么？能否用其他有机试剂替换？

实验五　蛋白质的盐析与透析

一、实验目的

了解蛋白质盐析与透析的原理；熟悉分离纯化蛋白质的方法及实用意义。

二、实验原理

蛋白质是亲水胶体，借水化膜和同性电荷(在 pH 7.0 的溶液中，蛋白质一般带负电荷)维持胶体的稳定性。向蛋白质溶液中加入某种碱金属或碱土金属的中性盐类[如 $(NH_4)_2SO_4$、Na_2SO_4、NaCl 或 $MgSO_4$ 等]，则发生电荷中和现象(失去电荷)。当盐类的浓度足够大时，蛋白质胶粒脱水而沉淀，称为盐析。由盐析所得的蛋白质沉淀，经过透析或用水稀释以减少或除去盐后，能再溶解并恢复其分子原有结构及生物活性，因此由盐析生成的沉淀是可逆性沉淀。因为各种蛋白质分子颗粒大小、亲水程度不同，故盐析所需要的盐浓度也不一样。调节混合蛋白质溶液中盐的浓度，可使各种蛋白质分段沉淀，这称为分级盐析。此法是蛋白质分离纯化过程中的常用方法。

蛋白质的分子很大，其颗粒在胶体颗粒范围(直径 1～100 nm)内，所以不能透过半透膜。选用孔径适宜的半透膜，由于小分子物质能够透过，而蛋白质颗粒不能透过，因此可使蛋白质和小分子物质分开。这种方法可除去和蛋白质混合的中性盐及其他小分子物质。这种技术称为透析，是常用来纯化蛋白质的方法。由盐析所得的蛋白质沉淀，经过透析脱盐后仍可恢复其原有结构及生物活性。

三、实验器材

1．材料

鸡蛋清溶液：将新鲜鸡蛋的蛋清与水按 1∶20(*V*/*V*)混匀，然后用 6 层纱布过滤。

2．仪器

透析管(宽约 2.5 cm，长 12～15 cm)或玻璃纸、烧杯、玻璃棒、皮筋、离心管、离心机、电导仪、冰箱等。

3．试剂

1%氯化钡溶液、1 mol/L EDTA 溶液、2% $NaHCO_3$ 溶液、硫酸铵粉等。

四、实验步骤

1）透析管（前）处理：先将一适当大小和长度的透析管放在1 mol/L EDTA溶液中，煮沸10 min，再在2%$NaHCO_3$溶液中煮沸10 min，然后再在蒸馏水中煮沸10 min即可。

2）取5 mL蛋白质溶液于离心管中，加4 g硫酸铵粉末，搅拌使之溶解。然后在4℃下静置20 min，出现絮状沉淀。

3）离心：将上述絮状沉淀液以4000 r/min的速度离心20 min。

4）装透析管：离心后倒掉上清液，加5 mL蒸馏水溶解沉淀物，然后小心倒入透析管中，然后扎紧上口。

5）将装好的透析管放入盛有蒸馏水的烧杯中，进行透析，并不断搅拌。

6）每隔适当时间（5～10 min），将1%氯化钡溶液滴入烧杯的蒸馏水中，观察是否有沉淀现象。

五、实验结果

用电导仪测定透析液中的电导率，并与原缓冲液比较。如果两者的电导率相等，则透析结束。

六、实验讨论

1）硫酸铵粉和1%氯化钡溶液的作用分别是什么？可用什么试剂替换？

2）由盐析生成的沉淀是可逆性沉淀，为什么高温产生的沉淀不可逆？

实验六　蛋白质含量的测定方法

蛋白质含量的测定方法，是生物化学研究中最常用、最基本的分析方法之一。目前常用的有4种经典方法，即凯氏定氮法、双缩脲法（Biuret法）、Folin-酚试剂法（Lowry法）和紫外吸收法；另外还有一种近十年才普遍使用的测定法，即考马斯亮蓝法（Bradford法）。其中Bradford法和Lowry法灵敏度最高，比紫外吸收法灵敏10～20倍，比Biuret法灵敏100倍以上。凯氏定氮法虽然比较复杂，但较准确，往往以凯氏定氮法测定的蛋白质含量作为其他方法的标准。

值得注意的是，上述4种经典方法并不能在任何条件下适用于任何形式的蛋白质，因为一种蛋白质溶液如果分别用这4种方法测定，可能得出4种不同的结果。每种测定方法都有其优缺点，在选择方法时应考虑：①实验对测定所要求的灵敏度和精确度；②蛋白质的性质；③溶液中存在的干扰物质；④测定所要花费的时间。本实验要求掌握各种蛋白质含量的测定方法，了解各种测定方法的基本原理和优缺点。5种蛋白质测定方法的比较见表5-3。

表 5-3　蛋白质测定方法的比较

方法	灵敏度	时间	原理	干扰物质	说明
凯氏定氮法（Kjeldahl 法）	灵敏度低，适用于0.2～1.0 mg 氮，误差为±2%	费时，8～10 h	将蛋白质氮转化为氨，用酸吸收后滴定	非蛋白质氮（可用三氯乙酸沉淀蛋白质而分离）	用于标准蛋白质含量的准确测定；干扰少；费时太长
双缩脲法（Biuret 法）	灵敏度低，1～20 mg	中速，20～30 min	多肽键+碱性 Cu^{2+}⟶紫色络合物	硫酸铵；Tris 缓冲液；某些氨基酸	用于快速测定，但不太灵敏；不同蛋白质显色相似
Folin-酚试剂法（Lowry 法）	灵敏度高，5～100 μg	慢速，40～60 min	双缩脲反应；磷钼酸-磷钨酸试剂被 Tyr 和 Phe 还原	硫酸铵；Tris 缓冲液；甘氨酸；各种硫醇	耗费时间长；操作要严格计时；颜色深浅随不同蛋白质而变化
紫外吸收法	较为灵敏，50～100 μg	快速，5～10 min	蛋白质中的酪氨酸和色氨酸残基在280 nm处的光吸收	各种嘌呤和嘧啶；各种核苷酸	用于层析柱流出液的检测；核酸的吸收可以校正
考马斯亮蓝法（Bradford 法）	灵敏度最高，1～5 μg	快速，5～15 min	考马斯亮蓝染料与蛋白质结合时，其 λ_{max} 由 465 nm 变为 595 nm	强碱性缓冲液；Triton X-100；SDS	最好的方法；干扰物质少；颜色稳定；颜色深浅随不同蛋白质变化

一、微量凯氏定氮法

（一）实验目的

掌握微量凯氏定氮法（凯氏定氮法的一种）测定蛋白质含量的方法，了解其基本原理和优缺点，加深理解其在生产实践中的应用。

（二）实验原理

微量凯氏定氮法分为三个步骤：消化、蒸馏和滴定，在凯氏定氮仪中进行。

1．消化

在凯氏瓶内完成。植物材料与浓硫酸共热，硫酸分解为二氧化硫、水和原子态氧，将有机物氧化成二氧化碳和水，蛋白质在硫酸作用下，分解成氨基酸，氨基酸继续分解产生氨，氨与硫酸化合生成硫酸铵。若以甘氨酸为例，其反应式如下。

$$\begin{array}{l} CH_2COOH \\ | \\ NH_2 \end{array} + 3H_2SO_4 \longrightarrow 2CO_2\uparrow + 3SO_2 + 4H_2O + NH_3\uparrow$$

$$2NH_3 + H_2SO_4 \longrightarrow (NH_4)_2SO_4$$

在实验中为了加快消化反应的速度，常常加入多种催化剂，如硒粉、硫酸钾、硫酸铜等。其作用如下。

1）硒粉：与沸腾的硫酸作用时，放出二氧化硫、亚硒酸和水。

$$2H_2SO_4 + Se \longrightarrow H_2SeO_3 + 2SO_2 + H_2O$$

亚硒酸被分解为亚硒酸酐和水。

$$H_2SeO_3 \longrightarrow SeO_2 + H_2O$$

亚硒酸酐在遇到碳时可将碳氧化成二氧化碳，所放出的硒可再与硫酸作用，重复进行反应。

$$SeO_2 + C \longrightarrow Se + CO_2$$

在催化剂中硒粉的接触面积最大，催化作用效能很高，但其缺点是在使用量过多或与硫酸作用时间过久的情况下，会使铵态氮成为分子氮而造成损失。

$$(NH_4)_2SO_4 + H_2SeO_3 \longrightarrow (NH_4)_2SeO_3 + H_2SO_4$$

$$3(NH_4)_2SeO_3 \longrightarrow 9H_2O + 2NH_3 + 3Se + 2N_2\uparrow$$

2)硫酸钾：可以提高硫酸的沸点(使溶液沸点由290℃提高到400℃)，极大地提高硫酸的氧化能力。反应如下。

$$K_2SO_4 + H_2SO_4 \longrightarrow 2KHSO_4$$

$$2KHSO_4 \longrightarrow K_2S_2O_7 + H_2O$$

$$K_2S_2O_7 \longrightarrow K_2SO_4 + SO_3$$

$$SO_3 \longrightarrow SO_2 + [O]$$

3)硫酸铜的催化反应如下。

$$2CuSO_4 + H_2SO_4 \longrightarrow Cu_2SO_4+2SO_2+H_2O+3[O]$$

$$C + O_2 \longrightarrow CO_2$$

$$Cu_2SO_4 + 2H_2SO_4 \longrightarrow 2CuSO_4 + SO_2 + 2H_2O$$

以上硫酸钾、硫酸铜与硫酸的反应周而复始地循环进行，有机物全部消化完毕后，就不能再形成褐红色的硫酸亚铜，这时溶液呈清澈的蓝绿色，即达到了消化终点。其缺点是消化时间较长，若用比色法时略有干扰作用。

2．蒸馏

在凯氏蒸馏装置中进行。消化得到的硫酸铵与过量的浓氢氧化钠溶液作用生成氨，氨通过蒸馏导入过量的硼酸中被吸收。

$$(NH_4)_2SO_4+2NaOH \longrightarrow 2NH_4OH + Na_2SO_4 \longrightarrow 2NH_3\uparrow +2H_2O$$

$$2NH_3+4H_3BO_3 \longrightarrow (NH_4)B_4O_7 + 5H_2O$$

3．滴定

硼酸溶液吸收氨后，使本身的氢离子浓度降低，再用标准盐酸来滴定，使硼酸溶液恢复到原来的氢离子浓度为止。这时所耗的盐酸的物质的量即为氨，通过计算就可得到氨的含量。

$$(NH_4)_2B_4O_7 + 2HCl + 5H_2O \longrightarrow 2NH_4Cl + 4H_3BO_3$$

将测得的总氮量乘以 6.25，结果就是粗蛋白质的含量。

微量凯氏定氮法测定的是总氮量。总氮量包括蛋白质氮和非蛋白质氮两大类。组成蛋白质的氮称为蛋白质氮，其他化合物中的氮称为非蛋白质氮，主要是氨基酸和酰胺，以及未同化的无机氮等，它们都是小分子化合物，易溶于水，故也称为水溶性氮。若要精确测定蛋白质的含量，可向样品溶液中加入三氯乙酸，使其最终浓度为 5%，将蛋白质沉淀出来，再取样进行消化，将测得的蛋白质氮含量乘以 6.25 便得到样品所含蛋白质量。

（三）实验器材

1．材料

植物干粉材料。

2．仪器

凯氏烧瓶（50 mL）、分析天平、微量凯氏定氮装置、电炉、研钵、小漏斗、刻度吸管（2 mL、5 mL、20 mL）、量筒（50 mL）、锥形瓶（150 mL）、容量瓶（100 mL）、微量酸式滴定管、烧杯（200 mL）。

3．试剂

1）浓硫酸、沸石、甲基红指示剂、30% NaOH 溶液、0.6 mg/mL 硫酸铵溶液、2%硼酸溶液、0.010 0 mol/L 盐酸标准溶液。

2）混合催化剂：硫酸钾-硫酸铜混合物[K_2SO_4 ∶ $CuSO_4 \cdot 5H_2O$=3 ∶ 1（*m*/*m*），或 Se ∶ $CuSO_4$ ∶ K_2SO_4=1 ∶ 5 ∶ 50（*m*/*m*）]充分研细备用。

3）混合指示剂：取 50 mL 0.1%亚甲蓝乙醇溶液与 200 mL 0.1%甲基红乙醇溶液混合，贮于棕色瓶中备用。本指示剂在 pH 5.2 时为紫红色，pH 5.4 时为暗蓝色或灰色，pH 5.6 时为绿色。变色点 pI 为 5.4。本指示剂的变色范围很窄，为 pH 5.2～5.6，但非常灵敏。

4）硼酸-指示剂混合液：取 20 mL 2%硼酸溶液，滴加 2 或 3 滴混合指示剂，摇匀后溶液呈紫色即可。

5）指示剂：2%甲基红乙醇溶液。

（四）实验步骤

1．消化

准备 4 个凯氏烧瓶（50 mL），并编号。准确称取风干磨细的样品 0.1～0.5 g（视含氮量而定）两份，分别放入 1 号、2 号烧瓶中，注意要把样品加到烧瓶底部，切勿沾到瓶口及瓶颈上。以 3 号、4 号烧瓶作为空白对照。

每个烧瓶中各加混合催化剂约 0.3 g，再用量筒加入 15 mL 浓硫酸。加好后，盖好小漏斗。将烧瓶放到电炉上，小心地加热煮沸。首先看到烧瓶内物质碳化变黑，并产生大量泡沫，此时要特别注意，不能让黑色物质上升到烧瓶颈部；否则将严重影响样品的测定结果。当混合物停止冒泡，蒸汽与二氧化硫也均匀放出时，将炉温调节到使瓶内液体微微沸腾，假若在瓶颈上发现有黑色颗粒时，应小心地将烧瓶倾斜振摇，用消化液将它冲洗下来，在消化过程中要经常转动烧瓶，使全部样品都浸泡在硫酸内，以保证样品消化完全。在烧瓶中消化液褐色消失，而呈清澈蓝色后，为保证消化反应彻底进行，继续消化 0.5～1 h，注意整个消化过程应均在通风橱中进行。

待烧瓶冷却后，加 10 mL 蒸馏水于 100 mL 容量瓶中，再将消化液小心倒入。以蒸馏水少量多次冲洗烧瓶，将洗涤液全部倒入容量瓶中，冷却后定容至刻度，混匀备用。

2．*蒸馏*

目前所用凯氏定氮蒸馏装置种类甚多，但原理基本相同。

1) 仪器的清洗：在蒸汽发生器中加约 2/3 体积用硫酸酸化过的蒸馏水，几滴甲基红指示剂和沸石。打开漏斗下夹子，加热至水沸腾，使蒸汽通入仪器的每个部分，达到清洗的目的。在冷凝管下端放置一个锥形瓶承接冷凝水。然后关紧漏斗下的夹子，再冲洗 5 min，冲洗完毕，夹紧蒸汽发生器与收集器之间的连接橡皮管，蒸馏瓶中的废液由于减压倒吸到收集器中，打开收集器下端的活塞排出废液。如此清洗 2 或 3 次，然后在冷凝管下换放一盛有硼酸-指示剂混合液的锥形瓶，使冷凝管下口完全浸在溶液内，蒸馏 1～2 min，观察锥形瓶内的溶液是否变色，如不变色，则证明蒸馏瓶内部已洗干净。移去锥形瓶再蒸馏 1～2 min，最后用蒸馏水冲洗冷凝管下口外面，关闭电炉。仪器即可供测样品用。

2) 标准硫酸铵测定：为熟悉蒸馏和滴定的操作，并检验实验的准确性，找出系统误差，常用已知浓度的硫酸铵测试三次。

在锥形瓶中加入 20 mL 硼酸-指示剂混合液（呈紫红色），将此锥形瓶承接在冷凝管下端，并使冷凝管的出口浸入液内，注意在此操作前必须先打开收集器活塞，以免锥形瓶内液体倒吸。准确吸取 2 mL 0.6 mg/mL 硫酸铵溶液，加到漏斗中，并小心打开漏斗下夹子，使硫酸铵慢慢流入蒸馏瓶中，用少量蒸馏水洗涤漏斗三次，也让其流入蒸馏瓶中，再用量筒向漏斗中加入 10 mL 30% NaOH 溶液，并使碱液慢慢流入蒸馏瓶中，在碱液尚未完全流入时，将漏斗下夹子夹紧，向漏斗中加约 5 mL 蒸馏水，再轻开夹子，使蒸馏水一半流入蒸馏瓶中，一半留在漏斗中用来水封。关闭收集器活塞，加热蒸气发生器，进行蒸馏。锥形瓶中硼酸-指示剂混合液由于吸收了氨，由紫红色变成了绿色。自变色时起，再蒸馏 3～5 min，移动锥形瓶使瓶内液面离开冷凝管下口约 1 cm，并用少量蒸馏水洗涤冷凝管下口外面，再继续蒸馏 1 min，移开锥形瓶。

按上述方法再进行标准硫酸铵的测定两次。另取 2 mL 蒸馏水代替硫酸铵溶液进行空白测定。将各次蒸馏的锥形瓶一起滴定，取 3 次滴定的平均值进行含氮量的计算，并将结果与标准值进行比较。

在每次蒸馏完毕后，移去电炉，夹紧蒸汽发生器和收集器间的橡皮管，排出反应完毕的废液，并用水洗漏斗几次，也将废液排出，如此反复冲洗干净后即可进行下一个样品的蒸馏。

3) 样品及空白的蒸馏：准确吸取稀释后的消化液 5 mL，通过漏斗加入到蒸馏瓶中，再用少量蒸馏水洗涤漏斗，其余操作按标准硫酸铵的蒸馏进行。

3．滴定

样品与空白蒸馏完毕后，一起进行滴定。

用微量酸式滴定管，以 0.010 0 mol/L 盐酸标准溶液进行滴定，直至锥形瓶中硼酸-指示剂混合液由绿色变回淡紫红色为止，即为滴定终点，记录盐酸的用量。

（五）实验结果

$$\text{样品中总氮量(\%)}=\frac{M(A-B)\times 14}{W\times 1000}\times\frac{\text{消化液总量(mL)}}{\text{测定时用消化液量(mL)}}\times 100$$

$$\text{样品中粗蛋白质含量(\%)}=\text{总氮量(\%)}\times 6.25$$

式中，A 为滴定样品所用盐酸标准溶液的体积（mL）；B 为滴定空白所用盐酸标准溶液的体积（mL）；M 为盐酸标准溶液的摩尔浓度；14 为氮的相对原子质量；W 为样品风干重（g）；蛋白质含氮量平均为 16%，故含氮量乘以 6.25（100/16）即为蛋白质含量，但各种作物的换算系数不完全相同。

（六）实验讨论

1) 微量凯氏定氮法测定蛋白质含量的原理是什么？

2) 各种作物蛋白质含氮百分数及换算系数见表 5-4，为什么每种作物的换算系数不同？

表 5-4　作物蛋白质含氮百分数及换算系数

作物	蛋白质含氮量/%	换算系数
小麦、大麦	17.60	5.70
水稻	16.81	5.95
玉米、荞麦	16.66	6.00
高粱	17.15	5.83
大豆、豌豆	17.60	5.70
花生、向日葵	18.20	5.50

二、双缩脲法

（一）实验目的

学会双缩脲法测定蛋白质含量的方法，了解其基本原理和优缺点，加深理解其在生产实践中的应用。

（二）实验原理

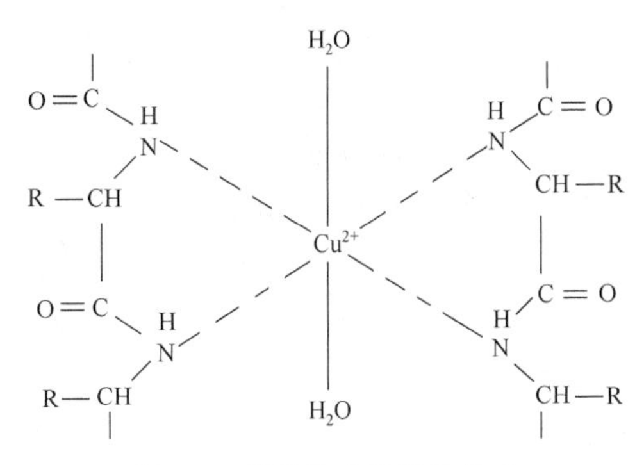

图 5-3　紫色络合物的结构式
（引自朱利泉，1997）

双缩脲（NH_2—CO—NH—CO—NH_2）是两个分子脲经 180℃左右加热，放出一个分子氨后得到的产物。在强碱性溶液中，双缩脲与 $CuSO_4$ 形成紫色络合物（图 5-3），称为双缩脲反应。凡具有两个酰胺基或两个直接连接的肽键，或通过一个中间碳原子相连的肽键的化合物都有双缩脲反应。

紫色络合物颜色的深浅与蛋白质浓度成正比，而与蛋白质相对分子质量及氨基酸成分无关，故可用来测定蛋白质含量。测定范围为 1～10 mg 蛋白质。干扰这一测定的试剂主要有硫酸铵、Tris 缓冲液和某些氨基酸等，实验设计时需要注意；另外类脂、色素等会干扰比色，可加入四氯化碳以消除。

此法的优点是较快速，不同的蛋白质产生颜色的深浅相近。主要的缺点是灵敏度差。因此双缩脲法常用于需要快速但并不需要十分精确的蛋白质含量测定。

（三）实验器材

1．材料

提取的酪蛋白或其他蛋白质的稀释样品，配制的酪蛋白溶液，小麦粉。

2．仪器

可见光分光光度计、分析天平、锥形瓶、离心机、100 目筛、5.0 mL 试管及试管架、漩涡振荡器等。

3．试剂

1）标准蛋白质溶液：用标准的结晶牛血清清蛋白（BSA）或标准酪蛋白配制成 5 mg/mL 或 10 mg/mL 的标准蛋白质溶液，可用浓度为 1 mg/mL 的 BSA 的 A_{280}（0.66）来校正其纯度。如有需要，标准蛋白质还可预先用微量凯氏定氮法测定蛋白氮含量，计算出其纯度，再根据其纯度，称量配制成标准蛋白质溶液。

牛血清清蛋白用水或 0.9% NaCl 溶液配制，酪蛋白用 0.05 mol/L NaOH 溶液配制。

2) 双缩脲试剂：称取 1.5 g 硫酸铜($CuSO_4 \cdot 5H_2O$)和 6.0 g 酒石酸钾钠($KNaC_4H_4O_6 \cdot 4H_2O$)，用 500 mL 水溶解，在搅拌下加入 300 mL 10% NaOH 溶液，用水稀释至 1 L，贮存于塑料瓶中(或内壁涂有石蜡的瓶中)。此试剂可长期保存。若贮存瓶中有黑色沉淀出现，则需要重新配制。

3) 0.05 mol/L NaOH(或 KOH)溶液。

(四) 实验步骤

1．标准曲线的测定

取 12 支试管，分两组，分别加入 0.0 mL、0.2 mL、0.4 mL、0.6 mL、0.8 mL、1.0 mL 的标准蛋白质溶液，用蒸馏水补足到 1 mL，然后加入 4 mL 双缩脲试剂(表 5-5)。充分摇匀后，在室温(20～25℃)下放置 30 min，在 540 nm 波长下进行比色测定。用未加蛋白质溶液的第一支试管作为空白对照液。取两组测定的平均值，以蛋白质的含量为横坐标，吸光度为纵坐标绘制标准曲线。

表 5-5　标准曲线的绘制

试剂/mL	管号					
	1	2	3	4	5	6
标准蛋白质溶液	0.0	0.2	0.4	0.6	0.8	1.0
蒸馏水	1.0	0.8	0.6	0.4	0.2	0.0
双缩脲试剂	4.0	4.0	4.0	4.0	4.0	4.0

2．样品的测定

用上述同样的方法，测定未知样品的蛋白质浓度。注意样品浓度太高时需要调整，不要超过 10 mg/mL。取 2 或 3 个试管，分别吸取 1 mL 待测样品，然后加入 4 mL 双缩脲试剂，在 15～25℃下放置 30 min，以 1 号管调零测定吸光度。

待测蛋白质样品：除了提取的酪蛋白或其他蛋白质的稀释样品，或配制的酪蛋白溶液，还可以直接用粗样品经过简单的前处理后进行测定，如面粉蛋白质测定的具体方法如下。

准确称取通过 100 目筛烘至恒重的小麦粉 0.5 g，放入一个 50 mL 的锥形瓶中，向瓶中加入 10 mL 0.05 mol/L NaOH(或 KOH)溶液，40 mL 双缩脲试剂，加塞。另取一个锥形瓶做空白管，加 2 mL 0.05 mol/L NaOH(或 KOH)溶液，8 mL 双缩脲试剂，加塞。将两个锥形瓶在漩涡振荡器上振荡 15 min，室温静置 30 min。取出部分溶液于离心管中，在 4000 r/min 的离心机中离心 10 min(或不离心而进行过滤，取滤液 10 mL 左右)。取滤液在 540 nm 波长下比色，在标准曲线上查出相应的蛋白质含量。

（五）实验结果

对照标准曲线，求出样品的蛋白质浓度(含量)。然后按照稀释倍数计算出酪蛋白样品的蛋白质百分含量。

$$蛋白质(\%)=[(A\times V_2)/(V_1\times W\times 1000)]\times 100$$

式中，A 为从标准曲线上查得的蛋白质含量(mg)；V_1 为标准曲线显色液总体积(5 mL)；V_2 为样品显色液总体积(50 mL)；W 为样品质量(g)。

（六）实验讨论

1）双缩脲法测定蛋白质含量的原理是什么？
2）双缩脲法测定蛋白质含量的适用范围是多少？为什么？

三、Folin-酚试剂法

（一）实验目的

掌握 Folin-酚试剂法测定蛋白质含量的方法，了解其基本原理和优缺点，加深理解其在生产实践中的应用。

（二）实验原理

Folin-酚试剂法是双缩脲法的发展，它是一种灵敏度极高的快速测定蛋白质含量的方法，广泛用于水溶性蛋白质含量的测定。Folin-酚试剂法是两组试剂作用于蛋白质，使蛋白质产生有色物质，从而测定蛋白质含量。这两种试剂为：碱性铜试剂和磷钼酸及磷钨酸的混合试剂，又称 Folin 试剂。

碱性铜试剂与蛋白质作用产生双缩脲反应，它是蛋白质中肽键的反应，此种被作用后的蛋白质在磷钼酸和磷钨酸的混合物中，在碱性条件下，其上的某些氨基酸的基团(酪氨酸、色氨酸和半胱氨氨酸)极不稳定，很容易还原 Folin 试剂，使其生成钨蓝和钼蓝的混合物，此蓝色的深度与蛋白质含量呈正相关，故可以用来进行蛋白质含量的测定。此法操作简便，灵敏度比双缩脲法高 100 倍，定量范围为 5～100 μg 蛋白质。此法也可直接用于酪氨酸和色氨酸的定量测定。

因为 Folin 试剂显色反应由酪氨酸、色氨酸和半胱氨氨酸引起，因此样品中若含有酚类、柠檬酸和巯基化合物，均会产生干扰作用。此外，不同蛋白质因酪氨酸、色氨酸含量不同而使显色强度稍有不同。

（三）实验器材

1．材料

面粉，绿豆芽下胚轴，血清稀释液等。

2．仪器

可见光分光光度计、恒温水浴锅、大试管和具塞试管、小烧杯、漏斗及漏斗架、滤纸、电子天平或分析天平、移液管、容量瓶(10 mL、100 mL)、研钵、离心机、离心管。

3．试剂

1) 试剂甲：包括 A 液与 B 液。A 液：10.0 g Na_2CO_3，2.0 g NaOH 和 0.25 g 酒石酸钾钠溶解后，蒸馏水定容至 500 mL。B 液：0.5 g 硫酸铜($CuSO_4 \cdot 5H_2O$)溶解于 100 mL 蒸馏水中。每次使用前将 A 液 50 份与 B 液 1 份混合即为试剂甲，有效期一天。

2) 试剂乙：将 100.0 g 钨酸钠($Na_2WO_4 \cdot 2H_2O$)、25.0 g 钼酸钠($Na_2MoO_4 \cdot 2H_2O$)、700 mL 蒸馏水、50 mL 85%磷酸(H_3PO_4)与 100 mL 浓盐酸充分混匀，置于 1500 mL 磨口圆底烧瓶中，接上磨口回流冷凝管，以小火回流 10 h，再加入 150 g 硫酸锂、50 mL 蒸馏水及数滴溴液，于通风橱中开口继续煮沸 15 min，以驱除过量溴，冷却后溶液呈黄色(倘若仍呈绿色，须再重复滴加数滴溴液，再煮沸 15 min)。稀释至 1 L，过滤，滤液贮于棕色瓶中保存。使用时约加水一倍(或用标准 NaOH 溶液滴定，用酚酞作指示剂，根据滴定结果，将试剂稀释至相当于盐酸浓度为 1 mol/L)。

3) 标准蛋白质溶液：在分析天平上精确称取 0.025 g 结晶牛血清清蛋白，倒入小烧杯内，用少量蒸馏水溶解后转入 100 mL 容量瓶中，烧杯内的残液用少量蒸馏水冲洗数次，冲洗液一并倒入容量瓶中，用蒸馏水定容至 100 mL，则配成 250 μg/mL 的牛血清清蛋白溶液。牛血清清蛋白溶于水若浑浊，可改用 0.9 % NaCl 溶液。

也可以采用标准酪蛋白溶液：称取 125 mg 酪蛋白粉末，用 0.1 mol/L NaOH 溶液润湿溶解，加蒸馏水至 500 mL，则配成 250 μg/ mL 的标准酪蛋白溶液。

还可以直接购买 Folin-酚蛋白测定试剂盒。

4) 0.4 mol/L NaOH 溶液。

(四) 实验步骤

1．绘制标准曲线

取 6 支普通试管，按表 5-6 加入标准浓度的牛血清清蛋白溶液和蒸馏水，配成一系列不同浓度的牛血清清蛋白溶液，做两组平行。然后各加 5 mL 试剂甲，混合后在室温下放置 10 min，再各加 0.5 mL 试剂乙，立即混合均匀(这一步速度要快，否则会使显色程度减弱)。30 min 后，以不含蛋白质的 1 号试管为对照，用可见光分光光度计于 500 nm 波长下测定各试管中溶液的光密度并记录结果。

为什么需要立即混匀呢？因为 Folin-酚试剂仅在酸性 pH 条件下稳定，但上述还原反应只在 pH 10 的情况下发生，故当 Folin-酚试剂加到碱性的铜-蛋白质溶液中时，必须立即混匀，以便在磷钼酸-磷钨酸试剂被破坏之前还原反应即能发生，否则会使显色程度减弱。

表 5-6　标准曲线的绘制

项目	管号					
	1	2	3	4	5	6
标准蛋白质溶液/mL	0.0	0.2	0.4	0.6	0.8	1.0
蒸馏水/mL	1.0	0.8	0.6	0.4	0.2	0.0
蛋白质含量/μg	0	50	100	150	200	250

2．待测液的制备

称取面粉 0.15 g，置于具塞试管中(为了不使面粉沾到管壁上而影响实验结果，可用长条状的纸将面粉直接送到试管底部)，加入 4 mL 的 0.4 mol/L NaOH 溶液，于 90℃水浴提取 15 min，冷却后，转入 100 mL 容量瓶，加蒸馏水定容至刻度，用干漏斗过滤于干小烧杯中，滤液即为待测液。

如是鲜样材料，如绿豆芽下胚轴，应称取 1.0～2.0 g 于研钵中，加少量蒸馏水，研磨至匀浆，转入离心管，用 5～6 mL 蒸馏水分次洗涤研钵，并入离心管。4000 r/min 离心 20 min，将上清液转入 50 mL 容量瓶，重复洗涤离心一次，定容至刻度，即为待测液。

如是血清，在使用前分次稀释 100～500 倍，使其蛋白质含量在蛋白质标准曲线范围之内。可先将血清稀释 100 倍，测定时取 0.2 mL 血清稀释液，再加入 0.8 mL 蒸馏水作为待测液。

3．比色测定

取试管 2 支：一支加入 1.0 mL 待测液；另一支加蒸馏水 1.0 mL 作为空白。分别加试剂甲 5 mL，混匀后放置 10 min，加试剂乙 0.5 mL，立即混匀，30 min 后于 500 nm 波长下比色，记录吸光度，在标准曲线上查出蛋白质含量(C)。

(五)实验结果

$$\text{蛋白质含量}(\%)=\frac{C\times V}{W\times 10^6}\times 100$$

式中，C 为查标准曲线所得蛋白质含量(μg)；V 为稀释倍数，面粉样品 V 为 100，鲜样品 V 为 50；W 为样品质量(g)；10^6 为将μg 换算为 g 的系数。

(六)实验讨论

1)Folin-酚试剂法测定蛋白质含量的原理是什么？

2)Folin-酚试剂法测定蛋白质含量的适用范围是多少？为什么？

四、紫外吸收法

(一)实验目的

学会紫外吸收法测定蛋白质含量的方法，了解其基本原理和优缺点，加深理解其在生产实践中的应用。

(二)实验原理

蛋白质分子中，酪氨酸、苯丙氨酸和色氨酸残基的苯环含有共轭双键，使蛋白质具有吸收紫外光的性质。吸收高峰在 280 nm 处，其吸光度(即光密度值)与蛋白质含量成正比。此外，蛋白质溶液在 238 nm 处的吸光度与肽键含量成正比。利用一定波长下蛋白质溶液的吸光度与蛋白质浓度成正比的关系，可以进行蛋白质含量的测定。

紫外吸收法简便、灵敏、快速，不消耗样品，测定后仍能回收使用。低浓度的盐，如生化制备中常用的$(NH_4)_2SO_4$等和大多数缓冲液不干扰测定。特别适用于柱层析洗脱液的快速连续检测，因为此时只需测定蛋白质浓度的变化，而不需知道其绝对值。

此法的特点是测定蛋白质含量的准确度较差，在用标准曲线法测定蛋白质含量时，对那些与标准蛋白质中酪氨酸和色氨酸含量差异大的蛋白质，有一定的误差。故适用于测定与标准蛋白质氨基酸组成相似的蛋白质。若样品中含有嘌呤、嘧啶及核酸等吸收紫外光的物质，会出现较大的干扰。核酸的干扰可以通过查校正表后再进行计算的方法，加以适当的校正。但是因为不同的蛋白质和核酸的紫外吸收是不相同的，虽然经过校正，但测定结果还是存在一定的误差。

此外，进行紫外吸收法测定时，由于蛋白质吸收高峰常因 pH 的改变而变化，因此要注意溶液的 pH，测定样品时的 pH 要与测定标准曲线的 pH 相一致。

(三)实验器材

1．材料

小麦种子。

2．仪器

紫外分光光度计、40 目筛、离心机、天平、研钵、容量瓶、刻度吸管、定量加液器等。

3．试剂

1)30% NaOH 溶液：称取 NaOH 30.0 g，溶于适量水中，定容至 100 mL，置于具橡皮塞的试剂瓶中备用。

2)60%碱性乙醇溶液：称取 NaOH 2.0 g，溶于少量 60%乙醇溶液中，然后用 60%乙醇溶液定容至 1000 mL。

3)石英砂等。

(四)实验步骤

1．样品提取

称取粉碎后过 40 目筛的小麦种子样品 0.5 g，置研钵中，加少量石英砂和 2 mL

30%NaOH 溶液，研磨 2 min。再加 3 mL 60%碱性乙醇溶液，研磨 5 min。然后用 60%碱性乙醇溶液将研磨好的样品全部转入 25 mL 容量瓶中，定容，摇匀后静置片刻。取部分浸提液离心 10 min（3500 r/min）。吸取上清液 1 mL 于 25 mL 容量瓶中，用 60%碱性乙醇溶液稀释并定容。摇匀后即可比色。

也可以采用更简单的提取方法：称取 0.5 g 脱脂小麦粉样品，加 5 mL 蒸馏水振荡提取 10 min，8000 r/min 离心后，得到蛋白质提取液。

在做样品的同时，做空白，比色时以空白调零。

2．比色测定

1）280 nm 光吸收法：因蛋白质分子中的酪氨酸、苯丙氨酸和色氨酸在 280 nm 处具有最大吸收，且各种蛋白质中这三种氨基酸的含量差别不大，因此测定蛋白质溶液在 280 nm 处的吸光度是最常用的紫外吸收法。

测定时，将待测蛋白质溶液倒入石英比色皿中，用配制蛋白质溶液的溶剂（水或缓冲液）作空白对照，在紫外分光光度计上直接读取 280 nm 的吸光度 A_{280}。蛋白质浓度可控制在 0.1～1.0 mg/mL。通常用 1 cm 光径的标准石英比色皿，盛有浓度为 1 mg/mL 的蛋白质溶液时，A_{280} 约为 1.0。由此可立即计算出蛋白质的大致浓度。

许多蛋白质在一定浓度和一定波长下的吸光度（$A_{1\%1cm}$，即蛋白质溶液浓度为 1%，光径为 1 cm 时的吸光度）有文献数据可查，根据此吸光度可以较准确地计算蛋白质浓度。下式列出了蛋白质浓度与 $A_{1\%1\,cm}$ 值的关系。

$$蛋白质浓度=(A_{280}\times 10)/A_{1\%1\,cm,\,280\,nm}\ (mg/mL)$$

若查不到待测蛋白质的 $A_{1\%1\,cm}$ 值，则可选用一种与待测蛋白质的酪氨酸和色氨酸含量相近的蛋白质作为标准蛋白质，用标准曲线法进行测定。标准蛋白质溶液配制的浓度为 1.0 mg/mL。常用的标准蛋白质为牛血清清蛋白（BSA）。

标准曲线的测定：取 6 支试管，按表 5-7 编号并加入试剂。

表 5-7　标准曲线的测定

项目	管号					
	1	2	3	4	5	6
BSA（1.0 mg/ mL）/mL	0.0	1.0	2.0	3.0	4.0	5.0
蒸馏水/mL	5.0	4.0	3.0	2.0	1.0	0.0
A_{280}						

第 1 管为空白对照，各管溶液混匀后在紫外分光光度计上测定吸光度 A_{280}，以 A_{280} 为纵坐标，各管的蛋白质浓度或蛋白质质量（mg）为横坐标作图，标准曲线应为直线，利用此标准曲线，根据测出的未知样品的 A_{280}，即可查出未知样品的蛋白质含量，也可以根据 2～6 管 A_{280} 与相应试管中的蛋白质浓度计算出该蛋白质的 $A_{1\%1\,cm,\,280\,nm}$。

2）光吸收比值法：核酸对紫外光有很强的吸收，在 280 nm 处的吸收比蛋白质强 10 倍（每克），但核酸在 260 nm 处的吸收更强，其吸收高峰在 260 nm 附近。核酸在

260 nm 处的消光系数是 280 nm 处的 2 倍，而蛋白质则相反，280 nm 处的紫外吸收值大于 260 nm 处的吸收值。通常存在以下关系。

$$纯蛋白质的光吸收比值：A_{280}/A_{260} \approx 1.8$$

$$纯核酸的光吸收比值：A_{280}/A_{260} \approx 0.5$$

含有核酸的蛋白质溶液，可分别测定其 A_{280} 和 A_{260}，利用下面的经验公式，即可算出蛋白质的浓度。

$$蛋白质浓度(mg/mL)=1.45\times A_{280}-0.74\times A_{260}$$

此经验公式是根据一系列已知不同浓度比例的蛋白质(酵母烯醇化酶)和核酸(酵母核酸)的混合液所测定的数据来建立的。

3) 215 nm 与 225 nm 的吸收差法：蛋白质的稀溶液由于含量低而不能使用 280 nm 处的光吸收测定时，可用 215 nm 与 225 nm 处的吸收值之差，通过标准曲线法来测定蛋白质稀溶液的浓度。

用已知浓度的标准蛋白溶液，配制成 20～100 μg/mL 的一系列 5.0 mL 的蛋白质溶液，分别测定 215 nm 和 225 nm 的吸光度，并计算出吸收差。

$$吸收差\Delta = A_{215}-A_{225}$$

以吸收差Δ为纵坐标，蛋白质浓度为横坐标，绘出标准曲线。再测出未知样品的吸收差，即可由标准曲线上查出未知样品的蛋白质浓度。

在蛋白质浓度为 20～100 μg/mL 时，蛋白质浓度与吸光度成正比，NaCl、$(NH_4)_2SO_4$ 及 0.1 mol/L 磷酸、硼酸和 Tris 缓冲液等，都无显著干扰作用，但是 0.1 mol/L NaOH 溶液、0.1 mol/L 乙酸溶液、琥珀酸、邻苯二甲酸、巴比妥缓冲液等的 215 nm 吸光度较大，必须将其浓度降到 0.005 mol/L 以下才无显著影响。

4) 肽键测定法：蛋白质溶液在 238 nm 处的光吸收强弱，与肽键的多少成正比。因此可以用标准蛋白质溶液配制成一系列已知浓度(50～500 μg/mL)的 5 mL 蛋白质溶液，测定 238 nm 处的吸光度 A_{238}，以 A_{238} 为纵坐标，蛋白质含量为横坐标，绘制出标准曲线。未知样品的浓度即可由标准曲线求得。

进行蛋白质溶液的柱层析分离时，用洗脱液也可以在 238 nm 处检测蛋白质的峰位。本方法比 280 nm 光吸收法灵敏。但多种有机物，如醇、酮、醛、醚、有机酸、酰胺类和过氧化物等都有干扰作用。所以最好用无机盐、无机碱和水溶液进行测定。若含有有机溶剂，可先将样品蒸干，或用其他方法除去干扰物质，然后用水、稀酸和稀碱溶解后再进行测定。

(五) 实验结果

结果计算与分析详见实验步骤。

(六) 实验讨论

1) 紫外吸收法测定蛋白质含量的原理是什么？

2) 紫外吸收法测定蛋白质含量适用范围是多少？为什么？

五、考马斯亮蓝法

（一）实验目的

掌握考马斯亮蓝法测定蛋白质含量的方法，了解其基本原理和优缺点，加深理解其在生产实践中的应用。

（二）实验原理

双缩脲法（Biuret 法）和 Folin-酚试剂法（Lowry 法）的明显缺点和许多限制，促使科学家去寻找更好的蛋白质测定方法。1976 年由 Bradford 建立的考马斯亮蓝法（Bradford 法），是根据蛋白质与染料相结合的原理设计的。这种蛋白质测定法具有其他几种方法所没有的明显优点，因而逐渐得到广泛应用。这一方法是目前灵敏度最高的蛋白质测定法。

考马斯亮蓝 G-250 染料，在酸性溶液中与蛋白质结合，使染料的最大吸收峰的位置（λ_{max}），由 465 nm 变为 595 nm，溶液的颜色也由棕黑色变为蓝色。经研究认为，染料主要是与蛋白质中的碱性氨基酸（特别是精氨酸）和芳香族氨基酸残基相结合。在 595 nm 下测定的吸光度 A_{595}，与蛋白质浓度呈正相关。

1) Bradford 法的优点：①灵敏度高，据估计该法灵敏度比 Lowry 法高约 4 倍，其最低蛋白质检测量可达 1 μg，这是因为蛋白质与染料结合后产生的颜色变化很大，蛋白质-染料复合物有更高的吸光度，因而吸光度随蛋白质浓度的变化比 Lowry 法要大得多。②测定快速、简便，只需加一种试剂。完成一个样品的测定，只需要 5 min 左右。由于染料与蛋白质结合的过程，大约只要 2 min 即可完成，其颜色可以在 1 h 内保持稳定，且在 5～20 min 时颜色的稳定性最好。因而完全不用像 Lowry 法那样费时和严格地控制时间。③干扰物质少，如干扰 Lowry 法的 Tris 缓冲液、糖、甘油、巯基乙醇、EDTA 等均不会干扰此测定法。

2) Bradford 法的缺点：①由于各种蛋白质中精氨酸和芳香族氨基酸的含量不同，因此 Bradford 法用于不同蛋白质测定时有较大的偏差，所以在制作标准曲线时，一般的实验选用常用的牛血清清蛋白，较精确的测定通常选用γ-球蛋白为标准蛋白质，以减少这方面的偏差。②仍有一些物质干扰此法的测定，主要的干扰物质有去污剂、Triton X-100、十二烷基硫酸钠（SDS）和 0.1 mol/L 的 NaOH 溶液。③标准曲线也有轻微的非线性，因而不能用 Beer 定律进行计算，而只能用标准曲线来测定未知蛋白质的浓度。

（三）实验器材

1．材料

脱脂小麦粉、小麦幼苗叶片或其他生物材料。

2．仪器

可见光分光光度计、分析天平、研钵、容量瓶、具塞试管、漩涡振荡器、离心机、试管等。

3．试剂

1) 标准蛋白质溶液：用γ-球蛋白或牛血清清蛋白(BSA)配制成 1.0 mg/mL 和 0.1 mg/mL 的标准蛋白质溶液。

2) 考马斯亮蓝 G-250 染料试剂：称取 100 mg 考马斯亮蓝 G-250，溶于 50 mL 95%乙醇溶液后，再加入 120 mL 85%磷酸，用水稀释至 1 升。

（四）实验步骤

1．标准方法

1) 取 10 支试管，1 支作为空白，3 支留作未知样品，其余试管按表 5-8 中顺序，分别加入样品、蒸馏水和试剂，即分别加入 1.0 mg/mL 的标准蛋白质溶液：0 mL、0.01 mL、0.02 mL、0.04 mL、0.06 mL、0.08 mL、0.10 mL，然后用蒸馏水补充到 0.10 mL。最后各试管中分别加入 5.0 mL 考马斯亮蓝 G-250 染料试剂，每加完一管，立即在漩涡振荡器上混合(注意不要太剧烈，以免产生大量气泡而难以消除)。未知样品的加样量见表 5-8 中的第 8～10 管。

表 5-8　试剂加入量表

试剂/mL	管号									
	1	2	3	4	5	6	7	8	9	10
标准蛋白质溶液(1.0 mg/mL)	0.00	0.01	0.02	0.04	0.06	0.08	0.10	—	—	—
未知蛋白质(约 1.0 mg/mL)	—	—	—	—	—	—	—	0.02	0.04	0.06
蒸馏水	0.10	0.09	0.08	0.06	0.04	0.02	0.00	0.08	0.06	0.04
考马斯亮蓝 G-250 染料试剂	5.00	5.00	5.00	5.00	5.00	5.00	5.00	5.00	5.00	5.00

2) 加完试剂 2～5 min 后，即可开始用比色皿在分光光度计上测定各样品在 595 nm 处的吸光度 A_{595}，空白对照为第 1 号试管，即 0.1 mL 蒸馏水加 5.0 mL 考马斯亮蓝 G-250 染料试剂。比色应在 1 h 内完成。以标准蛋白质含量(μg)为横坐标，以吸光度 A_{595} 为纵坐标作图，即得到一条标准曲线。0.5 mg /mL 牛血清清蛋白溶液的 A_{595} 约为 0.50。

注意：不可使用石英比色皿(因不易洗去染色)，可用塑料或玻璃比色皿，使用后立即用少量 95%乙醇溶液荡洗，以洗去染色。塑料比色皿决不可用乙醇或丙酮长时间浸泡。

3) 样品中蛋白质含量的测定：准确称取约 200 mg 小麦幼苗叶片，放入研钵，加 5 mL 蒸馏水在冰浴中研成匀浆，4000 r/min 离心 10 min，将上清液倒入 10 mL 容量瓶，再向残渣中加 2 mL 蒸馏水，悬浮，4000 r/min 离心 10 min，合并上清液，定容至刻度，混匀。

或称取 0.5 g 脱脂小麦粉样品，加 5 mL 蒸馏水振荡提取 10 min，8000 r/min 离心后，得到蛋白质提取液。

另取 3 支具塞试管，准确加入表 5-8 所示的样品提取液和蒸馏水，以及 5 mL 考马斯亮蓝 G-250 染料试剂，其余操作与标准曲线制作相同。由标准曲线，根据测出的未知样品的 A_{595}，即可查出未知样品的蛋白质含量。

2．微量法

当样品中蛋白质浓度较低时(10～100 μg/mL)，可将取样量(包括补加的水)加大到 0.5 mL 或 1.0 mL，空白对照则分别为 0.5 mL 或 1.0 mL 蒸馏水，考马斯亮蓝 G-250 染料试剂仍加 5.0 mL，同时制作相应的标准曲线，测定 595 nm 处的吸光度。

0.05 mg 牛血清清蛋白/ mL 溶液的 A_{595} 约为 0.29。

(五) 实验结果

根据所测样品提取液的吸光度，在标准曲线上查得相应的蛋白质含量(μg)，按下式计算。

$$\text{样品蛋白质含量(μg/g)} = \frac{\text{查得的蛋白质含量(μg)} \times \text{提取液总体积(mL)}}{\text{样品质量(g)} \times \text{测定时取用提取液体积(mL)}}$$

(六) 实验讨论

1) 考马斯亮蓝法测定蛋白质含量的原理是什么？

2) 考马斯亮蓝法测定蛋白质含量适用范围是多少？为什么？

实验七 蛋白质的两性反应和等电点的测定

一、实验目的

了解蛋白质的两性解离性质，初步学会测定蛋白质等电点的方法。在等电点处，蛋白质的许多特殊性质(如溶解度最低，一些蛋白质可产生沉淀，不发生电泳，可以等电聚焦)是蛋白质研究和利用的基础。

二、实验原理

蛋白质是两性电解质。蛋白质分子中可以解离的基团除 N 端α-氨基与 C 端α-羧基外，还有肽链上某些氨基酸残基的侧链基团，如酚基、巯基、胍基、咪唑基等基团，它们都能解离为带电基团。因此，在蛋白质溶液中存在着下列平衡(图 5-4)。

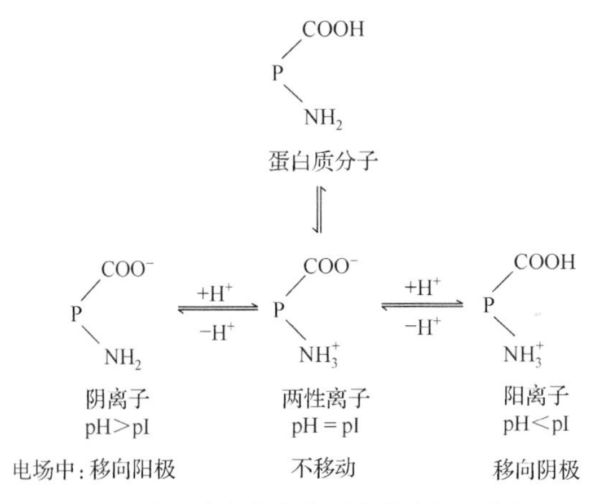

图 5-4　蛋白质溶液中的平衡（引自朱利泉，1997）

当溶液的 pH 低于蛋白质等电点时，即在氢离子较多的条件下，蛋白质分子带正电荷，成为阳离子；当溶液 pH 大于等电点时，即在氢氧根较多的条件下，蛋白质分子带负电荷，成为阴离子。调节溶液的 pH 使蛋白质分子的酸性解离与碱性解离相等，即所带正负电荷相等，净电荷为零，此时溶液的 pH 称为蛋白质的等电点。在等电点时，蛋白质溶解度最小，溶液的浑浊度最大，配制不同 pH 的缓冲液，观察蛋白质在这些缓冲液中的溶解情况即可确定蛋白质的等电点。

蛋白质等电点多接近于 pH 7.0；略偏酸性的等电点也很多，如明胶的等电点为 pH 4.7；也有偏碱性的，如精蛋白等电点为 pH 10.5。在等电点时蛋白质溶解度最小，容易沉淀析出。

三、实验器材

1．材料

酪蛋白溶液。

2．仪器

试管及试管架、容量瓶、滴管、移液管（1 mL 和 5 mL）等。

3．试剂

1）0.5%酪蛋白溶液（以 0.01 mol/L NaOH 溶液作溶剂）。

2）酪蛋白乙酸钠溶液：称取纯酪蛋白 0.25 g，加蒸馏水 20 mL 及 1.00 mol/L NaOH 溶液 5 mL（必须准确），摇荡使酪蛋白溶解。然后加 1.00 mol/L 乙酸溶液 5 mL（必须准确），将溶液移入 50 mL 容量瓶内，用蒸馏水稀释至刻度，混匀，酪蛋白的浓度为 0.5%。

3）0.01%溴甲酚绿指示剂、0.02 mol/L 盐酸溶液、0.02 mol/L NaOH 溶液、0.01 mol/L 乙酸溶液、0.10 mol/L 乙酸溶液、1.00 mol/L 乙酸溶液等。

四、实验步骤

1．蛋白质的两性反应

1) 取 1 支试管，加 0.5%酪蛋白溶液 20 滴和 0.01%溴甲酚绿指示剂(pH 变色范围是 3.8～5.4，酸色型为黄色，碱色型为蓝色) 5～7 滴，混匀，观察呈现的颜色，并思考其原因。

2) 用细滴管缓慢加 0.02 mol/L 盐酸溶液，随滴随摇，直至有明显的大量沉淀发生，此时溶液的 pH 接近于酪蛋白的等电点。观察溶液颜色的变化。

3) 继续滴入 0.02 mol/L 盐酸溶液，观察沉淀和溶液颜色的变化，并说明原因。

4) 再滴入 0.02 mol/L NaOH 溶液进行中和，观察是否出现沉淀，解释其原因。

2．酪蛋白等电点的测定

1) 取 9 支粗细相近的干燥试管，编号后按表 5-9 的顺序准确地加入各种试剂。加入每种试剂后混合均匀。

表 5-9　等电点的测定试剂加入量

项目	管号								
	1	2	3	4	5	6	7	8	9
蒸馏水/mL	2.4	3.2	—	2.0	3.0	3.5	1.5	2.75	3.38
1.00 mol/L 乙酸溶液/mL	1.6	0.8	—	—	—	—	—	—	—
0.10 mol/L 乙酸溶液/mL	—	—	4.0	2.0	1.0	0.5	—	—	—
0.01 mol/L 乙酸溶液/mL	—	—	—	—	—	—	2.5	1.25	0.62
酪蛋白乙酸钠溶液/mL	1.0	1.0	1.0	1.0	1.0	1.0	1.0	1.0	1.0
溶液的最终 pH	3.5	3.8	4.1	4.4	4.7	5.0	5.3	5.6	5.9
沉淀出现的情况									

2) 静置约 20 min，观察每支试管中溶液的浑浊度，以–、+、++、+++、++++表示沉淀的多少。根据观察结果，指出哪一个 pH 是酪蛋白的等电点。

3) 该实验要求各种试剂的浓度和加入量必须相当准确。除了需要精心配制试剂以外，实验中应严格按照定量分析的操作进行。为了保证实验的重复性，或为了进行大批量的测定，可以事先按照上述的比例配制成大量表 5-9 中的 9 种不同浓度的乙酸溶液。实验时分别准确吸取 4 mL 该溶液，再各加入 1 mL 酪蛋白乙酸钠溶液。

五、实验结果

实验结果与分析详见实验步骤。

六、实验讨论

1) 蛋白质的两性反应和等电点的测定的原理分别是什么？二者有无联系？

2) 蛋白质的两性反应和等电点的测定中哪些环节容易失败？为什么？

3) 在实验步骤 1 滴入 0.02 mol/L NaOH 溶液后，继续滴入 0.02 mol/L NaOH 溶液，为什么沉淀又会溶解？溶液的颜色如何变化？说明了什么问题？

实验八　等电聚焦电泳测定蛋白质的等电点

一、实验目的

了解等电聚焦的原理。通过蛋白质等电点的测定，掌握聚丙烯酰胺凝胶垂直管式等电聚焦电泳技术。

二、实验原理

等电聚焦是 20 世纪 60 年代中期出现的一种技术。近年来等电聚焦技术有了新的进展，已迅速发展成为一门成熟的近代生化实验技术。目前等电聚焦技术已可以分辨等电点 (pI) 只相差 0.01 pH 单位的生物分子。由于其分辨力高，重复性好，样品容量大，操作简便迅速，在生物化学、分子生物学及临床医学研究中得到了广泛应用。

蛋白质分子是典型的两性电解质分子。它在大于其等电点的 pH 环境中解离成带负电荷的阴离子，向电场的正极泳动，在小于其等电点的 pH 环境中解离成带正电荷的阳离子，向电场的负极泳动。这种泳动只有在等于其等电点的 pH 环境中，即蛋白质所带的净电荷为零时才能停止。如果在一个有 pH 梯度的环境中，对各种不同等电点的蛋白质混合样品进行电泳，则在电场作用下，不管这些蛋白质分子的原始分布如何，各种蛋白质分子将按照它们各自的等电点大小在 pH 梯度中相对应的位置处进行聚焦，经过一定时间的电泳以后，不同等电点的蛋白质分子便分别聚焦于不同的位置。这种生物分子按等电点的大小在 pH 梯度的某一相应位置上进行聚焦的行为称为“等电聚焦”。等电聚焦的特点在于它利用了一种称为两性电解质载体的物质，在电场中构成连续的 pH 梯度，使蛋白质或其他具有两性电解质性质的样品进行聚焦，从而达到分离、测定和鉴定的目的。

两性电解质载体，实际上是许多异构和同系物的混合物，它们是一系列多羧基多氨基脂肪族化合物，相对分子质量在 300～1000。常用的进口两性电解质为瑞典某公司生产的 Ampholine 和 Pharmalyte，目前也有国产的两性电解质。两性电解质在直流电场的作用下，能形成一个从正极到负极的 pH 逐渐升高的平滑连续的 pH 梯度。若不同 pH 的两性电解质的含量与 pI 的分布越均匀，则 pH 梯度的线性越好。对 Ampholine 两性电解质的要求是缓冲能力强，有良好的导电性，相对分子质量小，不干扰被分析的样品等。

在聚焦过程中和聚焦结束取消了外加电场后，保持 pH 梯度的稳定极为重要。为了防止扩散、稳定 pH 梯度，必须加入一种抗对流和扩散的支持介质，最常用的支持介质是聚丙烯酰胺凝胶。当进行聚丙烯酰胺凝胶垂直管式等电聚焦电泳时，凝胶柱内即产生 pH 梯度，当蛋白质样品电泳到凝胶柱内某一部位，而此部位的 pH 正好等于该蛋白质的等电点时，该蛋白质即聚焦形成一条区带，只要测出此区带所处部位的 pH，即可得知其等电点。电泳时间越长，蛋白质聚焦的区带就越集中、越狭窄，因而提高了分辨率。这是等电聚焦电泳的一大优点，不像其他电泳，电泳时间过长则区带扩散。所以等电聚焦电泳法不仅可以测定等电点，而且能将不同等电点的混合生物大分子进行分离和鉴定。

早期的等电聚焦电泳是垂直管式的，其特点为体系是封闭的，不与空气接触，可防止样品氧化。近年来，又发展了超薄层水平板式等电聚焦电泳。此法的优点是加样数量多，节省两性电解质，电泳后固定、染色、干燥都十分迅速简便，最大优点是防止了电极液的电渗作用而引起的正负两极 pH 梯度的漂变。

测定 pH 梯度的方法有 4 种。

1) 将胶条切成小块，用水浸泡后，用精密 pH 试纸或进口的细长 pH 复合电极测定 pH，然后作图。

2) 用表面 pH 微电极直接测定胶条各部分的 pH，然后作图。

3) 用一套已知不同 pI 的蛋白质作为标准，测定 pH 梯度的标准曲线。

4) 将胶条于−70℃冰冻后切成 1 mm 的薄片，加入 0.5 mL 0.01mol/L KCl 溶液，用微电极测其 pH。

三、实验器材

1．材料

待测蛋白质。

2．仪器

电泳仪、垂直管式圆盘电泳槽一套、注射器与针头、容量瓶、移液管(10 mL、5 mL、2 mL、1 mL、0.1 mL)、小烧杯若干、培养皿一套、直尺、镊子、试管、小刀、试管架、洗耳球、紫外-可见分光光度计、精密 pH 试纸和带细长复合 pH 电极的 pH 计、保鲜膜、橡皮筋等。

3．试剂

1) 丙烯酰胺贮液(30%丙烯酰胺，交联度 2.6%)，30.0 g 丙烯酰胺和 0.8 g *N,N′*-亚甲基双丙烯酰胺溶于蒸馏水，定容至 100 mL，滤去不溶物后存于棕色瓶，4℃下可保存数月(另一配方为 29.1 g 丙烯酰胺和 0.9 g *N, N′*-亚甲基双丙烯酰胺溶于蒸馏水，定容至 100 mL，交联度为 3.0%)。

2) 两性电解质 Ampholine(40%)的加入量为：50 μL/mL 胶液。

3) 过硫酸铵：配成 1 mg/mL 的浓度，当天配制。胶液中的加入量为 0.5 mg/mL。

4) TEMED(*N, N, N′, N′*-四甲基乙二胺)：胶液中的加入量为 1 μL/mL。

5) 蛋白质样品：选用两种等电点相差较大的蛋白质，每根垂直管中每种蛋白质的加样量控制在 100 μg 以内。蛋白质样品配制成 5 mg/ mL 的浓度。

6) 固定液：10%三氯乙酸，每组配 50 mL。

7) 阳极电极液：0.1 mol/L H_3PO_4。3.4 mL 浓磷酸(85%)加蒸馏水稀释至 500 mL，每个电泳槽用 500 mL。

8) 阴极电极液：0.5 mol/L NaOH 溶液。2.0 g NaOH 加蒸馏水溶解至 500 mL，每个电泳槽用 500 mL。

四、实验步骤

1．配胶

按照表 5-10 加入各种溶液。

表 5-10　制备胶液的加入量

项目	胶浓度	
	4.8%	5.0%
胶液总体积/mL	10	12
丙烯酰胺贮液/mL	1.60	2.00
Ampholine/mL	0.5	0.6
TEMED/mL	0.010	0.012
蛋白质样品/mL	0.10	0.12
蒸馏水/mL	2.79	3.27
过硫酸铵/mL	5	6
装管数/支	5	6

$$\text{胶浓度}(T)=\frac{\text{丙烯酰胺贮液浓度}\times\text{贮液加入量}}{\text{胶液总体积}}\times 100\%$$

$$\text{交联度}(C)=\frac{\text{胶液中}N,N'\text{-亚甲基双丙烯酰胺的量}}{\text{胶液中丙烯酰胺的量}+N,N'\text{-亚甲基双丙烯酰胺的量}}\times 100\%$$

$$\text{本实验中的交联度}(C)=\frac{0.8}{30+0.8}\times 100\%=2.6\%$$

过硫酸铵是胶聚合的催化剂，因此最后加入，加入后立即摇匀，因胶很快就会聚合，故必须立即装管。通常化学聚合的胶液，需在过硫酸铵加入前进行减压抽气处理，本实验将此抽气步骤省略并不影响实验结果。

2．装管

每个实验者装两支管，每组装 4 支。先用肥皂洗手，然后将圆盘电泳槽的玻璃管洗净，底端用保鲜膜和橡皮筋封口，垂直放在试管架上，用移液管将配好的胶液移入管内(每根玻璃管的容量为 1.5～1.8 mL)，液面加至距管口 1 mm 处，用注射器轻轻加入少许蒸馏水，进行水封，以消除弯月面使胶柱顶端平坦。胶管垂直聚合约 30 min，聚合完成时可观察到水封下的折光面。

3．装槽和电泳

用滤纸条吸去胶管上端的水封，除去下端的薄膜，水封端向上，将胶管垂直插入圆盘电泳槽内，调节好各管的高度，记下管号。每支管约 1/3 在上槽，2/3 在下槽。上槽加入 500 mL 0.1 mol/L H_3PO_4，下槽加入 500 mL 0.1 mol/L NaOH 溶液，淹没各管口和电极，用注射器或滴管吸去管口的气泡。上槽接正极，下槽接负极，开启电泳仪，恒压 160 V，聚焦 2～3 h，至电流近于零不再降低时，停止电泳。

4．剥胶

取下胶管，用蒸馏水将胶管和两端洗 2 次，用注射器沿管壁轻轻插入针头，在转动胶管和内插针头的同时分别向胶管两端注入蒸馏水少许，胶条即自行滑出，若不滑出可用洗耳球轻轻将其挤出。胶条置于小培养皿内，记住正极端为“头”，负极端为“尾”，若分不清时，可用 pH 试纸鉴定：酸性端为正，碱性端为负。

5．固定

取 2 支胶条置于一个小培养皿内，倒入 10%三氯乙酸溶液至没过胶条，进行固定，约 0.5 h 后，即可看到胶条内蛋白质的白色沉淀带。固定完毕，倒出固定液，用直尺量出胶条长度和正极端到蛋白质白色沉淀带中心(即聚焦部位)的长度。固定后的胶条可在紫外-可见分光光度计上用 280 nm 或 238 nm 波长作凝胶扫描，然后利用扫描图进行相应的测量和计算。

6．测定 pH 梯度

将放在另一个培养皿内未固定的胶条，用直尺量出待测 pH 胶条的长度。按照由正极至负极的顺序，用镊子和小刀依次将胶条切成 10 mm 长的小段，分别置于小试管中，加入 1 mL 蒸馏水，浸泡 0.5 h 以上或过夜，用仔细校正后的带细长 pH 复合电极的 pH 计测出每管浸出液的 pH。

五、实验结果

1) 以胶条长度(mm)为横坐标，pH 为纵坐标作图，得到一条 pH 梯度曲线。所测每管的 pH 为 10 mm 胶条的 pH 的混合平均值。作图时将此 pH 取为 10 mm 小段中心即 5 mm 处的 pH。

2) 用下式计算蛋白质聚焦部位至胶条正极端的实际长度 L。

$$L = L' \times \frac{L_1}{L_2}$$

式中，L'为量出的蛋白质的白色沉淀带中心至胶条正极端的长度；L_1 为待测 pH 的胶条的长度；L_2 为固定后胶条的长度。

3) 根据计算出的 L，由 pH 梯度曲线上查出相应的 pH，即为该蛋白质的等电点。
4) 画出固定后所测胶条的示意图。

六、实验讨论

1) 等电聚焦电泳的原理是什么？
2) 测定蛋白质的等电点除等电聚焦电泳外，有无其他方法？

实验九　对流免疫电泳

一、实验目的

熟悉对流免疫电泳法测定蛋白质的原理和方法。掌握对流免疫电泳技术，了解该实验在快速诊断中的应用。

二、实验原理

电场可限制抗原、抗体自由扩散，因而可提高抗原及抗体的局部浓度，并加快两者的移动速度。这样，在合适的抗原、抗体比例及一定的离子强度下，以琼脂等为介质，抗原在碱性缓冲液(pH 8.4 以上)中带负电荷，可由负极向正极移动，而血清中抗体接近等电点，由于电渗作用，可由正极向负极渗透，两者在短时间内相遇后形成白色沉淀线。此法有助于快速诊断。目前已广泛用于乙型肝炎患者血清的鉴定、输血者初筛常规及肝癌等的诊断。此法还可用于抗血清效价的测定。

并不是所有的抗原分子都向正极泳动，抗体球蛋白由于分子的不均一性，在电渗作用较小的琼脂糖凝胶上电泳时，往往向点样孔两侧展开，因此对未知电泳特性的抗原进行探索性试验时，可用琼脂糖制板，并在板上打三列孔，将抗原置于中心孔，抗血清置于两侧孔。这样，如果抗原向负极泳动时，就可在负极一侧与抗血清相遇而出现沉淀带。沉淀带出现的位置与抗原抗体的泳动速度及含量有关，二者平衡时所形成的沉淀带在两孔之间，呈一条直线。当二者泳速差异悬殊时，则沉淀带位于对应孔附近，呈月牙形。如果抗原或抗体含量过高，可因抗原或抗体过剩使沉淀带溶解。故在探索性预试验时，可将抗原和抗体进行不同稀释，以求得最适试验浓度。由于这一技术比较简单、快速，且同时可以测定较多样品，因此适于临床诊断实验室使用，也可以用基础理论研究，如抗体效价活力测定。此法不足之处是敏感性较低和仅能半定量测定。

三、实验器材

1．材料

1) 抗原抗体系统：可选用患有(或感染)水貂阿留申病、马传染性贫血病、弓形体、血吸虫、伊氏锥虫和气喘病的动物的血清。如无这些材料，可制备卵清蛋白和兔抗卵清蛋白抗血清，供实验用。

2)标准阳性血清和阴性血清作为试验对照。

3)待测血清。

4)电泳支持物：用于对流免疫电泳的凝胶支持物主要是琼脂粉或琼脂糖。琼脂由琼脂糖(agarose)和琼脂果胶(agar-pectin)组成。后者分子中含有较多的巯基和羟基，携带大量电荷。琼脂中含有的琼脂果胶越多，其非特异性吸附越强，电渗作用也越大。琼脂糖由琼脂粉进一步提炼而成，很少或几乎无电渗作用。从琼脂中去除果胶即得琼脂糖。琼脂糖根据其纯化程度的不同适用于不同的免疫电泳。琼脂糖常分为三型：Ⅰ型为不完全纯化，电渗大，可用于对流免疫电泳；Ⅱ型为中等纯化，用于一般免疫电泳；Ⅲ型为完全纯化，几乎没有电渗，最宜用作火箭电泳。

琼脂浓度一般为1%～2%，琼脂糖为0.75%～1.5%。本实验中所用凝胶板统称为琼脂板。制备琼脂凝胶时要注意以下问题：①加热溶解琼脂时，应先在沸水浴中加热至琼脂溶解后，冷却，再直接煮沸即可。最好先将琼脂溶于半量的蒸馏水中，再加入等量的加倍浓度的缓冲液。这样可以避免缓冲液因长时间加热而引起的变化，特别是巴比妥缓冲液，长时间加热可变黄，缓冲能力下降。②配好的琼脂应按每次制板需要的体积量分装，加塞封口，置4℃冰箱备用，或制好琼脂板后，放入4℃冰箱中，注意防止干燥和冰冻。如此，可避免反复融化致使琼脂浓度下降及缓冲液变质。配制好的琼脂应加防腐剂，防止霉变。常使用的防腐剂为0.02%叠氮化钠(NaN_3)。

2．仪器

电泳槽、恒温水浴锅、玻璃板、电泳仪、微量注射器、打孔器、点水笔尖、Whatman 1号滤纸等。

3．试剂

1)0.05 mol/L pH 8.6的巴比妥缓冲液(电泳液)：按照表5-11配制巴比妥缓冲液。

表5-11　巴比妥缓冲液配制表

成分	用量
巴比妥钠	10.30 g
巴比妥酸	1.84 g
1% NaN_3	10 mL
蒸馏水	加至1000 mL

2)5%～7%乙酸脱色液：吸取36%～38%乙酸1份，用蒸馏水作6倍稀释。

3)0.05%氨基黑染液：按照表5-12配制氨基黑染液，配制时先用少量溶剂研磨，过滤后使用。或用0.01%噻嗪红溶于7%乙酸中使用。

表 5-12　氨基黑染液配制表

成分	用量
1 mol/L 乙酸	100 mL
0.1 mol/L 乙酸钠	100 mL
氨基黑	0.1 g

4) 1%琼脂：日本琼脂粉或琼脂糖 1.0 g，0.05 mol/L pH 8.6 的巴比妥缓冲液 100 mL，沸水浴充分溶解后，4℃保存。

5) 5%甘油等。

四、实验步骤

1) 制备凝胶板：80℃以上水浴熔化 1%琼脂凝胶。根据样品的量，选择凝胶的大小及设计打孔图形。选择适当大小且无油腻、无划痕的干净玻璃板，根据所需的厚度(一般为 2～4 mm)计划好琼脂的用量，然后制备平板，注意不要产生气泡。先用制好的 1%、pH 8.6、0.05 mol/L 巴比妥离子琼脂糖或琼脂凝胶倒成需要大小的胶板，制胶板厚度 3 mm 左右。均匀展开后室温冷凝 15 min 左右，再置于 4℃下 10 min。

2) 打孔：冷却后，按事先制好的图形打孔。根据样品数量打两排，孔径 3 mm，孔距离 3 mm，排距 5 mm。用点水笔尖挑去孔内琼脂，在火焰下轻烤封底，以防止样品从琼脂底部泳过。

3) 加样：抗原和待检样品(进行适当稀释，包括阳性对照和正常对照样品)加到阴极侧的孔里，抗体(预先做好抗原与抗体的最适比)进行一定稀释[可用磷酸缓冲液(PBS)稀释]后加在阳极侧的孔内。

4) 电泳：用 3 层 Whatman 1 号滤纸连好电桥，抗原孔端连负极，抗体孔端连正极。一般按 4 V/cm 电压，视样品多少将电流调节至适当大小，电泳 30～180 min，以沉淀清晰可见为止。

5) 洗脱蛋白：将琼脂板放在搪瓷盘(或玻璃圆盘)中在 4℃下先用 0.85%生理盐水洗脱过剩的和非特异蛋白 1 d，其间换 2 或 3 次水，再换蒸馏水洗脱 1～2 d，每天换水 1～3 次(洗游离蛋白)。

6) 染色：将洗脱完蛋白的琼脂板，分别放在平皿内并编上号，用 0.05%氨基黑染液染色 30 min 左右或用 0.5%氨基黑染液染色 10～15 min，或者用噻嗪红染液染色 15 min。

7) 脱色：5%～7%醋酸脱色液脱色至背景无色为止，氨基黑染液需脱 6～8 h，噻嗪红染液约需脱 1 d。

五、实验结果

以抗原与抗血清两孔之间有乳白色的沉淀线为阳性。有时需要将琼脂板置湿盒中于 37℃保温数小时后进行第二次观察。

取一干净的玻璃板，覆盖一层湿薄白纸，再盖一张湿相纸或硬白纸，排净纸下的空气，然后将脱色后的湿琼脂板轻轻移动放在纸上，用滤纸吸干孔周围的水分，滴加 5%甘油，37℃或室温干燥后，取下可永久保留结果。

六、实验讨论

1)对流免疫电泳的原理是什么？

2)对流免疫电泳的关键环节是哪个？为什么？

实验十　单向定量免疫电泳

一、实验目的

学习单向定量免疫电泳(火箭电泳)的原理及操作技术。

二、实验原理

单向定量免疫电泳是基于一定量抗原在电场作用下，在含有适量抗体的离子琼脂糖中移动。当“走”在前面的抗原遇到琼脂板内的抗体时，形成抗原抗体复合物而沉淀出来，“走”在后面的抗原继续在电场作用下向正极泳动，在向前泳动的过程中，遇到了前面抗原所沉淀的抗原抗体复合物，抗原的增加造成抗原过量使复合物沉淀溶解，并一同向正极移动而进入新的琼脂板区域内与未结合的抗体结合，又形成新的抗原抗体复合物沉淀出来，这样不断地沉淀—溶解—再沉淀，直至全部抗原与抗体结合。最后当抗体与抗原达到平衡时，可在短时间内出现锥形沉淀线。此沉淀线形似火箭，故也称火箭电泳。抗原含量越高所形成的火箭峰越长，所以根据火箭峰的长度，与标准抗原比较，能较精确地计算抗原的浓度。其关系式如下。

$$\text{抗原-抗体沉淀峰的面积}=k\times\frac{\text{抗原的浓度}}{\text{抗体的浓度}}$$

式中，k 为标准量免疫电泳中测得的系数。

一般蛋白质浓度低于 0.3 g/mL 时很难用此法测出。若抗体用同位素标记，其灵敏度可提高 40～60 倍。目前，单向定量免疫电泳在临床上常用于检测患者血清中甲胎蛋白的含量，为肝癌诊断提供依据。

三、实验器材

1．材料

1)抗原：甲胎蛋白(1～5 mg/ mL)。

2) 抗体：兔抗人甲胎蛋白血清，琼脂抗体为原浓度抗体稀释 100 倍。

2．仪器

同实验九对流免疫电泳。

3．试剂

1) 0.05 mol/L pH 8.6 的巴比妥缓冲液。

2) 1.5%琼脂：日本琼脂粉或琼脂糖 1.5 g，0.05 mol/L pH 8.6 的巴比妥缓冲液 100 mL，沸水浴充分溶解后，4℃保存。

四、实验步骤

1) 将熔化的 1.5%琼脂冷却到 55℃左右，加入适量抗体（7.5 cm×8 cm 玻璃板需用约 10 mL 凝胶液铺板，抗体加入量视其效价而定），并用玻璃棒搅匀（注意在搅拌时不要使琼脂产生泡沫）。

2) 将配好的抗体琼脂制成抗体琼脂板。冷却后按图 5-5 打孔：用注射器针头将孔内琼脂挑出。

3) 在孔内加入抗原（一般用 0.5～5 μg，血清用 5～10 μL）至与琼脂板相平（如进行定量测定，可用微量注射器准确地加入样品）。

4) 电泳：按图 5-5 正负极方向搭上滤纸条。通电，电压降 10 V/cm，电流每块琼脂板 40 mA，时间 1～5 h，泳动距离 2～5 cm。

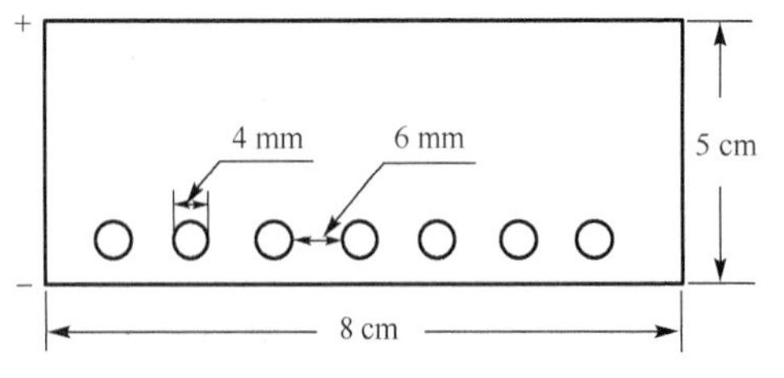

图 5-5　火箭电泳琼脂板（引自朱利泉，1997）

5) 关闭电源，取下琼脂板，放在生理盐水中浸泡 1～3 d，以洗去未结合的抗原与抗体。

6) 干燥、染色、脱色：方法同对流免疫电泳实验（实验九）。

如进行定量测定，可将已知的抗原浓度在同样条件下做火箭电泳，根据火箭峰到孔中心的长度和抗原浓度制作标准曲线。将未知抗原浓度样品的火箭峰长度与标准曲线相比较从而计算出抗原含量。

五、实验结果

绘出火箭电泳图谱（图 5-6）并加以说明。计算出抗原含量。

六、实验讨论

1) 单向定量免疫电泳为什么会出现火箭状条带？

2) 抗体用同位素标记时，为什么单向定量免疫电泳灵敏度可提高 40～60 倍？

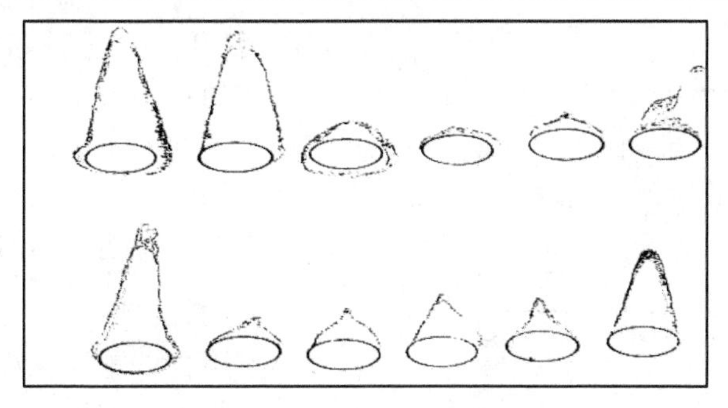

图 5-6　火箭电泳图谱(引自朱利泉，1997)

实验十一　双向免疫扩散

一、实验目的

学习双向免疫扩散的原理、技术和方法。

二、实验原理

抗原与相应的抗体具有分子表面结合的特性。二者结合是有一定比例的，只有在分子比合适时，并有电解质存在(如 NaCl、磷酸盐、巴比妥盐)的情况下才可见到沉淀反应，出现沉淀线，称为等价带。在沉淀线两侧，不同抗原和相应的抗体分子在琼脂中扩散的速度不同，当比例适当时，出现不同数目的沉淀线。沉淀线可以用来定性抗原，诊断疾病。此法操作简便，灵敏度高，目前已在肿瘤、硅肺病等的早期诊断、普查方面应用。此外在抗血清的效价测定方面也常应用。

三、实验器材

1．材料

1)抗原(甲胎蛋白制品或正常人 A、B、O 血型混合血清)。

2)抗体(抗甲胎蛋白血清或抗正常人 A、B、O 血型混合血清)。

2．仪器

10 mL 量筒、4 mm 打孔器、注射器及针头、试管、试管架、大培养皿等。

3．试剂

1.5%琼脂。

四、实验步骤

1．制备离子琼脂板

用 10 mL 量筒量取 4 mL 熔化的琼脂倒于琼脂板上，使其自然流成水平面。待琼脂

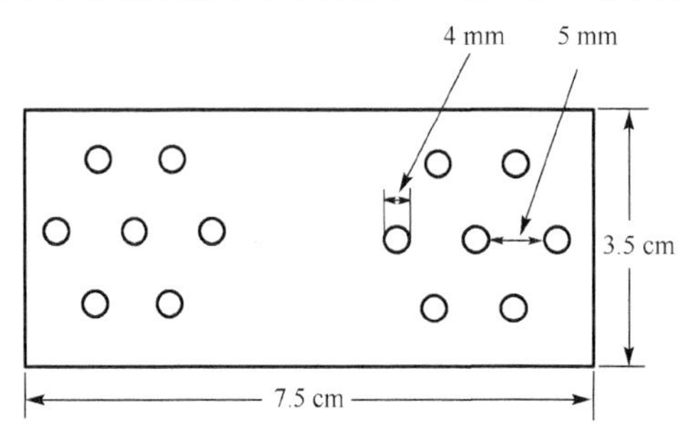

图 5-7 双向免疫扩散(引自朱利泉，1997)

凝固后，用打孔器按图5-7所示打孔。

孔的直径为 4 mm 左右，周围孔与中央孔之间的距离为 5 mm 左右。打完孔后，用注射器针头将琼脂挑出，在酒精灯上烘烤背面，使琼脂与玻璃板贴紧。

2．稀释抗原

采用二倍连续稀释法，将抗原液按 2 的等比级数，即 2^0、2^1、2^2、2^3…方式连续稀释，即于数支试管中各加入稀释液(生理盐水)1 份，再于第一管中加抗原液 1 份，用吹吸法将二液混匀后，吸出 1 份，加入第二管中，如此依次进行至最后一管，即 1∶2、1∶4、1∶8、1∶16、1∶32、1∶64、1∶128…

3．加样

将稀释的抗原依次加入外周孔内，分别为：原浓度、1∶2、1∶4、1∶8、1∶16、1∶32(记录顺序)，向中心孔加入相应的抗血清，抗原、抗体加入的量以与琼脂板表面齐平为宜。加样后，置于大培养皿内，在 37℃或 24℃下扩散 24～48 h，为避免琼脂干燥，可在培养皿内加少量水，保持一定湿度。

以出现沉淀线且抗原稀释倍数最高的一孔的稀释度为被测抗血清的效价。

为提高沉淀线的可见度，最好经染色后再确定效价。染色方法见对流免疫电泳(实验九)。

五、实验结果

绘出双向免疫扩散图，找出被测抗原的沉淀线及被测抗血清的效价。

六、实验讨论

1) 在任何条件下抗原与相应的抗体结合都会产生沉淀反应吗？为什么？
2) 双向免疫扩散的原理是什么？

实验十二 免 疫 印 迹

一、实验目的

了解 Western 印迹(蛋白质印迹分析技术)的原理，掌握 Western 印迹的方法。应用 Western 印迹分析经 SDS-PAGE 分离并转移到硝酸纤维素膜上的细胞特定蛋白质成分。

二、实验原理

免疫印迹即蛋白质印迹，其将高分辨率的电泳技术与灵敏、专一的免疫探测技术结合起来，用针对蛋白质特定氨基酸序列的特异性试剂作为探针进行检测，用于对复杂的混合样品中某些特定蛋白质的鉴别和定量。蛋白质印迹，一般由蛋白质的凝胶电泳、蛋白质的印迹和固定化，以及各种灵敏的检测手段如抗原抗体反应等三部分组成。SDS-PAGE 分离后的蛋白质样品，经电转移固定在固相支持物(如硝酸纤维素膜)上，固相支持物以非共价键形式吸附蛋白质。在转印过程中，各个蛋白质条带的相对位置保持不变。然后，以固相支持物上的蛋白质作为抗原，与相应的抗体，即第一抗体起免疫反应，再与酶、放射性核素或其他标记物标记的以第一抗体为抗原的第二抗体起反应，采用底物显色或放射自显影等方法即可观察分析电泳分离的特异蛋白质成分。

免疫印迹实验包括以下几个步骤：①第一阶段为 SDS-聚丙烯酰胺凝胶电泳(SDS-PAGE)。抗原等蛋白质样品经 SDS 处理后带负电荷，在聚丙烯酰胺凝胶中从阴极向阳极泳动，分子质量越小，泳动速度越快。此阶段分离效果肉眼不可见(只有在染色后才显出电泳区带)。②第二阶段为电转移。此阶段分离的蛋白质条带肉眼仍不可见。③第三阶段为酶免疫定位。阳性反应的条带清晰可辨，并可根据 SDS-PAGE 加入的分子质量标准，确定各组分的分子质量。本法综合了 SDS-PAGE 的高分辨率和 ELISA 法的高特异性和敏感性，是一个有效的分析手段，不仅广泛应用于分析抗原组分及其免疫活性，还可用于疾病的诊断。在艾滋病病毒感染中此法作为确诊试验。抗原经电泳转移在硝酸纤维素膜上后，将膜切成小条，配合酶标抗体及显色底物制成的试剂盒，可方便地在实验室中进行检测使用。根据出现显色线条的位置可判断有无针对病毒的特异性抗体。

1) 蛋白质凝胶电泳：实验首先通过 SDS-PAGE 将样品中不同的蛋白质组分进行有效分离。

2) 蛋白质转移：又称电泳转移，将在凝胶中已经分离的条带转移至硝酸纤维素膜上。选用低电压(100 V)和大电流(1～2 A)，通电 45 min 转移即可完成。实验室广泛使用 H. Towbin 的电泳印迹方法，即选择合适的转移液，使蛋白质有最大的可溶性和转移速度，在直流电场中将凝胶中带负电荷的蛋白质分子转移到固相纸膜上，保持了凝胶电泳的分辨率。

3) 封闭：电泳转移后，用非特异性、非反应活性分子封闭固定基质上未吸附蛋白质的区域，以保证在检测过程中特异性探针只与固相纸膜上的蛋白质反应，从而减少免疫探针的非特异性结合，降低检测时的非特异性结合产生的背景。

4) 免疫检测：常用的检测系统有放射性同位素、酶、荧光素等，通过放射自显影或显色反应检测抗原-抗体复合物，从而达到对蛋白质进行特异性检测和鉴别的目的。通常将印有蛋白质条带的硝酸纤维素膜(相当于包被了抗原的固相载体)依次与特异性抗体和酶标第二抗体作用后，加入能形成不溶性显色物的酶反应底物，使区带染色。常用的辣根过氧化酶(HRP)底物为 3,3′-二氨基联苯胺(呈棕色)和 4-氯-1-萘酚(呈蓝紫色)。阳性反应的条带清晰可辨，并可根据 SDS-PAGE

时加入的分子质量标准来确定各组分的相对分子质量。采用 Western 印迹方法可以检测到 1～5 ng 的蛋白质。

三、实验器材

1．材料

1）兔抗人 Ig G 免疫血清。

2）辣根过氧化物酶标记的羊抗兔 IgG。

2．仪器

垂直转移电泳槽、电泳仪、硝酸纤维素膜、普通滤纸、摇床、玻璃平皿（直径 9 cm）、剪刀、镊子、手套、制备抗血清和 SDS-PAGE 的器材等。

3．试剂

1）SDS-PAGE 试剂。

分离胶缓冲液：1 mol/L Tris-HCl，0.4% SDS，pH 8.8。

浓缩胶缓冲液：0.5 mol/L Tris-HCl，0.4% SDS，pH 6.8。

15%分离胶：分离胶缓冲液 4.0 mL，Arc-Bis 8.0 mL，蒸馏水 4.0 mL，10%过硫酸铵 0.1 mL，TEMED 0.008 mL。

5.4%浓缩胶：浓缩胶缓冲液 1.25 mL，Arc-Bis 0.9 mL，蒸馏水 3.0 mL。10%过硫酸铵 0.015 mL，TEMED 0.005 mL。

2）蛋白质印迹相关试剂。

转移缓冲液：25 mmol/L Tris，192 mmol/L 甘氨酸，20%甲醇溶液，pH 8.3。

TBS：20 mmol/L Tris-HCl，150 mmol/L NaCl 溶液，pH 7.5。

TTBS：含 0.05% Tween-20 的 TBS。

封闭液：含 1%牛血清清蛋白的 TTBS。

免疫前血清（阴性对照）。

第一抗体：用被检测蛋白质制备的兔抗血清，用封闭液稀释。

第二抗体（酶标抗体溶液）：辣根过氧化物酶标记的羊抗兔 IgG，使用前用封闭液 1∶500 稀释。

10%兔血清溶液。

3）其他试剂。

辣根过氧化物酶底物溶液：底物溶液临用前新鲜配制，取 9 mL 溶液Ⅰ[10 mmol/L Tris-HCl（pH 7.6）]，溶解 6 mg 3,3′-二氨基联苯胺盐酸盐（DAB），再加入 1 mL 溶液Ⅱ（0.3% $NiCl_2$ 溶液），滤纸过滤后加入 10 μL 30% H_2O_2，混匀后立即使用。

考马斯亮蓝等。

四、实验步骤

1．蛋白质样品制备

用细胞刮刮下经 PBS 冲洗 2 或 3 遍的培养细胞，加入适量的冰预冷的裂解液后置于冰上 10～20min；收集在 EP 管后超声 3 s，电动匀浆，4 ℃、12 000 r/min 离心 2 min；取少量上清液进行定量，其余上清液充分混合、沉淀后加 loading buffer 直接上样。

2．SDS-PAGE

采用不连续 SDS-PAGE 系统，对样品蛋白质进行电泳分离，根据待检蛋白质的分子质量，配制不同浓度的胶。20 kDa 左右的蛋白质，采用 15%分离胶，5.4%浓缩胶。

加样时将标准蛋白质加在凝胶靠边一侧，将待测蛋白质提取液、负对照等样品分别加入加样槽进行电泳。电泳后将凝胶上标准蛋白质的泳道切下，用考马斯亮蓝进行染色，另一半凝胶进行转膜，最后可用铅笔将标准蛋白质的位置标记在膜上，或者在相同的实验条件下同时制作两块凝胶：一块用于转膜；另一块用于考马斯亮蓝染色(包含标准蛋白质)，与转移结果相对照。

3．蛋白质转移

1) 制作转移单元的准备：准备转移缓冲液，剪一张硝酸纤维素膜，大小与分离胶尺寸相同，用软铅笔在膜一角做好标记，将其放在转移缓冲液中 15 min，使其润湿直至没有气泡。剪 8 张普通滤纸，其大小与胶尺寸大小相同，并将其浸泡在有转移缓冲液的培养皿中(与硝酸纤维素膜分开浸泡)。取出电泳后的凝胶，切去浓缩胶，取有用部分的分离胶。分离胶用转移缓冲液迅速洗涤。

2) 制作转移单元：在一搪瓷盘内加入转移缓冲液，打开有孔转移框架，浸入转移缓冲液内。从下向上依次放入 4 张用转移缓冲液浸泡过的滤纸、凝胶、硝酸纤维素膜、另 4 张用转移缓冲液浸泡过的滤纸，将凝胶的左下角置于膜的标记角上，注意滤纸、凝胶和膜各层精确对齐且各层之间不留气泡，最后将两个框架固定好。

3) 电泳转移：将夹心式转移单元垂直固定在装有转移缓冲液的垂直转移电泳槽中，凝胶一侧朝向负极，硝酸纤维素膜一侧朝向正极，倒满转移缓冲液。插上电极，打开电泳仪开关，电流调为胶的面积(cm^2)×0.8 mA，进行电泳，当电泳指示剂前沿距底端 1 cm 左右时停止电泳。转移结束后，可以将凝胶进行考马斯亮蓝染色，以便检查蛋白质转移是否完全。

4．电泳印迹膜的处理

1) 封闭硝酸纤维素膜上的自由结合位点：转移结束后，打开转移框架，取出硝酸纤维素膜，放在小平皿中，注意结合蛋白质的膜面朝上，用 TBS 洗膜 5 min，弃去 TBS，加入 10 mL 封闭液，在平缓摇动的摇床上于室温温育 1 h。然后用 TBS 洗膜 3 次，每次 10 min。

2) 第一抗体的免疫结合反应：将膜剪成两部分(均有蛋白质样品)，分别放在两个小平皿中，一个平皿加入 10 mL 10%抗体溶液，另一个加入 10 mL10%兔血清溶液，作为阴性对照，在平缓摇动的摇床上于室温温育 1～2 h，或 4℃过夜。弃去第一抗体溶液，用 TTBS 洗膜 3 次，每次 10 min，置摇床上轻轻摇动。

3) 第二抗体的免疫结合反应：将膜放入 10 mL 辣根过氧化酶-羊抗兔 IgG 溶液(1∶500)中，在平缓摇动的摇床上于室温温育 1～2 h；去掉辣根过氧化酶-羊抗兔 IgG 溶液，用 TTBS 洗膜 3 次，每次 10 min，置摇床上轻轻摇动，最后用 TBS 淋洗以除去 Tween-20。

4) 显色：将膜放入 10 mL 底物溶液中，室温下轻轻摇动，仔细观察显色过程。待特异性蛋白质条带颜色清晰可见时，立即用去离子水漂洗膜，以终止反应。膜晾干后在室温下避光保存。

五、实验结果

记录显色结果，并与考马斯亮蓝显色结果或同工酶显色结果进行显色原理的比较讨论。

六、实验讨论

1) 免疫印迹的原理是什么？

2) 免疫印迹包括哪几个部分？它们相互之间有什么联系？

（李关荣　薛雨飞）

第六章　酶及维生素

酶是生物催化剂。由于酶的作用，生物体内的化学反应在温和条件下也能高效和特异地进行，与生命过程关系密切的反应基本都是酶催化的反应。本章所涉及的酶都是活细胞所产生的具有催化功能的蛋白质。每种生命的个体形态，都可以看成成千上万的酶按种族特异性协同作用的结果，每一时刻生命的活动都可看成无数酶类发挥活性的综合表现。可见，活体内酶的代谢、活性及其相互制约关系比较复杂。由于酶在细胞外也能行使功能，故本章所列的酶学实验都是通过破碎细胞分离其中的酶，并在不同程度上将酶纯化的基础上进行的，实验的内容主要是验证酶的三大特性(高效性、专一性和可调性)。实验十三验证了酶的高效性和特异性；实验十四验证了酶活性的环境因素的可调性；实验十五至实验二十进一步具体验证各类常见酶的专一性；实验二十一和实验二十二是酶的一般纯化方法；实验二十三和实验二十四则是酶的高级纯化方法，同时也是酶的性质鉴定方法。这些方法构成了从酶的纯化到特性验证和鉴定的基本方法体系。

维生素是人类细胞正常代谢所必需的微量小分子有机物，人自身不能合成(或合成量不足)，主要从植物和微生物等食品中获取。缺乏维生素在分子水平上将产生代谢紊乱，严重时在生命个体水平上导致病症。其原因是大多数维生素在体内通过化学修饰成为辅基或辅酶，直接参与多种酶催化反应。故本章在酶学实验之后安排了实验二十五、实验二十六，实验内容为相关维生素含量的测定。

实验十三　酶的高效性及特异性

一、实验目的

1) 通过本实验学习和掌握酶催化反应的高效性，理解有机界的酶催化物质快速转化的原因。

2) 掌握检查酶的特异性的方法及原理，以深刻理解酶的特异性。

二、实验原理

由活细胞产生的对其底物具有高度特异性和高度催化效能的蛋白质或 RNA 称为酶。酶的催化作用有赖于酶分子的一级结构及空间结构的完整。酶分子变性或亚基解聚均可导致酶活性丧失。酶作为一种特殊的催化剂，能大大降低反应的活化能，从而极大地加快了反应速度，这在生理上具有极其重要的意义。

酶的高效性是指酶的催化效率比无机催化剂高，使得反应速率更快；在生物体内，某些代谢由于需氧脱氢的结果而产生对机体有毒害作用的 H_2O_2。过氧化氢酶能催化过氧化氢快速分解成 H_2O 和 O_2，使 H_2O_2 不致在体内大量积累。铁粉也是 H_2O_2 分解的催化剂，但其催化效率仅为过氧化氢酶的 100 亿分之一。

酶与一般催化剂最主要的区别之一是酶具有高度的特异性，即一种酶只能对一种或一类化合物起催化作用。例如，蔗糖酶只能催化蔗糖水解为具有还原性的葡萄糖和果糖，而不能催化淀粉水解；而淀粉酶只能催化淀粉水解为具有还原性的葡萄糖和麦芽糖，不能催化蔗糖水解。本实验以蔗糖酶和淀粉酶对蔗糖和淀粉的作用为例来说明酶的特异性(专一性)。淀粉和蔗糖无还原性，唾液淀粉酶水解淀粉生成有还原性的麦芽糖，但不能催化蔗糖的水解。蔗糖酶能催化蔗糖水解产生还原性葡萄糖和果糖，但不能催化淀粉的水解。用班氏(Benedict)试剂检查糖的还原性，班氏试剂为碱性硫酸铜，能氧化具有还原性的糖，生成砖红色沉淀氧化亚铜。

三、实验器材

1．材料

马铃薯、酵母、唾液。

2．仪器

试管、试管架、研钵、量筒(10 mL)、容量瓶、小烧杯、刻度吸管(1 mL、2 mL)、漏斗、电热恒温水浴锅等。

3．试剂

1) 2% H_2O_2、石英砂、铁粉等。

2) 1%淀粉溶液(含 0.3% NaCl)：将 1.0 g 可溶性淀粉及 0.3g NaCl，混悬于 5 mL 蒸馏水中，搅动后缓慢倒入沸腾的 60 mL 蒸馏水中，搅动煮沸 1 min。晾至室温后加水至 100 mL，放置于 4℃冰箱贮存。

3) 2%蔗糖溶液：蔗糖是典型的非还原糖，若商品蔗糖中还原糖含量超过一定标准，则呈还原性，这种蔗糖不能使用。所以，实验前必须进行检查。本实验用的蔗糖至少应是分析纯，现用现配。

4) 淀粉酶液：稀释 200 倍的新鲜唾液。

5) 蔗糖酶液：取 1.0 g 新鲜酵母放入研钵中，加少量石英砂和蒸馏水，研磨 10 min 左右，用蒸馏水稀释至 50 mL，静止片刻再过滤，滤液即为蔗糖酶提取液。

6) 班氏(Benedict)试剂：将 17.3 g 硫酸铜溶解于 100 mL 蒸馏水中。冷却后稀释至 150 mL。取柠檬酸钠 173.0 g 及碳酸钠($Na_2CO_3 \cdot H_2O$) 100.0 g，加水 600 mL，加热使之溶解，冷却后，稀释至 850 mL。最后把硫酸铜溶液缓缓倾入柠檬酸钠-碳酸钠溶液中，边加边搅拌，如有沉淀可过滤。此试剂可长期保存。

四、实验步骤

1．酶的高效性检测

取 4 支试管，编号，按表 6-1 操作：1～4 号试管中分别加入 2% H_2O_2 3 mL，1 号管加入生马铃薯糜少许，2 号管加入熟马铃薯糜少许，3 号管加入铁粉少许，4 号管不做任何处理，然后观察 4 支试管中的现象。

表 6-1　试管加入试剂表

项目	管号			
	1	2	3	4
2% H_2O_2/mL	3	3	3	3
生马铃薯糜	少许	—	—	—
熟马铃薯糜	—	少许	—	—
铁粉	—	—	少许	—

2．酶的特异性(专一性)检测

取 6 支试管，编号，按表 6-2 操作：1 号管加入 1%淀粉溶液 1 mL，淀粉酶液 1 mL；2 号管加入 1%淀粉溶液 1 mL，蔗糖酶液 1 mL；3 号管加入 2%蔗糖溶液 1 mL，淀粉酶液 1 mL；4 号管加入 2%蔗糖溶液 1 mL，蔗糖酶液 1 mL；5 号管加入 1%淀粉溶液 1 mL，蒸馏水 1 mL；6 号管加入 1%蔗糖溶液 1 mL，蒸馏水 1 mL。6 支试管均快速混匀，放入 37℃水浴中保温 10 min，分别加入 2 mL 班氏试剂，沸水浴几分钟。观察各试管中的现象。

表 6-2　试管加入试剂顺序表

项目	管号					
	1	2	3	4	5	6
1%淀粉溶液/mL	1	1	—	—	1	—
2%蔗糖溶液/mL	—	—	1	1	—	1
淀粉酶液/mL	1	—	1	—	—	—
蔗糖酶液/mL	—	1	—	1	—	—
蒸馏水/mL	—	—	—	—	1	1
	摇匀，放入 37℃水浴中保温 10 min					
班氏试剂/mL	2	2	2	2	2	2
	摇匀，放入沸水浴中加热数分钟					
解释实验现象						

五、实验结果

观察并记录各管反应现象，解释出现各种现象的原因。

六、实验讨论

1)酶促反应有哪些特点？

2）酶的高效性和特异性有何作用？

3）本实验中可能出现的误差及原因有哪些？

实验十四　环境条件对酶促反应的影响

一、实验目的

酶催化反应受各种物理、化学因素影响。本实验的目的是观察温度、pH、激活剂和抑制剂等环境条件对酶催化活性的影响，证明酶在最适温度、最适 pH 时的活性最高，激活剂可以加速酶催化反应的速度，抑制剂则降低酶催化反应的速度。

二、实验原理

本实验采用麦芽为材料提取淀粉酶（或采用稀释唾液为淀粉酶），以观察各种环境条件对淀粉酶活性的影响。酶催化活性的大小，可用分解等量底物所需时间长短或在相同时间内分解等量底物的不同程度来衡量。而淀粉酶所作用的底物——淀粉的分解情况，则可由与碘的颜色反应来加以测定。以淀粉为底物，用碘-碘化钾试剂检查淀粉酶水解淀粉的程度，在相同底物浓度及数量时，在相同的作用时间内，淀粉的水解程度越高，酶活性越强，反之则越弱，淀粉水解不同阶段与碘的显色反应如下。

淀粉 $\xrightarrow[H_2O]{\text{淀粉酶}}$ 蓝色糊精（遇碘呈蓝色）$\xrightarrow[H_2O]{\text{淀粉酶}}$ 紫色糊精（遇碘呈紫色）$\xrightarrow[H_2O]{\text{淀粉酶}}$ 红色糊精（遇碘呈红色）$\xrightarrow[H_2O]{\text{淀粉酶}}$ 黄色糊精（遇碘不显色，而呈碘黄色）$\xrightarrow[H_2O]{\text{淀粉酶}}$ 麦芽糖（遇碘不显色，而呈碘黄色）$\xrightarrow[H_2O]{\text{麦芽糖酶}}$ 葡萄糖（遇碘不显色，而呈碘黄色）

从显色反应呈现的颜色即可判断出酶活性的大小，得出不同环境条件对酶活性影响的程度。

利用淀粉及其水解产物的颜色反应，来比较淀粉酶在不同条件下催化淀粉水解的程度，从而判断温度、pH、激活剂和抑制剂对酶活性的影响。

环境温度可以影响酶的活性。低温能降低或抑制酶的活性，但不能使酶失活。在低温时，酶活性降低，酶促反应速度较慢，甚至停止；酶的催化活性在一定范围内随温度的升高而加速，但由于大多数酶是蛋白质，在较高温度下，酶蛋白将变性而使酶活性降低，甚至丧失。在最适温度下，酶活性最高。大多数动物酶的最适温度为 37～40℃，植物酶的最适温度为 50～60℃。活体内酶的最适温度是生物进化的结果。分离的酶对温度的稳定性与其存在形式有关。有些酶的干燥制剂，即使加热到 100℃，其活性并无明显改变，但在 100℃的溶液中却很快地完全失去活性。

酶的催化活性受环境 pH 的影响极为显著。通常只在一定范围内酶才表现出活性，这是因为大多数酶是蛋白质。它在不同的 pH 环境中的解离情况不同，而只有解离成一定的离子形式时才具有催化活性，所以，在不同的 pH 下表现出强弱不同的催化活性，酶活性最高时的 pH 称为酶的最适 pH。每种酶都有最适 pH，在最适 pH 时，酶的活性最高，酶促反应速度最快；偏离酶的最适 pH 均可引起酶蛋白变性而使其降低或失去活性。

酶的活性常受到某些物质的影响，有些物质可以使酶活性增强或者从无活性变为有活性，这些物质称为激活剂。此外，有些物质可以选择性地使酶的活性降低或丧失，称为抑制剂，如 Cl^-是唾液淀粉酶的激活剂，而 Cu^{2+}是它的抑制剂。

三、实验器材

1．材料

稀释唾液或发芽的小麦种子(芽长 2～3 cm 左右)。

2．仪器

恒温水浴锅、容量瓶、冰盒、温度计、研钵、锥形瓶(100 mL)、刻度试管、漏斗、量筒(50 mL)、保温箱、漏斗架、玻璃棒、胶头吸管、白瓷盘等。

3．试剂

1) 1%淀粉溶液：称量 10.0 g 可溶性淀粉，取 950 mL 蒸馏水煮沸，将可溶性淀粉缓慢加入沸水中，并不断搅拌，煮沸至透明为止，冷却后定容至 1000 mL。

2) pH 3.0 磷酸缓冲液：精确称取 14.720 g $Na_2HPO_4 \cdot 12H_2O$ 和 16.717 g 柠檬酸，用少量蒸馏水溶解后定容至 1000 mL。

3) pH 6.0 磷酸缓冲液：精确称取 45.241 g $Na_2HPO_4 \cdot 12H_2O$，7.532 g 柠檬酸，用少量蒸馏水溶解后定容至 1000 mL。

4) pH 9.0 磷酸缓冲液：取 0.2 mmol/L $Na_2HPO_4 \cdot 12H_2O$ 溶液 972 mL，用蒸馏水定容至 1000 mL。

5) 1% NaCl 溶液：精确称取 10.0 g NaCl，用少量蒸馏水溶解，用蒸馏水定容至 1000 mL。

6) 1% $CuSO_4$：精确称取 10.0 g $CuSO_4$，用少量蒸馏水溶解，用蒸馏水定容至 1000 mL。

7) 碘液：0.3 g 碘化钾溶于少量水中，加 0.1 g 碘，定容至 100 mL。

四、实验步骤

1．提取酶液

取发芽 3 d 的小麦种子(芽长约 4 cm)5 g，放入研钵中研碎，共加水 50 mL 混合搅拌，转入锥形瓶内，置 25℃保温箱中提取 20 min。搅拌后用棉花、滤纸过滤入另一锥形瓶中，即为淀粉酶提取液。

稀释唾液：用蒸馏水漱口以清除食物残渣，再含一口蒸馏水，在口中来回轻漱，0.5 min 后使其流入量筒并稀释 20～200 倍(稀释倍数可根据各人唾液淀粉酶的活性来调整)，混匀备用，需现用现配。

2．温度对酶催化活性的影响

1) 取刻度试管 3 支，各加入酶液 1 mL 及 pH 6.0 的磷酸缓冲液 2 mL，分别放入冰水、40℃水浴、90℃水浴中保温 5 min。

2) 再向各试管快速加入 1%淀粉溶液 1 mL，迅速摇匀，使其仍在前 3 种温度下作用。3～5 min 后，每隔 1 min 由对应 40℃保温的 2 号试管中取出 1 滴溶液于白瓷盘的小穴内，加 1 滴碘液检查淀粉水解程度。待反应液变为黄色时，将 90℃水浴的试管取出后流水冲至室温温度，同时向 3 支试管中分别加入几滴碘液，摇匀后，据各管颜色情况，判断温度对淀粉酶催化活性的影响：蓝色深者表示淀粉未被分解，意味着酶已变性或失活；蓝色浅者表示淀粉部分被分解，意味着酶的催化活性已降低；试管内不呈现蓝色而显黄色者，表示淀粉已被酶全部分解，酶的催化活性最高。

3) 结果记录于表 6-3 中。

表 6-3　温度对酶催化活性的影响

项目	管号		
	1(冰水)	2(40℃)	3(90℃)
与碘液显色情况			

3．pH 对酶催化活性的影响

1) 取有标号刻度试管 3 支，分别加入 pH 3.0、pH 6.0、pH 9.0 的缓冲液 3 mL，分别向每管加入淀粉酶液 1 mL 混匀，再向每管中快速加入 1%淀粉溶液 1 mL，迅速摇匀。同时放入 40℃水浴锅中(或室温下)保温。

2) 待作用 3～5 min 后，每隔 1 min 由对应 pH 6.0 的 2 号试管中取出 1 滴溶液于白瓷盘的小穴内，加 1 滴碘液检查淀粉水解程度。待试液变为黄色时，向 3 支试管中分别加入几滴碘液，摇匀后，观察各管颜色情况，判断 pH 对淀粉酶催化活性的影响。

3) 将观察结果记录到表 6-4 中。

表 6-4　pH 对酶催化活性

项目	管号		
	1(pH 3.0)	2(pH 6.0)	3(pH 9.0)
与碘液显色情况			

4．激活剂与抑制剂对酶催化活性的影响

1) 取 3 支刻度试管，按表 6-5 编号并加入试剂，摇匀后放入 40℃水浴中(或室温下)保温。

表 6-5　试管中加入试剂的顺序表

试剂	1∶20 唾液/mL	1% NaCl(或 $CaCl_2$)/mL	1% $CuSO_4$/mL	蒸馏水/mL	1%淀粉溶液/mL	与碘液显色情况
1	1	1	—	—	1	
2	1	—	1	—	1	
3	1	—	—	1	1	

2)作用 3～5 min 后，每隔 1 min 取出对应 1% NaCl(或 $CaCl_2$)溶液的 1 号管的试液 1 滴于白瓷盘的小穴中，加碘液 1 滴，至试液出现黄色时，分别向各管加碘液几滴，摇匀后，观察各管颜色情况，并分析激活剂与抑制剂对淀粉酶活性的影响。

3)将观察结果记录到表 6-6。

表 6-6　激活剂与抑制剂对酶催化活性的影响

项目	管号		
	1(1% NaCl 或 $CaCl_2$)	2(蒸馏水)	3(1% $CuSO_4$)
与碘液显色情况			

五、实验结果

解释上述每个实验的反应现象及产生的原因。

六、实验讨论

1)在进行温度对酶活性的影响实验时，为何要预先保温？
2)为什么温度实验中，90℃管反应完成后要快速冷却至不烫手？
3)过酸或过碱环境会影响淀粉和碘的显色吗？

实验十五　淀粉酶活性测定

一、实验目的

淀粉酶几乎存在于所有植物中，包括α-淀粉酶及β-淀粉酶，其活性因植物的品种和生长发育时期不同而有所变化，特别是萌发后的禾谷类种子，其淀粉酶活性最强。本实验的目的是学习和掌握淀粉酶的提取和测定方法。

二、实验原理

酶(enzyme)是具有高效性(high catalytic power)与专一性(specificity)的生物催化剂(biological catalyst)，绝大多数酶的化学本质是蛋白质。

α-淀粉酶和β-淀粉酶各有特性，如β-淀粉酶不耐热，在高温下易钝化；而α-淀粉酶不耐酸，在 pH 3.6 以下则发生钝化。通常提取液中同时有两种淀粉酶存在，测定时可根据它们的特性分别加以处理，钝化其中之一，即可测出另一种酶的活性：将提取液加热到 70℃维持 15 min 以钝化β-淀粉酶，便可测定α-淀粉酶的活性；或者将提取液用 pH 3.6 的乙酸在 0℃加以处理，钝化α-淀粉酶，以求出β-淀粉酶的活性。

淀粉酶充分水解淀粉生成麦芽糖等还原糖，故其活性的大小与产生的还原糖的量成正比。还原糖可用 3,5-二硝基水杨酸试剂显色测定，可以用麦芽糖制作标准曲线，用比色法测定淀粉生成的还原糖的量，以单位质量样品在一定时间内生成的麦芽糖的量表示酶活性。由于麦芽糖能将后者还原成硝基氨基(代)水杨酸的显色基团，在一定范围内其颜色深浅与糖的浓度成正比，故可求出麦芽糖的含量，以每克样品在一定时间内生成的麦芽糖的质量(mg)表示淀粉酶活性的大小。

3, 5-二硝基水杨酸(黄色)　　3-氨基-5-硝基水杨酸(棕红色)

三、实验器材

1．材料

萌发的小麦种子(芽长 0.5～1 cm 左右)。

2．仪器

天平、烧杯、玻璃棒、研钵、容量瓶(100 mL)、具塞刻度试管、试管、刻度吸管(1 mL、2 mL、10 mL)、离心机、漏斗、滤纸、恒温水浴锅、分光光度计等。

3．试剂

1) 1%淀粉溶液：取 10.0 g 可溶性淀粉溶于少量蒸馏水，取 950 mL 蒸馏水煮沸，将可溶性淀粉溶液缓慢加入沸水中并不断搅拌，煮沸至透明，冷却后定容至 1000 mL。

2) 0.4 mol/L NaOH 溶液：在天平上称量 16.0 g NaOH 固体，并将它倒入小烧杯中，在盛有 NaOH 的小烧杯中加入适量蒸馏水，用玻璃棒搅拌使其溶解，用蒸馏水定容至 1000 mL。

3) pH 5.6 柠檬酸缓冲溶液：取 A 液(称取柠檬酸 21.0 g，溶解后稀释至 1000 mL) 13.7 mL，与 B 液(称取柠檬酸钠 29.41 g，溶解后稀释至 1000 mL) 36.3 mL 混匀。

4) 3,5-二硝基水杨酸试剂：准确称取 10.0 g 3,5-二硝基水杨酸溶于 200 mL 1 mol/L NaOH 溶液中，加入到 500 mL 含有 300.0 g 酒石酸钾钠的热水中，溶解并冷却后定容至 1000 mL，贮存在棕色瓶中。

5) 麦芽糖标准溶液：称取化学纯麦芽糖 0.100 g 溶于少量蒸馏水中，用容量瓶定容至 100 mL。

四、实验步骤

1．酶液的提取

称取 1.00 g 萌发的小麦种子，置研钵中加少量石英砂（约半匙）与少量蒸馏水磨成匀浆，倒入 100 mL 容量瓶中，分次用蒸馏水洗净研钵，一并转入容量瓶，用蒸馏水定容至 100 mL，混匀后在室温（20℃）下浸提 20 min，其间每隔几分钟振荡数次，然后过滤或离心，上清液即为粗酶液。

2．标准曲线的制作

取 25 mL 的刻度试管 7 支，编号，分别准确地加入麦芽糖标准溶液（1 mg/mL）0.0 mL、0.2 mL、0.6 mL、1.0 mL、1.4 mL、1.8 mL、2.0 mL，然后向各管中加蒸馏水至体积均为 2 mL，再各加 3,5-二硝基水杨酸试剂 2 mL，置沸水浴中准确煮沸 5 min，取出冷却，各加蒸馏水 21 mL（表 6-7），用分光光度计在 520 nm 波长下进行比色，记录吸光度，以吸光度为纵坐标，麦芽糖含量为横坐标绘制标准曲线。

表 6-7　麦芽糖标准曲线试剂用量

试剂/mL	管号						
	1	2	3	4	5	6	7
麦芽糖标准溶液	0.0	0.2	0.6	1.0	1.4	1.8	2.0
蒸馏水	2.0	1.8	1.4	1.0	0.6	0.2	0.0
3,5-二硝基水杨酸试剂	2.0	2.0	2.0	2.0	2.0	2.0	2.0
煮沸 5 min，冷却							
蒸馏水	21	21	21	21	21	21	21

3．淀粉酶活性的测定

（1）α-淀粉酶活性的测定

1）取 4 支试管，2 支标记为对照，2 支标记为测定，各加酶液 1 mL，在 70℃水浴（温度变化不应超过±0.5℃）中加热 10 min，取出后迅速在水中冷却。

2）向 4 支试管中分别加入 1 mL pH 5.6 柠檬酸缓冲溶液。

3）在对照管中加入 4 mL 0.4 mol/L NaOH 溶液，以钝化酶的活性。

4）将 4 支试管在 40℃水浴保温 5 min，再向各管加入 40℃预热的淀粉溶液 2 mL，摇匀，立即放入 40℃水浴中准确保温 5 min（时间从加测定管算起），将准备好的 4 mL 0.4 mol/L NaOH 溶液迅速加入测定管，终止酶活性（控制时间很重要）。然后各管中加入 2 mL 蒸馏水，摇匀即为测定液与对照液。

（2）α-淀粉酶及β-淀粉酶总活性的测定

1）取两支试管，一支标记为对照，另一支标记为测定，各加酶液 1 mL，再向各管中均加入柠檬酸缓冲液 1 mL。

2）向对照管加 4 mL 0.4 mol/L NaOH 溶液，以钝化酶的活性。

3）将两支试管在 40℃水浴保温 5 min，再向各管加入 40℃预热的淀粉液 2 mL 摇匀，立即放入 40℃水浴中准确保温 5 min（时间从加测定管算起），将准备好的 4 mL 0.4 mol/L NaOH 溶液迅速加入测定管，终止酶活性（控制时间很重要）。然后各管中加入 2 mL 蒸馏水，摇匀即为测定液与对照液。

4．反应产生的麦芽糖测定

取大试管 3 支：1 号管加蒸馏水 2 mL 作为比色的参比管；2 号管加对照管液体 1 mL，再加 1 mL 蒸馏水；3 号管加测定管液体 1 mL，再加 1 mL 蒸馏水。3 支管各加 2 mL 3,5-二硝基水杨酸，沸水浴煮 5 min，取出冷却后加 21 mL 蒸馏水摇匀，以 1 号管为参比用分光光度计在 520 nm 处比色，分别测定对照管和测定管的吸光度。

五、实验结果

根据标准曲线计算出麦芽糖含量，代入公式计算酶的活性。

$$\alpha\text{-淀粉酶活性}[\text{mg 麦芽糖}/(\text{g 小麦种子鲜重}\cdot 5\ \text{min})]=\frac{(A-A')\times \text{稀释倍数}}{\text{样品质量(g)}}$$

$$\alpha\text{-淀粉酶及}\beta\text{-淀粉酶活性}[\text{mg 麦芽糖}/(\text{g 小麦种子鲜重}\cdot 5\ \text{min})]=\frac{(B-B')\times \text{稀释倍数}}{\text{样品质量(g)}}$$

式中，A 为α-淀粉酶水解淀粉生成的麦芽糖量；A'为α-淀粉酶的对照管中的麦芽糖量；B 为α-淀粉酶及β-淀粉酶共同水解淀粉生成的麦芽糖量；B'为α-淀粉酶及β-淀粉酶的对照管中的麦芽糖量。

六、实验讨论

1）萌发种子和干种子的α-淀粉酶和β-淀粉酶活性有何差异？这种变化有何生物学意义？

2）α-淀粉酶和β-淀粉酶性质有何不同？作用特点有何不同？

实验十六　脂肪酶活性测定

一、实验目的

脂肪酶活性是脂肪降解的关键，脂肪降解代谢在各种生物甚至同一种的不同个体之间的差异很大。本实验的目的是学习和掌握脂肪酶活性的测定原理及方法。

二、实验原理

脂肪酶是一种特殊的水解酶，广泛存在于动物组织、植物种子和微生物体中，是能水解甘油三酯或脂肪酸酯产生单（或双）甘油酯和游离脂肪酸，将天然油脂水解为脂肪酸及甘油，同时也能催化酯合成和酯交换的酶。油料种子萌发时，种子内贮藏的大量脂肪在脂肪酶的作用下分解成脂肪酸和甘油。脂肪酸的进一步氧化产生大量的低分子化合物和能量，前者进一步转化为糖类，供种子萌发和幼苗生长应用。脂肪酶活性定义为 1 g 固体酶粉(或 1 mL 液体酶)，在一定温度和 pH 条件下，1 min 内水解底物产生 1 μmol 可滴定的脂肪酸，即为一个酶活性单位，以 U 表示。脂肪酶在一定条件下，能使甘油三酯水解成脂肪酸、甘油二酯、甘油单酯和甘油，所释放的脂肪酸可用标准碱溶液进行中和滴定，用 pH 计或酚酞指示反应终点，根据消耗的减量，计算其酶活性。反应式为

$$C_3H_5(OCOR)_3+3H_2O \xrightarrow{\text{脂肪酶}} C_3H_5(OH)_3+3RCOOH$$

$$RCOOH+NaOH \longrightarrow RCOONa+H_2O$$

三、实验器材

1．材料

花生种子、花生油。

2．仪器

滴定管、锥形瓶、25 mL 量筒、10 mL 移液管、漩涡振荡器、天平、研钵、恒温水浴锅等。

3．试剂

1) 0.1 mol/L pH 5.0 磷酸($Na_2HPO_4 \cdot 2H_2O$)-柠檬酸缓冲液：吸取 0.2 mol/L Na_2HPO_4溶液 10.30 mL 与 0.1 mol/L 柠檬酸溶液 9.70 mL 混合。

2) 0.1 mol/L NaOH 溶液。

3) 甲苯。

4) 乙醇-丙酮混合液：按体积比 4∶1 混合。

5) 1%酚酞指示剂(用 70%乙醇溶液溶解)。

四、实验步骤

1．植物材料的处理

花生种子萌发 72 h。

2．测定步骤

1) 称取去皮的萌发 72 h 花生种子 4 份，每份 2 g，分别放入研钵中，各用 5 mL pH 5.0 磷酸-柠檬酸缓冲液研磨成匀浆，分别转入已编号的锥形瓶中，再各用 5 mL 蒸馏水冲洗研钵，一并转入锥形瓶中，然后再各加入 1 mL 花生油(酶的底物)，置于漩涡振荡器上振荡 1 min，使花生油乳化后均匀地分散于匀浆中。取 2 瓶于沸水浴

上煮沸 5 min 作为空白对照，然后向 4 个锥形瓶中各加入 5 滴甲苯，用胶塞塞住瓶口，于 37℃下保温 1～2 h(进行水解反应)。

2) 保温结束后，向每个锥形瓶内各加入 50 mL 乙醇-丙酮混合液，以终止反应，破坏乳液和防止滴定过程中脂肪酸钠的水解作用发生。

3) 向每个锥形瓶中各加入 2 滴 1%酚酞指示剂，用 0.1 mol/L NaOH 溶液滴定至溶液变成微红色为止，记下 NaOH 溶液的用量(mL)。

五、实验结果

以每克样品每小时内消耗 0.1 mL 0.1 mol/L NaOH 溶液的量为一个脂肪酶活性单位。

$$\text{脂肪酶活性(活性单位数)}=\frac{\text{(样品}-\text{空白对照)消耗的NaOH溶液体积(mL)}}{\text{作用时间(h)}\times\text{样品质量(g)}\times 0.1\text{(mL)}}$$

六、实验讨论

1) 脂肪酶的酶促化学反应需要保证在水环境中进行吗？

2) 与淀粉酶相比，脂肪酶的活性更易受到哪些环境条件的影响？

实验十七　过氧化氢酶活性测定

一、实验目的

过氧化氢酶(catalase，CAT)存在于植物的所有组织中，其活性与植物的代谢强度及抗寒、抗病能力有一定的关系。酶能清除细胞内活性氧引起的细胞伤害，所以常加以测定。本实验的目的是学习掌握用碘量法测定过氧化氢酶的原理和方法。

二、实验原理

过氧化氢酶属于血红蛋白酶，含有铁，它能催化过氧化氢(H_2O_2)分解为水和分子氧，在此过程中起传递电子的作用，H_2O_2 则既是氧化剂又是还原剂。可根据 H_2O_2 的消耗量或 O_2 的生成量测定该酶的活性。O_2 含量用氧电极测定，H_2O_2 含量用碘量法测定。当酶与底物(H_2O_2)反应结束后，再用碘量法测定未分解的 H_2O_2 量：以钼酸铵作催化剂，使 H_2O_2 与 KI 反应，放出游离的碘，然后再用硫代硫酸钠($Na_2S_2O_3$)滴定碘。根据空白和测定之间滴定差，即可求出酶分解的过氧化氢量，其反应如下。

$$H_2O_2+2KI+H_2SO_4 \longrightarrow I_2+K_2SO_4+2H_2O$$

$$I_2+2Na_2S_2O_3 \longrightarrow 2NaI+Na_2S_4O_6$$

三、实验器材

1．材料

新鲜植物材料。

2．仪器

天平、研钵、恒温水浴锅、容量瓶(50 mL 或 100 mL)、滴定管(25 mL)、刻度吸管(1 mL、5 mL、10 mL)、烧杯(100 mL)、玻璃棒、锥形瓶、微量进样器、漏斗、试管夹、氧电极(测氧仪)、记录仪、反应杯、电磁搅拌器等。

3．试剂

1) $CaCO_3$ 粉末。

2) 1.8 mol/L H_2SO_4 溶液：将 10 mL 18 mol/L H_2SO_4 溶液，用玻璃棒引流加入 90 mL 的蒸馏水中并不断搅动，用蒸馏水定容至 100 mL。

3) 0.05 mol/L $Na_2S_2O_3$ 溶液：称取 16.8 g $Na_2S_2O_3$ 溶解于蒸馏水中并定容为 1000 mL。

4) 0.05 mol/L H_2O_2：取 30% H_2O_2 1 mL，用蒸馏水定容至 150 mL，用 0.05 mol/L $Na_2S_2O_3$ 标定。

5) 20% KI 溶液(必须用前配制)。

6) 1%淀粉溶液(作为指示剂用)。

7) 10%钼酸铵溶液。

8) 50 mmol/L H_2O_2 的磷酸缓冲液：取 1.4 mL 30% H_2O_2 溶于 50 mmol/L 磷酸缓冲液(pH 7.0)中，定容至 250 mL。

四、实验步骤

1．酶溶液的提取

称取剪碎混匀的新鲜植物材料 0.5～1.0 g，置研钵中加入约 0.2 g $CaCO_3$ 和少许蒸馏水研磨成匀浆，通过漏斗转入 100 mL 容量瓶中，并用蒸馏水冲洗研钵，冲洗液一并倒入容量瓶中，然后用蒸馏水定容至刻度，振荡片刻，提取 10 min 左右，振荡，过滤，滤液备用，若酶液过浓可适当稀释。

2．碘量法测定

1) 取锥形瓶 4 个，编号，向各瓶中准确加入酶液 10 mL，立即向 3 号、4 号瓶中加入 1.8 mol/L H_2SO_4 溶液 5 mL 以终止酶的活性，作为空白测定。

2) 将各瓶均放入 20℃水浴中保温 5～10 min(若室温超过 20℃则以室温为标准，或以冷水降温至 20℃)，使温度恒定。5～10 min 后向各瓶中加入 5 mL 0.05 mol/L H_2O_2(进行酶促反应)摇匀并立即记录时间。

3) 将各瓶放入 20℃水浴中让酶作用 5 min，5 min 后迅速取出，向 1 号、2 号瓶中加入 5 mL 1.8 mol/L H_2SO_4 溶液以终止酶促反应。

4) 向 4 个瓶中各加入 1 mL 20% KI 溶液和 3 滴 10%钼酸铵溶液及 5 滴 1%淀粉溶液，再用 0.05 mol/L $Na_2S_2O_3$ 溶液滴定，记录其消耗量(注意：这一步中的 20% KI 溶液必须在使用前配制并立即用，滴定时，最好一瓶一瓶地加入、一瓶一瓶地滴定)。

3．氧电极法测定

向反应杯中加入一定体积的 50 mmol/L H_2O_2 的磷酸缓冲液(pH 7.0)，盖上磨口盖塞，开动搅拌器，在 25℃下平衡 5 min。然后用微量进样器从反应杯磨口盖塞的小孔中向反应杯底部注入 10 μL 经适当稀释的样品酶液，立即计时，使用记录仪记录最初 90 s 内的放氧量的数据。

五、实验结果

1．碘量法

$$\text{被分解的 } H_2O_2 \text{ 量(mg)}=[Na_2S_2O_3 \text{ 空白滴定值(mL)} - Na_2S_2O_3 \text{ 样品滴定值(mL)}]\times M\times 34.34$$

$$H_2O_2 \text{ 酶活性}[\text{mg/(g·min)}]=\frac{\text{被分解}H_2O_2\text{量(mg)}\times\text{酶液总体积(mL)}}{\text{样品质量(g)}\times\text{测定时所用酶液量(mL)}\times\text{作用时间(min)}}$$

式中，M 为 $Na_2S_2O_3$ 的摩尔浓度；34.34 为 H_2O_2 的摩尔质量。

2．氧电极法

$$\text{过氧化氢酶活性}[\mu\text{mol } O_2/(\text{g·min})]=\frac{A\times B\times\dfrac{V\times 60}{a}}{W\times t}$$

式中，A 为仪器灵敏度(μmol O_2/格)；B 为记录纸上最初 90 s 的变化格数；V 为酶液总体积(mL)；a 为测定酶液用量(mL)；W 为材料鲜重(g)；t 为反应时间(min)。

六、实验讨论

1) 在测定样品较多的情况下，可采取哪些措施来保证反应时间的准确性？

2) 过氧化氢酶与哪些生物化学过程有关？

实验十八　硝酸还原酶活性测定

一、活体法

(一) 实验目的

硝酸还原酶是一种诱导酶，广泛存在于高等植物的根、茎、叶等组织中。它在硝酸盐同化过程中具有重要作用，可作为作物营养诊断和育种的生理生化指标。活体法和离体法是目前研究硝酸还原酶活性的重要方法，因此，本实验的目的是学习和掌握通过活体法和离体法测定硝酸还原酶活性的原理和方法。

(二) 实验原理

硝酸还原酶是一种氧化还原酶，可分为参与硝酸盐同化的同化型还原酶，以及催化以硝酸盐为活体氧化的最终电子受体的硝酸盐呼吸异化型(呼吸型)还原酶。在硝酸还原酶作用下，硝酸根离子(NO_3^-)被还原为亚硝酸根离子(NO_2^-)，后者可与磺胺和α-萘胺形成玫瑰色的偶氮化合物，其颜色深浅与NO_2^-的含量成正比。

(三) 实验器材

1．材料

新鲜植物的任何部分。

2．仪器

分光光度计、真空泵、电子天平、保温箱、打孔器(直径0.5～1 cm)、锥形瓶、移液管、试管、烧杯、容量瓶、剪刀等。

3．试剂

1) 2 mol/L KNO_3溶液：称取分析纯KNO_3 2.002 g，用蒸馏水溶解并定容至100 mL。

2) $NaNO_2$标准液：称取分析纯$NaNO_2$ 0.100 0 g，用蒸馏水溶解并定容至100 mL，然后吸取此液10 mL稀释至1000 mL，作为母液，其浓度为10 μg/mL。

3) 0.1 mol/L 磷酸缓冲液(pH 7.5)。

4) 磺胺试剂：1.0 g 磺胺加25 mL浓盐酸，用蒸馏水稀释至100 mL。

5) α-萘胺试剂：0.2 g α-萘胺溶于含1 mL浓盐酸的蒸馏水中，稀释至100 mL。

(四) 实验步骤

1．绘制标准曲线

取干净试管6支(1～6号)，按照表6-8依次加入$NaNO_2$标准液0 mL、0.2 mL、0.4 mL、0.6 mL、0.8 mL、1.0 mL，再依次加入蒸馏水1.0 mL、0.8 mL、0.6 mL、0.4 mL、0.2 mL、0 mL。摇匀后再向每管分别加入磺胺试剂和α-萘胺试剂各2 mL。摇匀后于35℃下显色30 min，于520 nm处比色，绘制出标准曲线。

表6-8　标准曲线的绘制

试剂/mL	管号					
	1	2	3	4	5	6
$NaNO_2$标准液	0.0	0.2	0.4	0.6	0.8	1.0
蒸馏水	1.0	0.8	0.6	0.4	0.2	0.0
磺胺试剂	2.0	2.0	2.0	2.0	2.0	2.0
α-萘胺试剂	2.0	2.0	2.0	2.0	2.0	2.0

2．取样

根据实验设计随机取同株龄与同层次叶片，先用水洗净，再用滤纸吸干叶面水分。

3．酶液提取

取 50 mL 锥形瓶 4 个(对照 2 个，测定 2 个)，每瓶加 pH 7.5 的磷酸缓冲液 5 mL，然后测定瓶各加 2 mol/L KNO_3 溶液 5 mL，对照瓶各加蒸馏水 5 mL，混匀。用打孔器将叶片打成小圆片，每瓶装 0.5 g，将锥形瓶置真空泵内抽气，以使叶圆片完全浸入液体中，取出后置 30℃保温箱中 30～60 min(视酶的活性高低而定)，此即酶作用下的反应液。

4．测定

保温后充分摇动锥形瓶，从每瓶中吸取反应液 1 mL 分装于试管，再分别加入磺胺试剂与α-萘胺试剂各 2 mL，摇匀后 35℃下显色 30 min，于 520 nm 下比色，记录吸光度。

(五) 实验结果

按照下列公式计算：

$$A=\frac{(C_1-C_2)\times V}{W\times T}$$

式中，A 为硝酸还原酶活性[μg$NaNO_2$/(g·h)]；V 为反应液总体积(mL)；W 为样品质量(g)；T 为反应时间(h)；C_1 为从标准曲线查得的测定瓶 $NaNO_2$ 浓度平均值(μg/mL)；C_2 为从标准曲线查得的对照瓶 $NaNO_2$ 浓度平均值(μg/mL)。

(六) 实验讨论

1) 试比较活体法和离体法的优缺点。
2) 试比较取样前植物处于光照或黑暗条件下酶活性的不同。

二、离体法

(一) 实验目的

同活体法。

(二) 实验原理

同活体法。

(三) 实验器材

1．材料

新鲜植物的任何部分。

2．仪器

与活体法相同，除此之外还有离心机。

3．试剂

1）2 mg/mL NADH 溶液：称取 NADH 10 mg 溶于 5 mL 0.1 mol/L 磷酸缓冲液（pH 7.5）中（于 4℃冰箱贮存可用 1 周）。

2）提取缓冲液：量取 0.1 mol/L 磷酸缓冲液（pH 7.5）25 mL 装入 1000 mL 容量瓶中，加入半胱氨酸 0.61 g 和 EDTA-Na_2 1.86 g，溶解后，调 pH 至 7.5，然后再用缓冲液定容至 1000 mL。

3）0.1 mol/L KNO_3 溶液：称取分析纯 KNO_3 3.03 g，溶于 300 mL 0.1 mol/L 磷酸缓冲液（pH 7.5）中，再加 1%异丙醇溶液 3 mL，摇匀。

4）其他试剂：0.1 mol/L 磷酸缓冲液（pH 7.5）；磺胺试剂与α-萘胺试剂；$NaNO_2$ 标准液（配法见活体法）。

（四）实验步骤

1．绘制标准曲线

按照亚硝酸盐含量的标准曲线绘制方法进行操作（见活体法）。

2．取样

同活体法。

3．酶液提取

称取植物鲜样 2.0 g，剪碎，放入研钵置低温冰箱中冷冻 30 min。取出后于冰浴中加少量石英砂和适量提取缓冲液，分两次加入，研磨至匀浆，5000 r/min 离心 20 min，上清液即为酶的提取液。

4．测定

取干净试管 4 支（对照 2 支，测定 2 支），每管各加 0.1 mol/L KNO_3 溶液 1.2 mL，NADH 溶液 0.4 mL，然后对照管加蒸馏水 0.4 mL，测定管加酶液 0.4 mL，摇匀，于 30～35℃下保温 30 min。每管再分别加入磺胺试剂和α-萘胺试剂各 1 mL，摇匀，于 30～35℃下显色 20～35 min，在台式离心机上离心 10 min，上清液于 520 nm 处比色（对照管为 0），记录吸光度。根据标准曲线计算出反应液中所产生的亚硝态氮总量（μg）。

（五）实验结果

$$样品酶活性[\mu g/(g \cdot h)]=(X \times V_1/V_2)/(W \times t)$$

式中，X 为反应液酶催化产生的亚硝态氮总量（μg）；V_1 为提取酶时加入的缓冲液体积（mL）；V_2 为酶反应时加入的粗酶体积（mL）；W 为样品质量（g）；t 为反应时间（h）。

（六）实验讨论

同活体法。

实验十九　氮蓝四唑法测定超氧化物歧化酶活性

一、实验目的

超氧化物歧化酶（SOD）是生物抗氧化系统中的一个关键酶。本实验的目的是学习掌握超氧化物歧化酶活性测定的原理和方法。

二、实验原理

超氧化物歧化酶普遍存在于动植物体内，是一种清除超氧阴离子自由基（O_2^-）的酶，它催化下列反应：$2O_2^-+2H^+\rightarrow H_2O_2+O_2$，反应产物 H_2O_2 可由过氧化氢酶进一步分解或被过氧化物酶利用。

氮蓝四唑（NBT）光化还原法是测定植物超氧化物歧化酶活性的常见方法。依据超氧化物歧化酶抑制氮蓝四唑在光下的还原作用来确定酶活性大小。在有氧化物质存在的情况下，核黄素可被光还原，被还原的核黄素在有氧条件下极易再氧化而产生，可将氮蓝四唑还原为蓝色的甲腙，后者在 560 nm 处有最大吸收。而 SOD 可清除超氧阴离子从而抑制了甲腙的形成。于是光还原反应后，反应液蓝色越深，说明酶活性越低，反之酶活性越高。据此可以计算出酶活性大小。

三、实验器材

1．材料

植物叶片。

2．仪器

分光光度计、天平、容量瓶、日光灯（反应试管处照度为 4000 lx）、高速台式离心机、研钵、试管或指形管数支等。

3．试剂

1）0.05 mol/L 磷酸缓冲液（pH 7.8）。

2）130 mmol/L 甲硫氨酸（Met）溶液：称取 1.939 9g Met，用磷酸缓冲液定容至 100 mL。

3）750 μmol/L NBT 溶液：称取 0.061 33 g NBT，用磷酸缓冲液定容至 100 mL，避光保存。

4）100 μmol/L EDTA-Na_2 溶液：称取 0.037 21 g EDTA-Na_2，用磷酸缓冲液定容至 1000 mL。

5）20 μmol/L 核黄素溶液：称取 0.075 3 g 核黄素，用蒸馏水定容至 1000 mL，避光保存。

四、实验步骤

1．酶液提取

取一定部位的植物叶片 0.5 g 于预冷的研钵中，加 1 mL 预冷的磷酸缓冲液在冰浴上研磨成浆，加缓冲液使终体积为 5 mL。取 1.5～2 mL 于 1000 r/min 离心 20 min，上清液即为 SOD 粗提液。

2．显色反应

取 5 mL 指形管（要求透明度好）4 支，1 号、2 号管为测定管，3 号、4 号管为对照管，按表 6-9 加入各溶液：测定管中分别加入磷酸缓冲液 1.5 mL、Met 溶液 0.3 mL、NBT 溶液 0.3 mL、EDTA-Na_2 溶液 0.3 ml、核黄素溶液 0.3 mL，酶液 0.05 mL、蒸馏水 0.25 mL；对照管中分别加入磷酸缓冲液 1.55 mL、Met 溶液 0.3 mL、NBT 溶液 0.3 mL、EDTA-Na_2 溶液 0.3 mL、核黄素溶液 0.3 mL、蒸馏水 0.25 mL（表 6-9）。

表 6-9　各溶液显色反应用量

试剂/mL	管号			
	1	2	3	4
0.05mol/L 磷酸缓冲液	1.5	1.5	1.55	1.55
130mmol/L Met 溶液	0.3	0.3	0.3	0.3
750μmol/L NBT 溶液	0.3	0.3	0.3	0.3
100μmol/L EDTA-Na_2 溶液	0.3	0.3	0.3	0.3
20μmol/L 核黄素	0.3	0.3	0.3	0.3
酶液	0.05	0.05	—	—
蒸馏水	0.25	0.25	0.25	0.25

混匀后将 1 支对照管置暗处，其他各管于 4000 lx 日光灯下反应 20 min（要求各管受光情况一致，温度高时缩短时间，温度低时延长时间）。

3．SOD 活性测定与计算

至反应结束后，以不照光的对照管为空白，分别测定各管的吸光度。

五、实验结果

已知 SOD 活性单位以抑制 NBT 光化还原的 50%为一个酶活性单位表示，按下式计算 SOD 活性。

$$\text{SOD 总活性}=\frac{(A_{CK}-A_B)\times V}{0.5\times A_{CK}\times W\times V_t}$$

式中，SOD 总活性以鲜重酶单位每克(U/g)表示；A_{CK} 为照光对照管的吸光度；A_B 为样品管的吸光度；V 为样品液总体积(mL)；V_t 为测定时样品用量(mL)；W 为样品鲜重(g)。

六、实验讨论

1)在实验中为什么设照光和不照光两个对照管？

2)减少本实验误差的方法是什么？本实验的注意事项有哪些？

实验二十　米氏常数的测定

一、脲酶 K_m 值简易测定

米氏常数(K_m)一般看作是酶促反应中间产物的解离常数。测定 K_m 值，在研究酶的作用机制、观察酶与底物之间的亲和力大小、鉴定酶的种类和纯度、区分竞争性抑制和非竞争性抑制等方面具有重要的意义。当环境温度、pH 和酶的种类等条件相对恒定时，酶促反应的速度 v 随着底物浓度[S]的增大而增大，酶全部被底物所饱和时达到最大速度 v_{max}。

(一)实验目的

脲酶广泛分布于植物的种子中，但以大豆、刀豆中含量最为丰富；也存在于动物血液和尿中；某些微生物也能分泌脲酶。本实验的目的是学习和掌握测定米氏常数的原理和方法。

(二)实验原理

脲酶是一种含镍的寡聚酶，具有绝对专一性，特异性地催化脲(尿素)水解释放出氨和二氧化碳，能将脲分解为氨和二氧化碳或碳酸铵。

脲被脲酶催化分解产生碳酸铵，碳酸铵在碱性溶液内与奈斯勒试剂作用产生橙黄色的碘化双汞铵，在一定范围内颜色深浅与碳酸铵生成量成正比。故用比色法可测定单位时间内所产生的碳酸铵量，从而求得酶促反应速度。其反应如下。

$$O=C(NH_2)_2 + 2H_2O \xrightarrow{\text{脲酶}} (NH_4)_2CO_3$$

$$(NH_4)_2CO_3 + 8NaOH + 4(KI)_2HgI_2 \longrightarrow 2O\begin{matrix} \diagup Hg \diagdown \\ \diagdown Hg \diagup \end{matrix}NH_2I + 6NaI + 8KI + Na_2CO_3 + 6H_2O\ (\text{橙黄色})$$

在保持恒定的合适条件(时间、温度及 pH)下，以同一浓度的脲酶催化不同浓度的脲分解，于一定限度内，酶促反应速度与脲浓度成正比，因此，选择不同的脲液浓度，使其在脲酶作用下水解，测定相应的酶促反应速率，然后用双倒数作图法可求得脲酶的 K_m 值。

(三) 实验器材

1．材料

大豆粉。

2．仪器

分光光度计、天平、恒温水浴锅、离心机、试管、刻度吸管(0.5mL、1 mL、2 mL、10 mL)、漏斗等。

3．试剂

1) 不同浓度脲液：将 0.1 mol/L 脲液稀释成 1/20 mol/L、1/30 mol/L、1/40 mol/L、1/50 mol/L 等不同浓度的脲液。

2) 0.15 mol/L pH 7.0 磷酸缓冲液：取 0.15 mol/L Na_2HPO_4 溶液 60 mL，0.15 mol/L KH_2PO_4 溶液 40 mL，混匀即可。

3) 奈斯勒试剂：称取 5.0 g KI，溶于 5 mL 蒸馏水，加入饱和氯化汞溶液(100 mL 水中约溶解 5.7 g 氯化汞)，并不断搅拌，直至产生的朱红色沉淀不再溶解时，再加 40 mL 50% NaOH 溶液，稀释至 100 mL，混匀。静置过夜，倾出清液贮于棕色瓶中。

4) 0.005 mol/L 硫酸铵标准溶液，30%乙醇溶液，10%硫酸锌溶液，0.5 mol/L NaOH 溶液，10%酒石酸钾钠溶液。

(四) 实验步骤

1．脲酶的提取

称取大豆粉 1 g，加 30%乙醇溶液 25 mL，充分摇匀后置于 4℃冰箱中过夜，次日用 2000 r/min 离心 3 min，取上清液备用。

2．制作标准曲线

按表 6-10 加入各试剂。

表 6-10　标准曲线的绘制

试剂/mL	管号					
	1	2	3	4	5	6
0.005 mol/L 硫酸铵标准溶液	0.0	0.1	0.2	0.3	0.4	0.5
蒸馏水	5.8	5.7	5.6	5.5	5.4	5.3
10%酒石酸钾钠溶液	0.5	0.5	0.5	0.5	0.5	0.5
0.5 mol/L NaOH 溶液	0.5	0.5	0.5	0.5	0.5	0.5
奈斯勒试剂	1.0	1.0	1.0	1.0	1.0	1.0

立即混匀各管，在 460 nm 波长下比色。

3．制备滤液

取试管 5 支编号，按表 6-11 加入试剂。

表 6-11　试管中试剂加入量

项目		管号				
		1	2	3	4	5
脲液	浓度/(mol/L)	1/20	1/30	1/40	1/50	1/50
	加入量/mL	0.5	0.5	0.5	0.5	0.5
pH 7 磷酸缓冲液/mL		2.0	2.0	2.0	2.0	2.0
37℃水浴保温 5min						
脲酶加入量/mL		0.5	0.5	0.5	0.5	—
煮沸脲酶加入量/mL		—	—	—	—	0.5
37℃水浴保温 10min						
10%硫酸锌溶液/mL		0.5	0.5	0.5	0.5	0.5
蒸馏水/mL		10.0	10.0	10.0	10.0	10.0
0.5mol/L NaOH 溶液/mL		0.5	0.5	0.5	0.5	0.5

摇匀各管，静置 5 min 后过滤。

4．测定样品

取试管 5 支编号，与上述各管对应，按表 6-12 加入试剂。

表 6-12　试剂加入量

试剂/mL	管号				
	1	2	3	4	5
滤液	1.0	1.0	1.0	1.0	1.0
蒸馏水	4.5	4.5	4.5	4.5	4.5
10%酒石酸钾钠溶液	0.5	0.5	0.5	0.5	0.5
0.5 mol/L NaOH 溶液	0.5	0.5	0.5	0.5	0.5
奈斯勒试剂	1.0	1.0	1.0	1.0	1.0

迅速混匀，然后在 460 nm 波长下比色，光径为 1 cm。

（五）实验结果

在标准曲线上查出脲酶作用于不同浓度脲液生成碳酸铵的量，然后以单位时间碳酸铵生成量的倒数即 $1/v$ 为纵坐标，以对应的脲液浓度的倒数即 $1/[S]$ 为横坐标作双倒数图，从直线与 X 轴交点求出 K_m 值。

（六）实验讨论

1）除了双倒数作图法，还有哪些方法可求得 K_m 值？

2）试剂和水中的氨，对脲酶的 K_m 测定有何影响？脲液浓度的变化，对 K_m 值是否产生影响？

二、过氧化氢酶 K_m 值的测定

（一）实验目的

了解并掌握 K_m 的意义和测定方法。

（二）实验原理

过氧化氢酶可以催化 H_2O_2，反应如下。

$$2H_2O_2 = 2H_2O + O_2\uparrow$$

反应时加入过量的 H_2O_2，过量的 H_2O_2 用 $KMnO_4$ 在酸性环境中滴定，反应如下。

$$2KMnO_4 + 5H_2O_2 + 3H_2SO_4 = 2MnSO_4 + K_2SO_4 + 5O_2\uparrow + 8H_2O$$

酶促反应的速度可以用单位时间底物的减少量表示，即根据反应前后 H_2O_2 的浓度差可以计算出酶促反应的速度，从而通过双倒数作图法作图得到过氧化氢酶的 K_m 值。

（三）实验器材

1．材料

新鲜马铃薯。

2．仪器

恒温水浴锅、电炉、烘箱、试管、温度计、酸式滴定管、表面皿、容量瓶等。

3．试剂

1）$KMnO_4$ 储液：称取 $KMnO_4$ 3.2 g，溶于 1000 mL 蒸馏水中，加热搅拌，待全部溶解后，用表面皿盖住，低于沸点温度条件下加热数小时，冷却后放置过夜，过滤，用棕色瓶保存，浓度约为 0.02 mol/L。

2）25% H_2SO_4 溶液：取浓硫酸 25 mL，加入到 70 mL 蒸馏水中，加入过程中用玻璃棒引流并不断搅拌，然后用蒸馏水定容至 100 mL。

3）$KMnO_4$ 反应液：称取草酸钠 0.2 g，加冷开水 250 mL、浓硫酸 10 mL，搅拌溶解，用 $KMnO_4$ 储液滴定至微红色，且 30 s 不褪色，根据滴定结果计算出 $KMnO_4$ 储液的标准浓度，将 $KMnO_4$ 储液稀释至 0.01 mol/L，即为 $KMnO_4$ 反应液。

4）0.1 mol/L H_2O_2 溶液：取 30% H_2O_2 溶液（分析纯）23 mL，加入到 1000 mL 容量瓶中，用蒸馏水定容至刻度线制备成 H_2O_2 储液，临用前，用 0.01 mol/L 的 $KMnO_4$ 反应液滴定（滴定前将 H_2O_2 储液稀释 2 倍，取 2 mL，加入 25% H_2SO_4 溶液 2 mL，用 0.01 mol/L 的 $KMnO_4$ 反应液滴定），稀释为 0.1 mol/L H_2O_2 溶液。

5）0.02 mol/L 磷酸缓冲液（pH7）：取 0.02 mol/L 磷酸二氢钠溶液 39 mL、0.02 mol/L 磷酸氢二钠溶液 61 mL，混匀。

（四）实验步骤

1）酶液的提取：称取马铃薯（去皮）5.0 g 并切成小块，加 0.02 mol/L 磷酸缓冲液 20 mL，再加少量石英砂，研磨成匀浆过滤，滤液即酶液。

2）滴定：取干燥试管 5 支，按表 6-13 的顺序加入试剂。先加 0.1 mol/L H_2O_2 溶液及蒸馏水，加酶液后立即混合，依次记录各管的起始反应时间。各管反应时间达 5 min 时立即加 2.0 mL 25% H_2SO_4 溶液终止反应，充分混匀。用 0.01 mol/L $KMnO_4$ 溶液滴定各管中剩余的 H_2O_2 至微红色，记录消耗的 $KMnO_4$ 溶液体积。

表 6-13　试剂加入量

试剂/mL	管号				
	1	2	3	4	5
0.1 mol/L H_2O_2 溶液	1.0	2.0	3.0	4.0	5.0
蒸馏水	8.5	7.5	6.5	5.5	4.5
酶液	0.5	0.5	0.5	0.5	0.5

注意：①严格按表 6-13 的顺序，先加 H_2O_2 及蒸馏水；②准确控制各瓶中酶促反应的时间，尽量一致；③各种试剂加入的量应准确。

（五）实验结果

分别计算 5 支试管的底物浓度[S]和相应的反应速度 v（mol/mL·min）。

$$[S]_i = c_i V_i / 10;\ [S]_j = 2.5 c_j V_j / 10;\ \ v = \{[S]_i - [S]_j\} / 5$$

式中，i 为反应前管号；j 为反应后管号；$[S]_i$ 为反应前各管底物 H_2O_2 溶液的摩尔浓度（mol/L）；c_i 为底物 H_2O_2 溶液的摩尔浓度（mol/L）；V_i 为加入 H_2O_2 溶液的体积（mL）；$[S]_j$ 为反应后各管剩余底物 H_2O_2 溶液的摩尔浓度（mol/L）；c_j 为 $KMnO_4$ 溶液的摩尔浓度(mol/L)；V_j 为 $KMnO_4$ 溶液的滴定体积（mL）；5 为反应时间（min）；2.5 为滴定的换算系数。以 $1/v$ 对 $1/[S]$ 作图求出 K_m。

（六）实验讨论

1）分别用底物剩余量与产物生成量计算反应速度时，两者的优缺点？

2）如果出现了双倒数正值或负值，作图时如何处理？

实验二十一　苯丙氨酸解氨酶的提取、初步纯化及活性测定

一、实验目的

苯丙氨酸解氨酶（PAL）是植保素、木质素和酚类化合物合成的关键酶和限速酶，当植物被诱导后，苯丙氨酸解氨酶活性明显增强。本实验的目的是学习和掌握酶的初步分离纯化技术及掌握 PAL 活性的测定方法。

二、实验原理

植物苯丙氨酸解氨酶是植物次生代谢的三个关键酶之一，它催化 *L*-苯丙氨酸形成反式肉桂酸这一不可逆反应，因此它是一个限速酶。该酶对植物体内木质素、植保素、类黄酮、花青素等次生物质的形成起着重要的调节作用。有研究认为 PAL 可以作为植物抗病能力的指标酶，有实验表明，一些植物生长延缓剂能通过影响 PAL 的活性来调节木质素的合成，从而增加禾本科作物的抗倒伏能力。因此对该酶的研究已引起国内外的广泛重视。

水稻黄化幼苗及通过诱导培育的甘薯块根薄片内存在着较丰富的 PAL，通过破碎细胞使酶释放到溶液中，根据酶和杂蛋白在高浓度盐溶液中的电荷性质和溶解度的不同，可以进行分级沉淀，透析脱盐，以达到酶的初步分离纯化。在分离纯化中测定 PAL 的酶活性大小和蛋白质的含量以了解分离纯化的程度。蛋白质含量的测定采用 Folin-酚法或考马斯亮蓝法，PAL 活性的测定采用紫外分光光度法。该方法的原理是：PAL 催化 *L*-苯丙氨酸形成反式肉桂酸，根据反式肉桂酸在波长 290 nm 处有吸收，在 1 cm 光程下每变化 0.01 *A* 值，就有 1 μg 反式肉桂酸量变化。本实验以每小时内在 290 nm 处 0.01 *A* 值变化为一个酶活性单位。

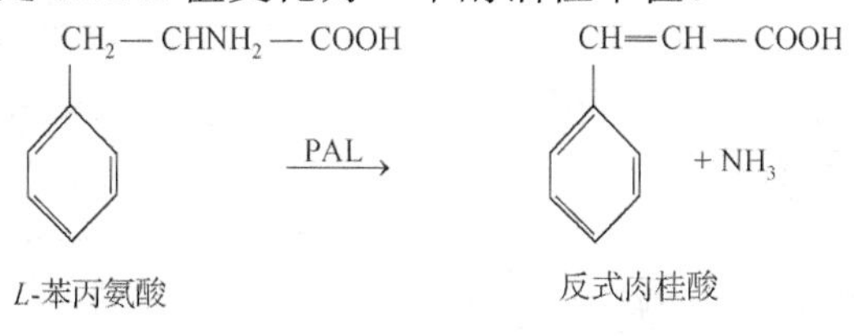

三、实验器材

1．材料

1) 甘薯块根切成 3 mm 的薄片，在 25℃下培育 24 h，诱导产生苯丙氨酸解氨酶后，用作实验材料。

2) 30℃暗处培养 5 d 的水稻幼苗。

2．仪器

高速冷冻离心机、天平、组织捣碎机或研钵、恒温水浴锅、分光光度计、透析袋、烧杯(500 mL 或 250 mL)、量筒(100 mL 或 250 mL)、吸管(0.1 mL、0.2 mL、0.5 mL、1 mL、2 mL、5 mL、10 mL)、试管等。

3．试剂

1) 研细的硫酸铵粉末。

2) 提取液：0.1 mol/L Tris-H_2SO_4 缓冲液(pH 8.3)，含 7 mmol/L 巯基乙醇、1 mmol/L EDTA-Na_2、5%甘油。

3) Folin-酚试剂法或考马斯亮蓝法测蛋白质含量的试剂(见本书实验六)。

4) 0.02 mol/L *L*-苯丙氨酸溶液。

5) 0.1 mol/L Tris-H_2SO_4缓冲液(pH 8.8)。

四、实验步骤

1．酶的提取及初步纯化

(1) 酶的提取

1) 取水稻黄化幼苗 25.0 g(或称取经诱导后的甘薯切片 50.0 g)，剪碎放入预冷的研钵(或组织捣碎机)中，加入预冷的酶提取液 100 mL，制成匀浆，用 2～4 层纱布过滤弃去残渣。

2) 滤液于 10 000 r/min 下离心 15～30 min(4℃)弃沉淀，上清液即为酶液，量取上清液的总体积(mL)，取 5 mL 暂存 4℃冰箱待测定酶活性及蛋白质含量。将上清液倒入烧杯并置于冰浴中，供下一步分离纯化使用。

(2) 硫酸铵分级分离沉淀及透析脱盐

1) 小心缓慢地向上述上清液中加入硫酸铵粉末 23.0 g(在 30 min 内加完)，注意要边加边轻轻搅拌。此时溶液中的硫酸铵达到 40%饱和度，然后轻轻搅拌 15 min 后，再静置 10 min，沉淀完全。然后在 7500 r/min 下离心 15 min，弃沉淀，量取上清液的总体积(mL)，再留 5 mL 暂存 4℃冰箱中，待测酶活性和酶蛋白质含量(浓度过大时，可用缓冲液稀释后测定)。

2) 将上清液转入烧杯中，再加一定的硫酸铵粉末以达到 70%饱和度[方法与上次相同，加$(NH_4)_2SO_4$的量可查附表 22]。然后于 7500 r/min 下离心 15 min，弃上清液，保留沉淀，沉淀中含有苯丙氨酸解氨酶。将沉淀用 10 mL 提取液溶解，从中取出 0.5 mL，稀释 10 倍后暂存 4℃冰箱待测定酶活性和蛋白质含量。

3) 将此粗酶液转入透析袋中，透析过夜，透析液是同种缓冲液(即酶的提取液)，中途更换一次透析液。从透析袋中取出样品液(即酶)，再于 10 000 r/min 下离心 15 min，即得初步纯化的酶液，然后取一定的酶液稀释后测酶活性及蛋白质含量。

4) 初步纯化的酶液可作一般试验的酶活性测定，但若需要进一步纯化，可采用分子筛和离子交换层析，如要求更高的纯度，可采用亲和层析。

2．蛋白质含量的测定

参照本书实验六中 Folin-酚试剂法或考马斯亮蓝法测定蛋白质含量。

3．苯丙氨酸解氨酶活性测定

1) 量取 1 mL 0.02 mol/L 标准 *L*-苯丙氨酸溶液和 2mL Tris-H_2SO_4(或 Tris-HCl)缓冲液(pH 8.8，空白对照不加底物，加 3 mL 缓冲液)于试管中。每一样品重复 2 组，置于 30℃水浴中保温 3 min。

2) 于各试管中加入上述提取的酶液 0.5 mL，摇匀后，立即在分光光度计上测得

起始 A_{290} 值，并精确计时。

3）将各试管放入 30℃水浴中保温反应 30 min，测得第二次 A_{290} 值。

五、实验结果

1）ΔA_{290}：将第二次 A_{290} 值减去第一次 A_{290} 值即为 ΔA_{290}，表示该酶在 30 min 内的反应活性。

2）酶活性[U/(mL·h)]计算公式如下。

$$酶活性=\frac{\Delta A_{290}\times 2}{酶液体积\times 时间\times 0.01}$$

式中，0.01 指 A 值每变化 0.01 为一个 U；2 为将作用时间 30 min 化为 1 h；时间为 1 h。

3）数量处理：将粗提酶液和以后各步骤提纯的 PAL 的活性，以及测得的蛋白质含量经计算后记录于表 6-14 中。

表 6-14　PAL 纯化过程表

纯化步骤及方法	酶总体积/mL	总活性/U	总蛋白质量/mg	比活性/(U/mg)	纯化倍数
提取液					
40%硫酸铵盐析					
70%硫酸铵盐析					
透析离心					

六、实验讨论

1）什么因素会影响苯丙氨酸解氨酶的比活性？

2）酶的提取纯化为什么要在低温下进行？

3）如何确定硫酸铵沉淀某酶所需的最佳饱和度范围？

实验二十二　亲和层析纯化胰蛋白酶

一、实验目的

亲和层析主要是根据生物分子与其特定固相化的配基或配体之间具有一定的亲和力而使生物分子得以分离，这是由一种典型的吸附层析发展而来的分离纯化方法。因此，亲和层析技术已成为纯化生物分子，特别是纯化生物活性物质最重要的方法之一。通过本实验的学习，理解亲和层析的基本原理，并通过实验初步掌握制备一种亲和吸附剂的操作方法；理解和掌握亲和层析实验操作技术；学会一种测定蛋白水解酶活性及比活性的方法。

二、实验原理

许多生物分子都有一种独特的生物学功能，即它们都能和某些相对应的专一分子可逆地结合(分子间通过某些次级键结合，如范德瓦耳斯力、疏水作用、氢键等，在一定条件下又可解离)。例如，特异性的抗体与抗原(包括病毒、细胞)的结合，激素与其受体、载体蛋白的结合，基因与其互补 DNA、mRNA 及阻遏蛋白的结合，植物凝集素与淋巴细胞表面抗原及某些多糖的结合等，均属于专一而可逆的结合。这种分子之间的结合能力叫作亲和力。亲和层析正是利用生物分子间所具有的专一亲和力而设计的层析技术，所以有人也称其为生物专一吸附技术或功能层析技术。

在实际工作中，在不损害生物学功能的条件下配基以共价键的形式共价结合到水不溶性载体或基质(matrix，如 Sepharose 4B)上制成亲和吸附剂，然后装柱。再把含有待分离纯化的物质的混合液通过这个柱子，这时绝大部分对配基没有亲和力的化合物均顺利地流过层析柱而不滞留，只有与配基互补的化合物被吸附留在柱内。当所有的杂质从柱上流走后，再改变洗脱条件，使结合在配基上的物质解离下来。这样，原来混合液中被分离的物质便以高度纯化的形式在洗脱液中出现。

本实验为了纯化胰蛋白酶，采用胰蛋白酶的天然抑制剂——鸡卵黏蛋白作为配基，制成亲和吸附剂，从胰脏粗提取液中纯化胰蛋白酶。鸡卵黏蛋白是专一性较高的胰蛋白酶抑制剂，对牛和猪的胰蛋白酶有很强的抑制作用，但不抑制糜蛋白酶。在 pH 7～8 的缓冲溶液中，卵黏蛋白与胰蛋白酶牢固结合，而在 pH 2～3 时，又能被解离下来。

因此，采用鸡卵黏蛋白做成的亲和吸附剂，可以从胰脏粗提液中通过一次亲和层析直接获得活性大于 10 000 BAEE①/ mg 胰蛋白酶的制品，比用经典分离纯化方法简便得多。纯化效率可提高 10～20 倍以上。

三、实验器材

1．材料

新鲜猪胰脏、鸡蛋清。

2．仪器

恒温水浴锅、温度计、电磁搅拌器、紫外分光光度计、G2 玻璃漏斗、抽滤瓶、容量瓶、玻璃棒、塑料膜、烧杯、离心杯(50 mL)、离心机、透析袋、层析柱(2 cm×30 cm，26 cm×30 cm)、秒表、移液管、贮液瓶(1 L)、锥形瓶、pH 计、纱布、匀浆器、pH 试纸等。

3．试剂

1) 丙酮、三氯乙酸、HCl、NaOH、NaCl、$NaHCO_3$、氯代环氧丙烷、乙腈、甲酸、Tris、$CaCl_2$、KCl、DEAE-纤维素、Sepharose 4B、乙酸、硼酸、二恶烷、二甲基亚砜等。

① *N*-苯甲酰-*L*-精氨酸乙酯

2）0.02 mol/L pH 7.3 Tris-HCl 缓冲液。

3）DEAE-纤维素处理液：0.5 mol/L HCl 溶液 300 mL 和 0.5 mol/L NaOH-0.5 mol/L NaCl 溶液 0.3 L。

4）卵黏蛋白洗脱液：0.02 mol/L pH 7.3 Tris-HCl 缓冲液（含 0.3 mol/L NaCl），150 mL。

5）标准胰蛋白酶溶液：结晶胰蛋白酶以 0.001 mol/L HCl 溶液配制成 50 μg/mL。

6）亲和层析柱平衡液（0.1 mol/L pH 8.0 Tris-HCl 缓冲液）：含 0.5 mol/L KCl、0.05 mol/L $CaCl_2$（配 1000 mL：12.1 g Tris，37.5 g KCl，5.6 g $CaCl_2$）。

7）0.05 mol/L pH 8.0 Tris-HCl 缓冲液，含 0.2% $CaCl_2$（配 1000 mL：6.05 g Tris 水溶后，先用 4 mol/L HCl 溶液调 pH 为 8.0，然后方可加 2 g $CaCl_2$）。

8）亲和柱洗脱液：0.1 mol/L 甲酸-0.5 mol/L KCl，pH 2.5（配 1000 mL：37.5 g KCl，4.35 mL 甲酸）。

9）Sepharose 4B 胶清洗液：0.5 mol/L NaCl 溶液和 0.1 mol/L $NaHCO_3$ 缓冲液，pH 9.5，各 500 mL。

10）BAEE 底物缓冲液：34 mg BAEE 溶于 50 mL 0.05 mol/L pH 8.0 Tris-HCl 缓冲液中，临用前配制，于 4℃冰箱内可保存 3 d。

四、实验步骤

1. 鸡卵黏蛋白的分离及纯化

（1）鸡卵黏蛋白的分离及粗品制备　取蛋清约 50 mL，将其温热至 25℃左右，加入等体积 10% pH 1.0 的三氯乙酸溶液（配方：称取 10 g 三氯乙酸，用 70 mL 蒸馏水溶解，再用 5 mol/L NaOH 溶液调 pH 至 1.0 左右，最后加蒸馏水至 100 mL），这时出现大量白色沉淀，充分搅匀后，测定溶液的 pH，此时溶液的 pH 应当是 3.5±0.2，若偏离此值，用 5 mol/L HCl 溶液或 5 mol/L NaOH 溶液调 pH 至 3.5±0.2，注意在调 pH 时，要严防局部过酸或过碱。然后 25℃放置 4 h 或过夜。次日 4000～6000 r/min 离心 20 min，收集清液，再用 3 层纱布过滤并检查滤液的 pH 是否仍为 3.5±0.2，若不是，则要调回到此范围。然后将清液放冰浴中冷却至 0℃，缓缓加入 3 倍体积预先冷却的丙酮，用玻璃棒搅拌均匀并用保鲜膜盖好防止丙酮挥发，放 4℃冰箱或冰浴中 3～4 h 后，离心（3000 r/min，15～20 min）收集沉淀（清液留待回收丙酮）。将沉淀抽真空去净丙酮，得到粗的卵黏蛋白。将其用 20 mL 左右蒸馏水溶解。若溶解后的溶液浑浊，可用滤纸过滤或离心去掉不溶物。取上清装入透析袋，并对蒸馏水透析去除三氯乙酸（或用 Sephadex G-25 凝胶层析柱脱盐去除三氯乙酸）。测定其抑制胰蛋白酶的比活性。若比活性大于 7000 BAEE/mg 胰蛋白酶，可直接用作亲和配基制备亲和吸附剂，否则应进一步纯化。

（2）鸡卵黏蛋白的纯化

1）DEAE-纤维素的处理：称取 10 g DEAE-纤维素粉（DE-32），先用约 150 mL 0.5 mol/L NaOH-0.5 mol/L NaCl 溶液溶胀 30 min，用 G2 玻璃漏斗抽干并用去离子水

冲洗至中性，转入烧杯中再用约 150 mL 0.5 mol/L HCl 溶液浸泡 20 min，再在 G2 玻璃漏斗中用蒸馏水洗至中性，最后用约 150 mL 0.02 mol/L pH 7.3 Tris-HCl 缓冲液浸泡，抽真空去气泡后装柱(2 cm×30 cm 柱)，并用同一缓冲液进行平衡即可使用。

2)将粗的鸡卵黏蛋白制品加入等体积的 0.02 mol/L pH 7.3 Tris-HCl 缓冲液后上柱吸附，并用同一缓冲液洗杂蛋白至 $A_{280}<0.05$ 为止。最后用含 0.3 mol/L NaCl 溶液的上述 Tris-HCl 缓冲液洗脱。收集具有胰蛋白酶抑制活性的蛋白峰。测定合并液的蛋白含量及卵黏蛋白的比活性及总活性。

3)将纯化后的鸡卵黏蛋白用蒸馏水透析(或用 Sephadex G-25)脱盐，精确调溶液 pH 至 4.0～4.5，加入 3 倍体积预冷的丙酮沉淀，放 4℃冰箱或冰浴 3～4 h，然后离心(3000 r/min，15～20 min)收集沉淀(清液回收丙酮)，真空抽去丙酮即得卵黏蛋白干粉。如将透析后溶液吹风浓缩、冰冻干燥则得海绵状松软白色干粉的卵黏蛋白。

2．亲和吸附剂的合成

目前有多种方法活化载体和偶联配基制备亲和吸附剂。本实验采用氯代环氧丙烷活化载体与偶联配基(下文注明了溴化氰活化载体与偶联配基的方法)。

溴化氰活化载体与偶联配基的方法

1)载体 Sepharose 4B 的活化：取 15 mL 沉淀体积的 Sepharose 4B，抽滤成半干物，用约 10 倍体积的 0.5 mol/L NaCl 溶液洗，再用 10～15 倍蒸馏水洗去其中的保护剂和防腐剂。抽干约得 8 g 半干滤饼，放一小烧杯中，加入等体积的 2 mol/L pH10.5 的 $NaHCO_3$ 缓冲液，置冰浴，在通风橱内于磁力搅拌器上轻轻地进行搅拌，然后再缓慢加 CNBr-乙腈溶液 3 mL(1 g CNBr/mL 乙腈)，边测 pH，边逐滴加入 2 mol/L NaOH 溶液，始终维持 pH 在 10.5 左右，待 CNBr-乙腈溶液加完并且 pH 不再有明显变化时，即可终止反应(一般在 30～35 min 内完成)。立即投入少许冰块，取出并迅速转移至 G2 玻璃烧结漏斗中抽滤，用大量冰水洗，最后用冷的 0.1 mol/L pH9.5 $NaHCO_3$ 缓冲液洗，其用量为凝胶体积的 10～15 倍，接着抽干待用。

2)鸡卵黏蛋白的偶联：立即将 30 mL(约含 0.5 g 蛋白质)用 0.1 mol/L pH9.5 $NaHCO_3$ 缓冲液透析平衡过的鸡卵黏蛋白加入上述活化好的凝胶中，室温缓慢搅拌反应 6 h，这一步动作要快，从载体活化后到加入配基的时间最好不超过 2 min，因为活化好的载体极不稳定，易变成无活性的产物。反应 6 h 后取出抽滤，先用大量去离子水洗，然后用 20 mL 1 mol/L 乙醇胺(pH 9～9.5)封闭残存的活性基团，室温搅拌反应 2 h，抽滤。再用凝胶 2～3 倍体积的 0.2 mol/L 甲酸和 0.1 mol/L pH8.3 Tris-HCl 缓冲液交替洗涤，直到流出液的 $A_{280}<0.05$ 为止。抽干后用 0.05 mol/L pH8.3 Tris-HCl 缓冲液浸泡，然后置冰箱中待用。

(1)载体 Sepharose 4B 的活化　本实验使用氯代环氧丙烷活化，可用下面两种溶剂。

1)二氧六环：取 10 mL 沉淀体积的 Sepharose 4B 于 G2 玻璃漏斗中，抽滤成半干，先用约 100 mL 0.5 mol/L NaCl 溶液淋洗，再用 100～150 mL 蒸馏水洗涤，以除去其中的保护剂和防腐剂。抽干约得 6 g 半干滤饼，置于 50 mL 锥形瓶中，加入 6.5 mL 2 mol/L NaOH 溶液，2 mL 氯代环氧丙烷及 15 mL 56%二氧六环，并置于 40℃温和搅拌 2 h，然后将胶转移到 G2 玻璃漏斗中用蒸馏水淋洗除去多余的试剂，最后再用约 100 mL pH 9.5 0.2 mol/L Na_2CO_3 缓冲液洗涤。然后尽快进行偶联实验。

2) 二甲基亚砜：同 1) 法，将 6 g 半干滤饼置于 50 mL 锥形瓶中，加入 6.5 mL 2 mol/L NaOH 溶液，2 mL 氯代环氧丙烷及 15 mL 56%二甲基亚砜，充分混匀，在 40℃振荡 2 h，然后同 1) 法洗涤凝胶后尽快进行偶联。

(2) 鸡卵黏蛋白与活化的载体 Sepharose 4B 偶联　将已活化好的 Sepharose 4B 转移到锥形瓶中。用 10 mL pH 9.5 0.2 mol/L Na_2CO_3 缓冲液将上述制备好的卵黏蛋白溶解（或用 10 mL 0.1 mol/L NaOH 溶液溶解），取出 0.1 mL 溶液稀释 20～30 倍，用紫外分光光度计测定卵黏蛋白的含量。剩余的溶液全部转移到锥形瓶中与活化好的 Sepharose 4B 偶联。在 40℃恒温摇床上振荡 24h 左右。偶联终止后，将凝胶倒入 G2 玻璃漏斗中抽干并用 100 mL 0.5 mol/L NaCl 溶液洗去未偶联上的蛋白质（收集滤液，测蛋白质含量及总活性，以计算偶联率），再用 100 mL 蒸馏水淋洗。接着用 50 mL 亲和洗脱液（0.1 mol/L 甲酸-0.5 mol/L KCl，pH 2.5）洗一次。最后用蒸馏水洗至中性，浸泡于亲和柱平衡液中，放 4℃冰箱待用。

3．亲和层析分离纯化胰蛋白酶

(1) 粗胰蛋白酶的制备　取 100.0 g 新鲜冰冻猪胰脏，剥去脂肪及结缔组织后在匀浆器中搅碎，加入约 200 mL 预冷的乙酸酸化水（pH 4.0），8～10℃条件下，搅拌提取 4～5 h，然后 4 层纱布挤滤（残渣再用约 100 mL 乙酸酸化水搅拌提取 1 h，4 层纱布挤滤），收集合并两次滤液，用 2.5 mol/L H_2SO_4 溶液调 pH 至 2.5～3.0，放置 1～2 h（静置期间应始终保持 pH 为 2.5～3.0），最后用滤纸过滤，收集滤液待激活。

(2) 胰蛋白酶原的激活　将滤液用 5 mol/L NaOH 溶液调 pH 至 8.0，加固体 $CaCl_2$，使溶液中 Ca^{2+} 的终浓度达到 0.1 mol/L（注意：先取 2 mL 胰蛋白酶粗提液测定激活前的蛋白质含量及酶活性）。然后加入 2～5 mg 结晶胰蛋白酶进行激活，于 4℃冰箱放置 18～20 h 进行激活（或在室温下，20～25℃激活 2～4 h）即可完成。激活期间，分别在 16 h、18 h 取样测酶的活性，待酶的比活性达到 800～1000 BAEE/mg 胰蛋白酶时停止激活。用 2.5 mol/L H_2SO_4 溶液调 pH 至 2.5～3.0，滤去 $CaSO_4$ 沉淀物，滤液放 4℃冰箱内备用。

(3) 亲和层析纯化胰蛋白酶

1) 装柱：取一支层析柱，先装入 1/4 体积的亲和层析柱平衡液（0.1 mol/L，pH 8.0，含 0.05 mol/L $CaCl_2$ 的 Tris-HCl 溶液）。然后将亲和吸附剂轻轻搅匀，缓缓加入柱内，待其自然沉降，调流速为 3 mL/10 min 左右，用亲和柱平衡液平衡，检测流出液 A_{280} 值小于 0.02。

2) 上样：将胰蛋白酶粗提液用 5 mol/L NaOH 溶液调 pH 至 8.0（若有沉淀，过滤去除）。取一定体积上述澄清溶液上柱吸附。上样体积可大致计算如下。

$$胰蛋白酶上样体积(mL)=\frac{W\times 0.84\times 1.3\times 10^4}{C\times A}\times 1.5$$

式中，W 为卵黏蛋白偶联的总量(mg)；0.84 为 1 mg 卵黏蛋白能抑制约 0.84 mg 胰蛋白酶；1.3×10^4 为纯化后胰蛋白酶比活性的近似值；C 为胰蛋白酶粗提液的浓度(mg/mL)；A 为胰蛋白酶粗提液的比活性(BAEE/mg 胰蛋白酶)；1.5 为上样量过量 50%。

吸附完毕，先用平衡液洗涤，至流出液 A_{280}<0.02。换洗脱液洗脱。

3)洗脱及收集胰蛋白酶：用 pH 2.5 的 0.1 mol/L 甲酸-0.5 mol/L KCl 亲和洗脱液进行洗脱。洗脱速度 2～4 mL/10 min，然后收集蛋白峰并测定收集液的蛋白质含量、酶的比活性及总活性。亲和层析柱用平衡缓冲液平衡后可再次进行亲和层析。若柱内加入防腐剂 0.01%叠氮化钠(NaN_3)在 4℃冰箱中保存，至少一年内活性不丧失。最后可用两种方法将纯化的胰蛋白酶制成固体保存。

A．将比活性最高的部分用固体$(NH_4)_2SO_4$以 0.8 饱和度盐析，放置 4 h 以上，抽滤收集硫酸铵沉淀(要抽干)。滤饼先用少量蒸馏水溶解，再加入 1/4 体积 0.8 mol/L pH 9.0 的硼酸溶液，冰箱中放置。数日后即可获得棒状结晶(注意：只有胰蛋白酶的量较多时，才能得到结晶)。

B．将亲和层析获得的胰蛋白酶溶液放入透析袋内，在 4℃用蒸馏水透析，然后冷冻干燥成干粉。

五、实验结果

1)绘制亲和柱层析洗脱曲线。

2)计算鸡卵黏蛋白的比活性。

3)计算鸡卵黏蛋白的偶联量。

4)绘制酶促反应动力学曲线(求初速度)。

5)计算亲和层析纯化胰蛋白酶的比活性及纯化效率。

6)最后将亲和层析过程中的各项数据详细列入表 6-15 中。

表 6-15　亲和层析实验数据

参数	数据
亲和柱床体积/mL	
洗脱的胰蛋白酶溶液体积/mL	
洗脱的胰蛋白酶溶液吸光度 A_{280}	
洗脱的胰蛋白酶溶液浓度/(mg/mL)	
亲和柱吸附率/(mg/mL 凝胶)	
亲和柱洗脱酶液活性/(U/mL)	
亲和柱洗脱酶液比活性/(U/mg)	
上柱前样品比活性/(U/mg)	
亲和柱纯化效率(倍数)	

酶抑制活性的测定

胰蛋白酶抑制活性单位的定义：抑制一个胰蛋白酶活性单位(BAEE 单位)所需卵黏蛋白的量，作为抑制剂的一个活性单位(BAEE TIu)。

具体测定方法如下。首先将底物(不加酶)于 253 nm 处校正仪器光吸收零点，再测定标准酶的活性单位。测定加入抑制剂后剩余酶活性单位：在比色杯中加入 0.2 mL 上述标准酶液，再加入适量的抑制剂(一般不能超过标准酶含量，以 1∶2 左右为宜，具体视抑制剂的纯度而定)，再加入 1.8 mL 0.05 mol/L pH8.0 Tris-HCl 缓冲液，摇匀后于25℃放置 2 min 以上，让酶与抑制剂充分结合。最后加入 0.8 mL 底物(BAEE 溶液)，摇匀，立即计时，测定 A_{253} 的变化。计算剩余酶活性单位。

按下列公式计算出抑制剂的抑制活性和抑制比活性。

$$\text{抑制活性(Iu)}=\frac{\Delta A_0-\Delta A_i}{0.001}\times\frac{N_i}{V_i}\ \text{(BAEE 单位/mL)}$$

$$\text{抑制比活性}=\frac{\text{Iu}}{\text{加入抑制剂的蛋白浓度(mg / mL)}}\ \text{(BAEE TIu/mg)}$$

式中，ΔA_0 为未加抑制剂时，酶每分钟 A_{253} 的增加值；ΔA_i 为加入抑制剂后，酶每分钟 A_{253} 的增加值；N_i 为抑制剂溶液的稀释倍数；V_i 为测定时加入抑制剂的体积。

胰蛋白酶和鸡卵黏蛋白浓度的计算

胰蛋白酶浓度(mg/mL)=A_{280}×(1/1.35)×稀释倍数

鸡卵黏蛋白浓度(mg/mL)=A_{280}×(1/0.413)×稀释倍数

活性测定加样顺序

活性测定加样顺序参见表 6-16。

表 6-16　活性测定加样顺序参照表

试剂/mL	空白杯	胰蛋白酶活性	抑制剂活性
0.05 mol/L pH 8.0 Tris-HCl 缓冲液	2.0	2.0	1.9～1.8
胰蛋白酶溶液	—	0.2	0.2
鸡卵黏蛋白溶液	—	—	0.1～0.2
0.001mol/L HCl	0.2	—	—
1 mmol/L 底物(BAEE)	0.8	0.8	0.8
总体积	3.0	3.0	3.0

注：测定胰蛋白酶活性时，酶的用量为 5～10 μg；测定鸡卵黏蛋白抑制活性时，用标准胰蛋白酶；前几种溶液先反应 2 min 后再加 BAEE

六、实验讨论

1) 在鸡卵黏蛋白的提取、分离及纯化过程中，直接影响产率的是哪几步？应当注意什么？

2) 胰蛋白酶原激活主要控制哪些条件？胰蛋白酶在什么环境中最稳定？为什么？

实验二十三　植物过氧化物酶同工酶的聚丙烯酰胺凝胶电泳

一、实验目的

1) 掌握聚丙烯酰胺凝胶电泳的原理和操作过程。

2) 掌握电泳法分离过氧化物酶的原理和方法。

二、实验原理

同工酶是指催化同一种化学反应，但其酶蛋白本身的分子结构、理化性质和生化特性存在明显差异的一组酶。一种酶的各个同工酶，由于彼此的一级结构不同，因此高级结构(构象)也不同，其化学、物理和生物学性质方面都有明显差异，而这些差异是分析和鉴定同工酶的理论基础(表 6-17)。

在同工酶的分析和鉴定方法中，以电泳法应用最多。因为电泳法能够简便、快速、准确地分离某种酶的各种同工酶组分，而且不破坏酶的天然状态，为各种同工酶的分离和鉴定提供了优良的条件。不同组分的蛋白质(包括同工酶)的分子组成、结构、大小、形状均有所不同，在溶液中所带的电荷多寡不同，在电场中的运动速度也不同，因此经过电泳便会分成不同的区带。

电泳是指带电粒子在电场中向与其自身所带电荷相反的电极方向移动的现象。影响电泳的主要因素有以下几个。

1) 带电颗粒的大小和形状：颗粒越大，电泳速度越慢，反之越快。

2) 颗粒的电荷数：电荷越少，电泳速度越慢，反之越快。

表 6-17　同工酶的性质与分析鉴定方法

同工酶性质差异	分析鉴定方法
电荷	电泳，等电聚焦，离子交换柱层析
溶解度	分配(柱)层析
相对分子质量及形状	凝胶过滤，SDS 电泳
生物学特异性	免疫化学，亲和层析
化学组成	酶活性检测，氨基酸分析
构象	X 射线衍射，旋光度检测，圆二色谱
动力学性质	动力学参数分析
晶体形状	电镜观察

3) 溶液的黏度：黏度越大，电泳速度越慢，反之越快。

4) 溶液的 pH：影响被分离物质的解离度，离等电点越近，电泳速度越慢，反之越快。

5) 电场强度：电场强度越小，电泳速度越慢，反之越快。

6) 离子强度：离子强度越大，电泳速度越慢，反之越快。

7) 电渗现象：电场中，液体相对于固体支持物产生相对移动；在有载体的电泳中，影响电泳移动的一个重要因素是电渗。

8) 支持物筛孔大小：孔径越小，电泳速度越慢，反之越快。

以聚丙烯酰胺为支持介质的电泳称为聚丙烯酰胺凝胶电泳（PAGE）。聚丙烯酰胺凝胶由丙烯酰胺（Acr）单体和交联剂 *N,N'*-亚甲基双丙烯酰胺（Bis）在催化剂作用下聚合而成，具有三维网状结构，其网孔大小可由凝胶浓度和交联度加以调节。PAGE 根据其有无浓缩效应，分为连续系统与不连续系统两大类，本实验利用不连续系统。PAGE 不连续电泳胶由浓缩胶和分离胶组成，采用电泳基质不连续体系（凝胶层的不连续性、缓冲液离子成分的不连续性、pH 的不连续性和电位梯度的不连续性）使样品在不连续的两层胶之间积聚浓缩成很薄的起始区带（厚度为 10^{-2} cm），通过电泳可以得到有效分离。正是 PAGE 不连续电泳胶的不连续性，才使得在电泳体系中集样品浓缩效应、分子筛效应及电荷效应为一体，使样品分离效果好且具有较高的分辨率。

$$
\begin{array}{c}
CH_2 \\ \| \\ CH \\ | \\ C{=}O \\ | \\ NH_3
\end{array}
\;+\;
\begin{array}{c}
CH_2{=}CH \\ | \\ C{=}O \\ | \\ NH \\ | \\ CH_2 \\ | \\ NH \\ | \\ C{=}O \\ | \\ CH_2{=}CH
\end{array}
\xrightarrow[\text{催化剂}]{\text{聚合作用}}
\begin{array}{l}
CH_2{-}CH{-}[CH_2{-}CH]_n \\
\quad\;\; | \qquad\qquad\; | \\
\quad C{=}O \qquad\; C{=}O \\
\quad\;\; | \qquad\qquad\; | \\
\quad NH \qquad\quad NH_3 \\
\quad\;\; | \\
\quad CH_2 \\
\quad\;\; | \\
\quad NH \\
\quad\;\; | \\
\quad C{=}O \\
\quad\;\; | \\
CH_2{-}CH{-}[CH_2{-}CH]_n \\
\qquad\qquad\qquad\; | \\
\qquad\qquad\quad C{=}O \\
\qquad\qquad\qquad\; | \\
\qquad\qquad\quad NH_3
\end{array}
$$

聚丙烯酰胺凝胶电泳过程中除了一般电泳所具有的电荷效应外，还具有分子筛效应；不连续的凝胶电泳过程中具有电荷效应、分子筛效应和浓缩效应。不连续凝胶电泳体系的不连续性体现在以下三点。

1) 凝胶由上、下两层组成，两层胶孔孔径不同：上层为大孔径的浓缩胶；下层为小孔径的分离胶。

2) 缓冲液离子组成及各层凝胶的 pH 不同。如常用的碱性系统中，电极缓冲液为 pH 8.3 的 Tris-甘氨酸缓冲液，浓缩胶为 pH 6.7 的 Tris-HCl 缓冲液，分离胶为 pH 8.9 的 Tris-HCl 缓冲液。

3）在电场中形成不连续的电位梯度。

在这种不连续的系统中有三种物理效应起作用，使样品分离效果好、分辨率高。这三种效应是电荷效应、分子筛效应和浓缩效应。在这三种效应的共同作用下，待测物质被很好地分离开来。

1）电荷效应：由于各种酶蛋白所载的有效电荷不同，因此在一定电场作用下迁移率不同。承载有效电荷多则泳动快，反之则慢。

2）分子筛效应：因为聚丙烯酰胺具有网孔结构，所以直径大、形状不规则的分子，电泳时通过凝胶受到的阻力大，移动较慢；相对分子质量小、形状为球形的分子在电泳过程中受到的阻力小，移动较快。

3）浓缩效应：待分离样品中各组分在浓缩胶中会被压缩成薄层，而使原来很稀的样品得到高度浓缩，其原因是：①由于两层胶孔径不同，蛋白质分子向下移动到两层凝胶界面时，阻力突然增大，速度变慢。这样，就在两层凝胶交界处使待分离的蛋白质区带变窄，浓度升高。②在凝胶中，虽然浓缩胶和分离胶用的都是Tris-HCl缓冲液，但浓缩胶pH为6.7，分离胶pH为8.9，电泳槽中Tris-甘氨酸缓冲液的pH为8.3。在此条件下，HCl几乎全部电离为Cl^-，甘氨酸等电点为6.0，在pH 6.7条件下仅有0.1%～1%解离为甘氨酸负离子，大部分蛋白质在pH 6.7条件下都以负离子形式存在。电泳一开始，三种离子同向正极移动，其有效泳动率顺序为Cl^->蛋白质$^-$>甘氨酸$^-$。布满胶柱的Cl^-迅速“跑”到最前边，成为快离子，电极缓冲液中的甘氨酸“走”在最后，成为慢离子。这样，快离子和慢离子之间就形成了一个不断移动的界面。在pH 6.7条件下带有负电荷的酶蛋白，其有效泳动率介于快、慢离子之间，被夹持分布于界面附近，逐渐形成一个区带。

当酶蛋白和慢离子都进入分离胶后，pH从6.7变成8.9，甘氨酸解离度剧增，有效迁移率迅速增大，从而赶上并超过所有酶蛋白分子。此时快、慢离子的界面“跑”到被分离的酶蛋白之前，不连续的高电位梯度不再存在，酶蛋白在一个均一的电位梯度和pH条件下，仅按电荷效应和分子筛效应而被分离。与连续系统相比，不连续系统的分辨率大大提高，因此该方法已成为目前广泛使用的分离分析手段。

各同工酶经电泳分离后，电泳区带可用特异性染色法显示。在酶促反应中，利用底物、产物及其衍生物与染料结合后产生颜色变化，以检验各区带酶的活性。这种把同工酶凝胶电泳和酶活性的特异性染色测定巧妙结合的同工酶鉴定方法，称为酶谱法，是由Markert首先创立的。各种同工酶都具有特殊的染色法。

过氧化物酶是植物体内常见的氧化酶，它在细胞代谢过程中与呼吸作用、光合作用及生长素的氧化等都有关系。它能催化H_2O_2将联苯氨氧化成蓝色或棕褐色产物。因此，将经过电泳后的凝胶置于H_2O_2-联苯胺溶液中染色，出现蓝色或褐色的部位即为过氧化物酶同工酶在凝胶中存在的位置，多条有色带即构成过氧化物酶同工酶的酶谱。

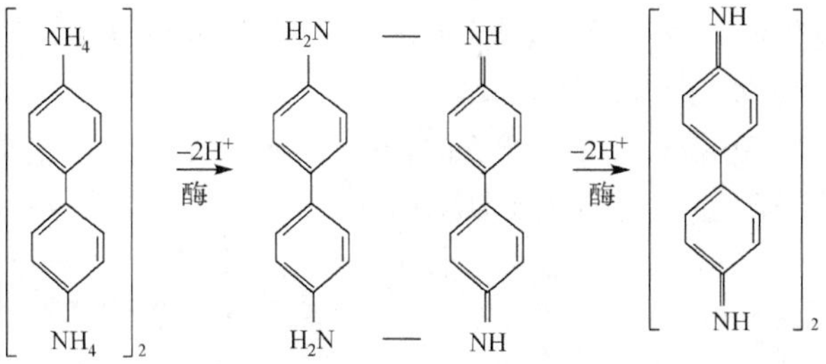

(无色)　　(蓝色中间产物)　　(棕色)

三、常规方法

(一)实验器材

1．材料

甘薯块根表层、小麦幼苗或其他各种植物。

样品准备：取洗净的甘薯，用小刀取甘薯表皮(不能太厚)，用粉碎机将电极缓冲液与红薯皮按照 200 mL∶100 g(体积质量比)的比例打磨成匀浆，用多层纱布过滤后，5000 r/min 离心 30 min，取上清液备用。

2．仪器

电泳槽和电泳仪、天平、玻璃匀浆器或研钵、漩涡振荡器、离心机、洗耳球、微量注射器、容量瓶、烧杯、培养皿、剥胶长解剖针(针长约 10 cm)、电泳管、胶头滴管、橡胶圈、橡胶膜等。

3．试剂

1)Tris-甘氨酸缓冲液(电极缓冲液和样品提取液)：称取 Tris 12.0 g 和甘氨酸 56.8 g 溶于去离子水中，定容至 1 L，调 pH 至 8.3，用时稀释 10 倍。

2)40%蔗糖溶液：供加样时用。

3)0.1%溴酚蓝溶液：称取溴酚蓝 0.1 g 溶于 100 mL 去离子水中，过滤除去不溶物备用。

4)分离胶缓冲液(A 溶液)：1.0 mol/L HCl 溶液 24.0 mL，取 Tris(三羟甲基氨基甲烷)15.85 g、TEMED 0.32 mL，溶于去离子水中，定容至 100 mL，作为分离胶缓冲液(pH 8.9)。

5)分离胶贮液(B 溶液)：取丙烯酰胺(Acr)29.0 g，*N,N′*-亚甲基双丙烯酰胺(Bis)1.0 g 溶于去离子水中，定容至 100 mL，有少量沉淀，滤清，作为分离胶贮液(或称 30% Acr-Bis 贮液，Acr 和 Bis 均需分析纯试剂，且存放期不超过一年)。

6)催化剂(C 溶液)：过硫酸铵 0.14 g 溶于去离子水，稀释至 100 mL，最好临用时再配。

7)催化剂(D 溶液)：过硫酸铵 0.56 g 溶于 100 mL 去离子水中，临用时配制。

8）浓缩胶缓冲液（E 溶液）：1.0 mol/L HCl 溶液 48.0 mL，Tris 5.98 g，TEMED 0.46 mL，用去离子水定容至 100 mL，pH 6.7。

9）浓缩胶贮液（F 溶液）：Acr 10.5 g，Bis 2.5 g，用去离子水溶解并定容至 100 mL，滤去少量沉淀备用，也称 10% Acr-Bis 贮液。

10）1.0 mol/L 蔗糖溶液（G 溶液）：称取 34.2g 蔗糖溶于去离子水，定容至 100 mL。

注意：以上 A～G 溶液均为制胶用的贮液，应置于棕色瓶内，置 4℃冰箱内保存，一般可放置 1～2 个月，如 pH 变化大于 0.4 pH 单位，则不能用。

11）染色液：具体如下。

A.2%联苯胺：精确称取 10.0 g，用 100 mL 冰醋酸溶解，然后用蒸馏水定容至 500 mL。

B.4% NH_4Cl：精确称取 4.0 g 氯化铵，用少量蒸馏水溶解后用蒸馏水定容至 100 mL。

C.5% EDTA-Na_2：精确称取 5.0 g EDTA-Na_2，用少量蒸馏水溶解后用蒸馏水定容至 100 mL。

使用时将 2%联苯胺∶4% NH_4Cl∶5% EDTA-Na_2∶蒸馏水按照 2∶1∶1∶6 的比例（体积比）量取，用量筒分别量取 2%联苯胺 20 mL、4% NH_4Cl 10 mL、5% EDTA-Na_2 10 mL、蒸馏水 60 mL，混匀后，加 5 滴 30%过氧化氢溶液。

注意：C 溶液和 D 溶液浓度虽然为常用浓度，但是要根据凝胶实际情况合理调整过硫酸铵浓度，因此，每次要做预备实验，通过预备实验调整 C 溶液和 D 溶液浓度，而且 C 溶液和 D 溶液要现配现用，放置于 4℃冰箱不超过 1 周时间；A 液和 E 液中的 TEMED 容易失效，因此每次使用前最好确定其没有失效。

（二）实验步骤

1．凝胶柱的制备和装槽

1）取电泳管 12 支，下端用橡皮膜包扎封闭，如图 6-1 所示，垂直放于架子上。

2）配制分离胶工作溶液：先取 A、B 溶液各 5 mL 混合（用旋涡振荡器或者手持轻轻旋转混合），最后加 C 溶液 10 mL，同样温和地混合，得 7.5%丙烯酰胺混合液，供 12 支电泳管用（如有气泡可减压抽气除去）。立即用于凝胶制备，因一旦加入过硫酸铵即开始聚合凝固。

3）分离胶的制备：用胶头吸管取分离胶工作液，沿电泳管壁缓缓注入管内达 6 cm 高度，不应产生气泡，如有气泡可轻弹电泳管，使其上升排出，再于胶液上方加一层蒸馏水（3 mm），加水的目的有两个：一是使凝胶表面平整；二是隔绝空气，有利于聚合。垂直静置 30～60 min（聚合最适温度为 25℃），水层不能与凝胶混合。这样得到小孔径的分离胶的胶柱。当水与凝胶之间形成清晰的界面时，表明聚合完成，用吸管吸去水层，并用滤纸条吸干，供制备浓缩胶使用。

4)浓缩胶工作液的配制及浓缩胶的制备：将D溶液1 mL、E溶液1 mL、F溶液2 mL和C溶液4 mL混合，得2.6%丙烯酰胺混合液，供12支电泳管制备浓缩胶柱之用(注意排出气泡)，立即用胶头吸管将此混合液加到每管的分离胶柱上，高度0.5 cm，同前小心地在胶液顶上加一层水(3 mm)，以压平凹面，然后静置15 min使聚合，直至胶液变成不透明乳白色，聚合完成，得大孔径的浓缩胶柱。在未加样品前，暂不要除去水层及下端的封闭物，以防胶柱干燥。

5)装槽：向电泳槽的下槽加入电极缓冲液，其量须能使电泳管的下端和电极浸入此液中。将电泳管顶部水分弹去，并用滤纸条吸干，拆去管底的覆盖物，将电泳管插入上层电极槽的密封圈内，可事前加一滴40%蔗糖溶液于密封圈上，作为润滑剂，以使电泳管插入。每管凝胶的下端，预先加一滴电极缓冲液悬挂其上，以保证不会有气泡关在里面。然后将上、下槽相接，使凝胶柱的下端浸入下槽的缓冲液中。

2．加样

用移液器或微量注射器将样品液50～100 μL加到电泳管的顶部，加一滴40%蔗糖溶液(如样品中已有蔗糖则免去此步)。加样品后，用胶头吸管小心地将电极缓冲液加满12支电泳管，并成凸形表面，然后向上槽中加入电极缓冲液淹没所有的电泳管的管口，管内不得有气泡，最后加2或3滴0.1%溴酚蓝溶液，搅匀，作为电泳迁移的指示。

3．电泳

上槽接负极，下槽接正极，开始电流为每管3 mA，样品至分离胶时，每管电流加大到5 mA，加满电极缓冲液，当溴酚蓝指示剂达到距管底约1 cm处时，切断电源，终止电泳.

4．剥胶

取下电泳管，用装有长针头的注射器沿玻璃管内壁慢慢地边注水边进入，并试着沿电泳管内壁轻轻转动针头。当胶条松动时，用洗耳球小心地将胶条压出，装于培养皿中。

5．染色

将染液倒入盛有凝胶条的培养皿中(没过胶条)。室温放置1～5 min即显示出蓝色区带。以去离子水漂洗几次，放在固定保存液中，区带渐渐变成棕色。于日光灯下观察记录酶谱，绘图或照相。

(三)实验结果

绘出过氧化物的同工酶谱带。

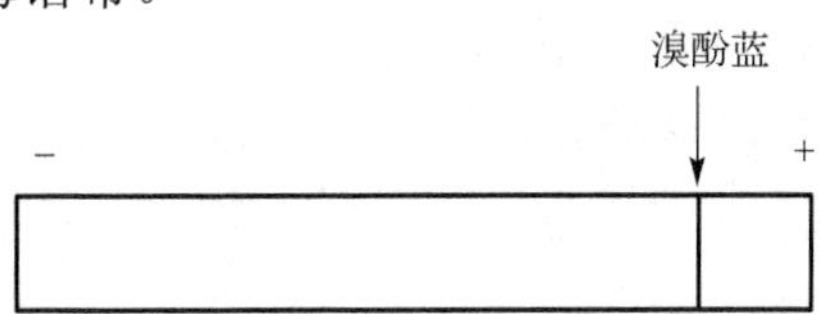

四、改良聚丙烯酰胺凝胶电泳

(一)实验器材

1．材料

同“三、常规方法”。

2．仪器

垂直板电泳槽、电泳仪等。

3．试剂

1)凝胶贮液：A 液(pH 8.9，1.0 mol/L 盐酸 48 mL，Tris 36.3 g，加蒸馏水至 100 mL)；B 液(Acr 15.0 g，Bis 0.4 g，水溶后，定容至 50 mL)。

2)TEMED、10%过硫酸铵溶液(AP 液)、0.025%溴酚蓝-50%甘油。

3)Tris-甘氨酸缓冲液(电极缓冲液和样品提取液)：Tris 6.0 g，甘氨酸 28.8 g，加蒸馏水至 1000 mL，调 pH 至 8.3，用时稀释 10 倍。

4)染色液：以下三种染色液任选其一。

A.0.1%联苯胺(在 100 mL 0.1 mol/L pH 5.6 乙酸缓冲液中含 0.1g 联苯胺) 100 mL，临用前加 1.0 mL 3% H_2O_2。

B.2%联苯胺(2.0 g 联苯胺溶于 18 mL 冰醋酸，加蒸馏水至 100 mL)20 mL，抗坏血酸 70.4 mg，20 mL 0.6% H_2O_2 和 60 mL 蒸馏水，临用前混合。

C.联大茴香胺 250 mg 溶于 140 mL 95%乙醇溶液中，加蒸馏水 20 mL，临用前加 13% H_2O_2 4～5 mL。

5)固定保存液：甲醇∶冰醋酸∶蒸馏水=5∶1∶5(体积比)。

6)样品处理液：蔗糖 11.98 g，Tris 0.606 g，抗坏血酸钠 0.088g，半胱氨酸 0.03 g，$MgCl_2$ 0.02 g，加蒸馏水溶解后，定容至 100 mL，pH 7.4。

(二)实验步骤

1．制备样品

1)取 1.0～2.0 g 植物样品，加 2～4 mL 样品处理液，于玻璃匀浆器或研钵中研磨成匀浆，匀浆经 3000 r/min 离心 15～20 min，取上清液备用。

2)称取小麦幼苗叶片 1.0 g，放入研钵内，加样品提取液 2 mL，于冰水浴中研成匀浆，然后以 4 mL 提取液分几次洗入离心管，在高速冰冻离心机上以 8000 r/min 离心 10 min，倒出上清液，以等量 40%蔗糖溶液及 1 滴溴酚蓝混合，留作点样用。

3)称取小麦幼苗茎部 0.5 g，放入研钵内，加 pH 8.0 提取液 1 mL，于冰水浴中研成匀浆，然后以 2 mL 提取液分几次洗入离心管，在高速冰冻离心机上以 8000 r/min 离心 10 min，倒出上清液，以等量 40%蔗糖溶液混合，留作点样用。

2．电泳

1）凝胶制备：取 A 液 2.5 mL，B 液 5.0 mL，TEMED 0.01 mL，水 12.39 mL 混合，抽气 10 min，再加入 10% AP 液 0.1 mL，混匀，注入电泳管（或垂直板模腔），上覆盖水层（垂直板型应加“梳子”），聚合后，装入电泳槽中，加入电极缓冲液。

2）加样和电泳：按样品提取液∶溴酚蓝-甘油=4∶1（*V/V*）混合，然后以微量进样器加样，15～20 μL/孔（胶条）。

加完样接通电源，控制电流强度为 2 mA/孔（胶条），电压为 200 V 进行电泳。室温条件下约需 4 h 可以完成。

3．染色与固定

将电泳后的凝胶条（板）浸入新配的染色液，室温放置 1～5 min 即显示出蓝色区带。以去离子水漂洗几次，放在固定保存液中，区带渐渐变成棕色。于日光灯下观察记录酶谱，绘图或照相。

（三）实验结果

绘出过氧化物的同工酶谱带。

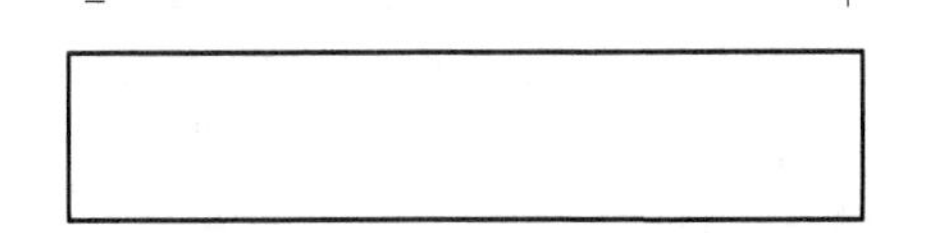

五、实验讨论

1）电泳系统的不连续性表现在哪几个方面？存在哪几种物理效应？
2）前沿指示剂有何作用？

实验二十四　琼脂糖凝胶电泳分离乳酸脱氢酶同工酶及乳酸脱氢酶总活性测定

一、实验目的

1）掌握分离乳酸脱氢酶同工酶的方法。
2）学习测定血清乳酸脱氢酶总活性的原理与方法。

二、实验原理

乳酸脱氢酶（LDH）是在 NAD^+存在下，催化乳酸脱氢产生丙酮酸或使丙酮酸还原成乳酸。其酶蛋白是由 4 个亚基组成的四聚体，亚基有心脏型（H 型）及肌肉型（M 型），根据酶蛋白四聚体中 H 型和 M 型亚基比例的差别，可将 LDH 同工酶分为 5 种。由于同工酶在不同组织、器官中的分布不同，即具有组织器官特异性。因此已利用同工酶的酶谱作为临床诊断的依据，也被广泛用于生物分类及遗传育种等工作中。本实验是用琼脂糖凝胶电泳法分离人血清乳酸脱氢酶的5个同工酶(LDH1、LDH2、LDH3、LDH4、LDH5)。血清乳酸脱氢酶的辅酶是NAD^+。当它催化乳酸脱氢时，NAD^+即被还原成$NADH+H^+$。如果还有氧化型吩嗪二甲酯硫酸盐(PMS)和硝基蓝四氮唑(NBT)，则发生如下反应。

$$NADH + H^+ + PMS \longrightarrow NAD^+ + PMSH_2$$

$$PMSH_2 + NBT \longrightarrow PMS + NBTH_2$$

$NBTH_2$为蓝紫色化合物。当LDH同工酶区带在琼脂糖凝胶板上分开后，给予NAD^+、底物(乳酸)、PMS和NBT，同工酶区带即呈蓝紫色。乳酸脱氢酶在辅酶Ⅰ的递氢作用下，使乳酸脱氢而生成丙酮酸。LDH相对分子质量约14万。草酸、乙二胺四乙酸对LDH有抑制作用，所以不适宜用血浆测定乳酸脱氢酶活性。此外，硼酸、汞离子、对氯汞苯甲酸及过量的丙酮酸、乳酸对其也有抑制作用。

乳酸脱氢酶催化反应是碳水化合物代谢中无氧糖酵解的最终反应，广泛存在于人体各种组织中，按鲜重计算，乳酸脱氢酶活性从高到低为：肾>心肌、骨骼肌>胰>脾>肝>肺。血清中LDH含量很低，红细胞中含量较血清约高100倍，故测定时应避免溶血。如不能及时测定，血清应及早和血块分离，避免红细胞中乳酸脱氢酶逸入血清中。

乳酸脱氢酶测定的方法很多，根据酶作用的反应可分为两大类：一类利用顺向反应以乳酸为基质；另一类利用逆向反应，以丙酮酸为基质。根据测定方法不同又可分为紫外分光光度法和可见分光光度法：紫外分光光度法需用紫外分光光度计测定反应中辅酶Ⅰ量的变化；可见分光光度法利用2,4-二硝基苯肼和丙酮酸作用，生成丙酮酸二硝基苯腙，在碱性溶液中呈棕色。目前较多使用以乳酸为基质的方法，此法所需的氧化型辅酶Ⅰ较稳定，不似以丙酮酸为基质的方法需用的还原型辅酶Ⅰ很不稳定(在−20℃也不能长期保存)。氧化型辅酶Ⅰ价格也较低。此外，乳酸钠基质液也比丙酮酸基质稳定，室温下可放1个月。

利用顺向反应形成的还原型辅酶Ⅰ可以还原某些染料，如2,6-二氯酚-吲哚酚、2-(4-碘苯基)-3-(4-硝基苯基)-5-苯基氯化四唑(INT)建立了另外一种类型呈色反应，并以吩嗪二甲酯硫酸盐(PMS)或黄递酶(diaphorase)作为还原型辅酶Ⅰ和染料之间的递氢体。此法快速，操作简单，重复性较好。乳酸脱氢酶同工酶显色一般也多利用此类还原四唑蓝方法。

三、实验器材

1．材料

人血清。

2．仪器

电泳槽、电泳仪、凝胶成像系统、吸管(0.2 mL，1 mL)、容量瓶、微量注射器

(50 μL、2 mL)、恒温水浴锅、载玻片、试管、水平台、水平仪、烘箱、分光光度计、小铁棒(2 mm×15 mm)、磁铁、坐标纸、滤纸等。

3．试剂

1) 巴比妥-HCl 缓冲液(pH 8.4，0.1 mol/L)：17.0 g 巴比妥钠溶于 600 mL 水，加入 1 mol/L HCl 溶液 23.5 mL，再加蒸馏水至 1000 mL。

2) 0.001 mol/L EDTA-Na_2(乙二胺四乙酸钠盐)溶液：称取 EDTA-Na_2·H_2O 372 mg，溶于蒸馏水并稀释定容至 100 mL。

3) 0.5%琼脂糖凝胶：50 mg 琼脂糖溶于 5 mL 巴比妥-HCl 缓冲液(pH 8.4，0.1 mol/L)，加蒸馏水 5 mL，待琼脂糖溶化后，再加 0.001 mol/L EDTA-Na_2 溶液 0.2 mL，于 4℃冰箱保存备用。

4) 0.8%～0.9%琼脂糖染色胶：80～90 mg 琼脂糖溶于 5 mL 巴比妥-HCl 缓冲液(pH 8.4，0.1 mol/L)，加蒸馏水 5 mL，待琼脂糖溶化后，再加 0.001 mol/L EDTA-Na_2 溶液 0.2 mL，于 4℃冰箱保存备用。

5) 显色液：现用现配。溶 50 mg NBT 于 20 mL 蒸馏水(25 mL 棕色容量瓶)，溶解后，加入 125 mg NAD 及 12.5mg PMS，再加蒸馏水至 25 mL。该溶液应避光低温保存，一周内有效。如溶液呈绿色，则失效。

6) 2%乙酸缓冲液：2 mL 乙酸(99.5%)加蒸馏水 98 mL。

7) 电泳用缓冲液(pH 8.6，0.075 mol/L)：巴比妥钠 15.45 g、巴比妥 2.76 g 溶于蒸馏水，稀释至 1000 mL。

8) 0.4 mol/L NaOH 溶液：称取 16.0 g NaOH，溶于蒸馏水并稀释至 1000 mL。

9) DL-乳酸钠缓冲基质液(pH 10.0)：在 10 mL 乳酸钠溶液(65%～70%)中加入 0.1 mol/L 甘氨酸溶液 125 mL、0.1 mol/L NaOH 溶液 75 mL，混匀。

10) 辅酶Ⅰ溶液：辅酶Ⅰ 10 mg 溶解于 2 mL 蒸馏水中，于 4℃冰箱保存，约可用 6 周。

11) 2,4-二硝基苯肼溶液：称取 2,4-二硝基苯肼 200 mg，先溶于 100 mL 10 mol/L 盐酸中，再以蒸馏水稀释至 1000 mL。

12) 丙酮酸标准液(1 μmol/mL)：丙酮酸钠 11 mg 溶解于 100 mL 乳酸钠缓冲基质液中(或取丙酮酸 17.6 mg，溶于 200 mL 乳酸钠基质缓冲液中)，临用前配制。

13) 0.5 mol/L 乳酸钠溶液：称取 5.6 g 乳酸钠，溶于蒸馏水并稀释至 100 mL。

四、实验步骤

1．琼脂糖凝胶电泳法分离 LDH 同工酶

(1) 琼脂糖凝胶板的制备和电泳

1) 将 0.5%琼脂糖凝胶水浴加温熔化。取 2 mL 熔化的凝胶液平浇于一洁净的载玻片上(放在水平台上，载玻片的大小为 7.5 cm×2.5 cm)。

2) 在凝胶半凝固时，用一小铁棒在距凝胶一端 1/3 处放下，待胶凝固后，用磁

铁吸出小铁棒，用滤纸片仔细吸去小槽内液体，此小槽即为点样槽。

用微量注射器向小槽内加入新鲜血清 15～20 μL。将凝胶板放在电泳槽内，两端各以浸有电泳缓冲液的滤纸或纱布作盐桥，点样端靠近阴极。电泳 40～60 min，电压约 100 V。

(2) 显色　约于电泳终止前 10 min，将 0.8%～0.9%琼脂糖染色胶在水浴中熔化。取此熔化的凝胶 0.67 mL 与显色液 0.53 mL 及 0.5 mol/L 乳酸钠溶液 0.2 mL 混匀，立即浇在电泳完毕的凝胶板上，37℃避光保温 1 h，即显示出 5 条深浅不等的蓝紫色区带。最靠近阳极端的区带是 LDH1，依次为 LDH2、LDH3 和 LDH4，LDH5 则靠近阴极端。

(3) 固定与干燥　将显色后的凝胶板浸于 2%乙酸溶液中，2 h 后取出，用一干净滤纸覆盖凝胶板上，50℃烘 1.5～2 h，烘干后，取下滤纸，背景即透明。

如需定量，可用凝胶成像分析系统或光密度计测定各区带。

2．LDH 活性测定

(1) 绘制标准曲线　见表 6-18。

表 6-18　血清乳酸脱氢酶比色测定法标准曲线绘制操作步骤

项目	管号										
	0	1	2	3	4	5	6	7	8	9	10
丙酮酸标准液(1 μmol/mL)/mL	0.00	0.05	0.10	0.15	0.20	0.25	0.30	0.35	0.40	0.45	0.50
乳酸钠缓冲基质液/mL	1.00	0.95	0.90	0.85	0.80	0.75	0.70	0.65	0.60	0.55	0.50
蒸馏水/mL	0.30	0.30	0.30	0.30	0.30	0.30	0.30	0.30	0.30	0.30	0.30
2,4-二硝基苯肼溶液/mL	1.00	1.00	1.00	1.00	1.00	1.00	1.00	1.00	1.00	1.00	1.00
37℃水浴 15 min											
0.4 mol/L NaOH 溶液/mL	10	10	10	10	10	10	10	10	10	10	10
OD 值(440 nm)											
各管含丙酮酸物质的量/μmol	0.00	0.05	0.10	0.15	0.20	0.25	0.30	0.35	0.40	0.45	0.50
混合后室温静置 5 min，在 440 nm 波长下比色，以 0 号管校正光密度到 0 点，读取各管光密度读数。以各管光密度值为纵坐标，以各管含丙酮酸物质的量为横坐标，绘制标准曲线											

单位定义：以标本 100 mL(即 100 mL 原血清)在 37℃作用 15 min 产生丙酮酸分子 1 μmol 为 1 个单位。

注意：

1) 草酸盐能抑制乳酸脱氢酶活性，故不能用抗凝血进行测定。

2) 测定结果超过 2500 单位时，应将血清稀释后再做。

3) 如以 *L*-乳酸钠配制缓冲基质液时，只需用 DL-乳酸钠的一半量，即 5 mL 即可。

4) 如电压不足 100 V，需适当延长电泳时间。

5) 温度不得超过 40℃。

6) 正常人血清乳酸脱氢酶各同工酶的百分比分别是：LDH1 33.4%，LDH2 42.8%，LDH3 18.5%，LDH4 3.9%，LDH5 1.4%。故靠近正极端的三条区带最明显。

(2)样品LDH活性测定　先将血清样本作1/5稀释(血清1份加蒸馏水4份)，然后按表6-19进行操作。

表6-19　血清乳酸脱氢酶比色测定法操作步骤

试剂/mL	测定管(平行做两管)	对照管
稀释血清(1/5)	0.1	0.1
乳酸钠缓冲基质液	0.5	0.5
蒸馏水	—	0.1
37℃水浴约3 min		
辅酶Ⅰ溶液	0.1	—
混匀，37℃继续保温15 min		
2,4-二硝基苯肼溶液	0.5	0.5
混匀，37℃水浴15 min		
0.4 mol/L NaOH溶液	5.0	5.0
混合后室温静置5 min，在440 nm波长下进行比色，对照管校正光密度到0点，读取测定管光密度读数，以测定管光密度平均值，于标准曲线上查其相应的丙酮酸物质的量		

五、实验结果

1)用凝胶成像系统对LDH同工酶各组分进行定量。

2)计算血清LDH总活性：①绘制出标准曲线；②按下述公式计算LDH总活性。

$$\text{LDH总活性}=\frac{\text{从标准曲线上查得丙酮酸物质的量}\times\text{血清稀释倍数}}{\text{测定管中稀释血清体积}}\times 100$$

六、实验讨论

1)什么是同工酶？人血清有哪5种乳酸脱氢酶同工酶？

2)琼脂糖凝胶电泳法分离蛋白质的基本原理是什么？

实验二十五　还原型维生素C含量的测定

一、实验目的

维生素C(抗坏血酸)是人类最重要的维生素之一，缺乏时会引起坏血病，食用过多又会引起泌尿系统结石。本实验学习维生素C 2,6-二氯靛酚滴定法的原理和方法，从而了解水果和蔬菜等质量的好坏及其代谢情况，为合理饮食提供科学依据。

二、实验原理

维生素C的纯品是一种略有酸味的白色晶体，极易溶于水，有较强的还原性，在体内(对抗坏血酸氧化酶敏感)和体外(对铜、铁等金属特别敏感)都可能失去两原子氢而被氧化为脱氢抗坏血酸。在中性和碱性条件下很不稳定，加热易破坏，在酸性和还原环境中的稳定性增强。维生素 C 氧化后的产物为脱氢抗坏血酸，仍然具有生理活性，但进一步水解成 2,3-二酮-*L*-古洛糖酸后，便失去生理价值(图 6-2)。由于抗坏血酸的这些不稳定性，因此在取样品时应尽量缩短取样时间。

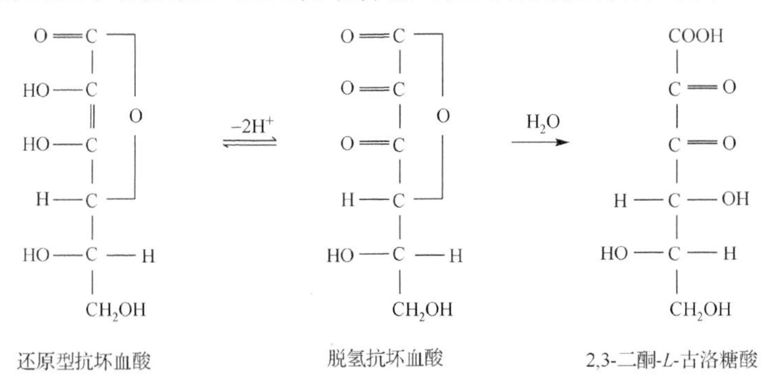

图 6-2　维生素 C 氧化示意图(引自朱利泉，1997)

2,6-二氯靛酚滴定法用于测定还原型抗坏血酸。抗坏血酸分子中存在烯醇式结构(HO—C═C—OH)，因而具有很强的还原性，还原型抗坏血酸能还原 2,6-二氯靛酚染料。2，6-二氯靛酚染料在酸性溶液中呈红色，在中性或碱性溶液中呈蓝色。因此，当用 2,6-二氯靛酚染料滴定含有抗坏血酸的酸性溶液时，其被还原后红色消失成为无色的衍生物，可作为维生素 C 含量测定的滴定剂和指示剂。还原型抗坏血酸还原染料后，本身被氧化为脱氢抗坏血酸。当抗坏血酸全部被氧化时，滴下的 2,6-二氯靛酚溶液则呈红色。在测定过程中当溶液从无色转变成微红色时，表示抗坏血酸全部被氧化，此时即为滴定终点。根据滴定消耗染料标准溶液的体积，可以计算出被测定样品中抗坏血酸的含量。在没有杂质干扰时，一定量的样品提取液还原标准染料液的量与样品中所含抗坏血酸的量成正比。具体反应如图 6-3 所示。

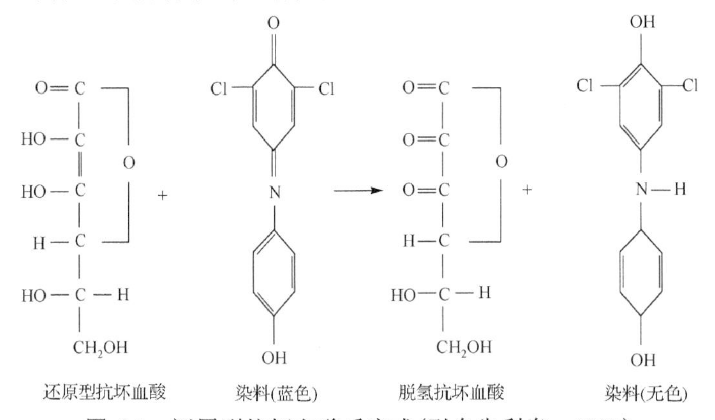

图 6-3　还原型抗坏血酸反应式(引自朱利泉，1997)

该法简便易行，但有下列缺点：①在生物组织内和组织提取物内，抗坏血酸也能以脱氢抗坏血酸及结合抗坏血酸的形式存在(图 6-2)，它们同样具有维生素 C

的生理作用，但不能将 2,6-二氯靛酚还原脱色。②生物组织提取物和生物体液中常含有其他还原性物质，其中有些也可在同样实验条件下使 2,6-二氯靛酚还原脱色。③在生物组织提取物中，常有色素类物质存在，给滴定终点的观察造成困难。

三、实验器材

1．材料

水果或蔬菜(常用水果为橘、柚、猕猴桃，蔬菜为小白菜、青椒、黄瓜等)。

2．仪器

微量滴定管(5 mL)、天平、容量瓶、锥形瓶(50 mL)、刻度吸管(10 mL)、移液管、研钵、量筒(50 mL)、不锈钢剪刀或刀子、滤纸、漏斗及漏斗架、胶头吸管等。

3．试剂

1) 2%(1g/100mL)草酸：称取 20.0g 草酸溶于少量蒸馏水，用蒸馏水定容至 1000 mL。

2) 2,6-二氯靛酚钠溶液：称取 60 mg 2,6-二氯靛酚钠，放入 200 mL 容量瓶，加热蒸馏水 100～150 mL，滴加 0.01 mol/L NaOH 溶液 4 或 5 滴，冷却后加水至刻度，滤纸过滤，储存于棕色瓶中，置于 4℃冰箱中备用，有效期 1 周，使用前标定。

3) 维生素 C 标准溶液(质量体积分数)：称取 10.0 mg 维生素 C(抗坏血酸)溶于 2%草酸溶液，用 2%草酸溶液定容至 100 mL。

四、实验步骤

(1) 临用前标定　取 10 mL 维生素 C 标准溶液用 2%草酸溶液定容至 200 mL，吸取稀释后的维生素 C 溶液 10 mL，放于 50 mL 锥形瓶，同时吸取 10 mL 2%草酸溶液于另一个 50 mL 锥形瓶作空白对照。立即用 2,6-二氯靛酚钠溶液滴定至粉红色出现 15 s 不消失为止，记录所用体积(mL)，按照下列公式计算 K 值[1 mL 染料所能氧化维生素 C 的质量(mg)]

$$K = \frac{10}{100} \times \frac{10}{200} \times \frac{10}{V}$$

式中，V 为滴定 10 mL 维生素 C 溶液时所消耗染料溶液的量与空白滴定所消耗染料溶液的量之差(mL)。

(2) 样品的提取　取 5.0 g 新鲜植物样品置于研钵中，加入 2%草酸溶液 5 mL，研磨成匀浆，转移提取液至 50 mL 容量瓶，将残渣用 2%草酸溶液继续提取 2 次转移至容量瓶，用 2%草酸溶液定容至 50 mL，摇匀过滤，滤液即为待测液。

(3) 样品的测定　用移液管吸取 10 mL 滤液置于锥形瓶内，立即用 2,6-二氯靛酚钠溶液滴定至终点(淡粉红色 15 s 不褪色或观察氯仿层呈现淡红色)。记录染料消耗量。同时吸取 10 mL 2%草酸溶液于另一个 50 mL 锥形瓶作空白对照。立即用 2,6-二氯靛酚钠溶液滴定至粉红色出现 15 s 不消失为止，记录所用体积(mL)。

五、实验结果

$$维生素C的含量(每100\ g样品中维生素C的含量)=\frac{(V_1-V_2)\times K\times A}{W}\times 100$$

式中，V_1 为滴定样品时耗去染料溶液的量(mL)；V_2 为滴定空白时耗去染料溶液的量(mL)；K 为 1 mL 染料溶液所氧化维生素 C 的体积(mL)；A 为稀释倍数；W 为称取样品的鲜重(g)。

六、实验讨论

1)用滴定法测定实验材料中的维生素 C 的含量有什么优点和缺点？

2)为了在实验中得到准确的维生素 C 含量应注意哪些问题？

实验二十六　总维生素 C 含量的测定

一、实验目的

了解样品中总维生素 C 含量，以全面评价作物品质的高低或代谢状况。

二、实验原理

总维生素 C 包括还原型抗坏血酸、脱氢抗坏血酸和 2,3-二酮-*L*-古洛糖酸。样品中的还原型抗坏血酸可氧化成脱氢抗坏血酸。在 pH 5 以上，脱氢抗坏血酸发生分子重排，其内脂环裂开生成 2,3-二酮-*L*-古洛糖酸。

用酸处理过的活性炭，可用溴作氧化剂，将还原型抗坏血酸全部氧化成脱氢抗坏血酸，再继续氧化成为 2,3-二酮-*L*-古洛糖酸，然后与 2,4-二硝基苯肼作用，生成红色的脎，反应如图 6-4 所示。

脎的含量与维生素 C 总量成正比，将脎溶于硫酸后，在 520 nm 波长下进行比色测定。

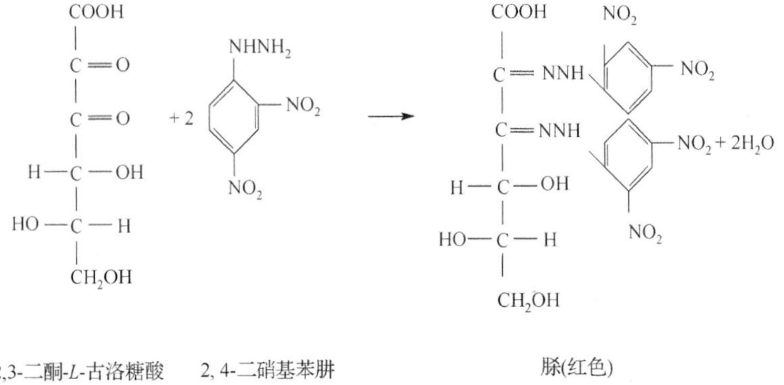

COOH—C=O—C=O—H—C—OH—HO—C—H—CH_2OH + 2 (2,4-二硝基苯肼：$NHNH_2$, NO_2, NO_2) ⟶ COOH—C=NNH—(二硝基苯)—C=NNH—(二硝基苯)—H—C—OH—HO—C—H—CH_2OH + $2H_2O$

2,3-二酮-*L*-古洛糖酸　　2, 4-二硝基苯肼　　脎(红色)

图 6-4　还原型抗坏血酸反应式(引自朱利泉，1997)

三、实验器材

1．材料

水果或蔬菜。

2．仪器

分光光度计、玻璃棒、烘箱、保温箱、天平、离心机、容量瓶(10 mL、50 mL、100 mL)、大试管、移液管(1 mL、2 mL、5 mL、10 mL)、锥形瓶(25 mL、100 mL)。

3．试剂

1)9 mol/L 硫酸：取浓硫酸(密度为 1.84 g/cm^3)25 mL 在玻璃棒引流下慢慢加入 70 mL 蒸馏水中并不断搅拌，冷却后定容至 100 mL。

2)2% 2,4-二硝基苯肼溶液：取 2.0 g 2,4-二硝基苯肼溶于 100 mL 9 mol/L 硫酸中，过滤，放置于 4℃冰箱内，每次使用前必须过滤。

3)2%草酸溶液：取 20.0 g 草酸(化学纯，结晶)溶于 700 mL 蒸馏水中，稀释至 1000 mL。

4)1%草酸溶液：将 500 mL 2%草酸溶液稀释至 1000 mL。

5)1%硫脲溶液：取 5.0 g 硫脲溶于 500 mL 1%草酸溶液中。

6)2%硫脲溶液：取 10.0 g 硫脲溶于 500 mL 1%草酸溶液中。

7)85%硫酸：取 90 mL 浓硫酸(密度为 1.84 g/cm^3)小心加入 100 mL 蒸馏水中。

8)维生素 C 标准溶液：取 100 mL 纯维生素 C 溶于 100 mL 1%草酸溶液。

9)活性炭：取 100.0 g 活性炭，加 1 mol/L 盐酸 750 mL，在沸水中回流 1～2 h。过滤，用蒸馏水洗涤数次至滤液中无 Fe^{3+}为止，置烘箱内烘干备用。

四、实验步骤

1．标准曲线的制作

1)取维生素 C 标准溶液(1 mg/mL)25 mL 于锥形瓶中，加活性炭 0.1 g，摇荡 1 min，过滤。

2)准确吸取滤液 10 mL 于 50 mL 容量瓶内，加入 0.5 g 硫脲，待溶解后用 1%草酸溶液稀释至刻度，混匀，浓度为 200 μg/mL。

3)另取 10 mL 容量瓶 5 个，编号。按次序分别加入上述稀释液 0.1 mL、0.2mL、0.4 mL、0.8 mL、1.2 mL，并各用 1%硫脲溶液稀释至刻度，混匀。各瓶内维生素 C 的浓度分别为 2 μg/mL、4 μg/mL、8 μg/mL、16 μg/mL、24 μg/mL。

4)取 6 个试管，其中一个加上述任一浓度维生素 C 稀释液 4 mL 为空白管。其他 5 个试管编号为测定管，按次序分别加上述各种浓度维生素 C 稀释液 4 mL。

5) 在每个测定管内加入 2% 2,4-二硝基苯肼溶液 1 mL，连同空白管一起置于37℃保温箱保温 3 h。

6) 3 h 后，将测定管置于冰水中，空白管冷至室温后加入 2% 2,4-二硝基苯肼溶液 1 mL，在室温下放置 10～15 min 后再放在冰水中冷却。

7) 在上述各管中慢慢滴加 85%硫酸 5 mL，边滴加边摇动试管，加完 5 mL 须用时 1 min，这样可防止溶液因温度升高而变黑。

8) 将试管从冰水中取出，在室温下放置 0.5 h，然后在 490 nm 波长下比色。

9) 以 A 值为纵坐标，维生素 C 浓度（μg/mL）为横坐标，绘制维生素 C 标准曲线。

2．样品中总维生素 C 的提取

1) 准确称取样品 100 g 和 2%草酸溶液 100 mL 置于匀浆器内捣成匀浆。

2) 称取匀浆 10～40 g，倾入 100 mL 容量瓶内，再用 1%草酸溶液洗涤数次并一起转入容量瓶中，稀释至刻度。

3) 充分混匀后立即过滤或离心。

3．氧化成脱氢抗坏血酸，形成脎，比色

1) 吸取滤液 25 mL，加活性炭 0.1 g，摇荡约 1 min，使还原型抗坏血酸氧化成脱氢抗坏血酸，过滤。

2) 准确吸取滤液 10 mL 于试管内，加 2%硫脲溶液 10 mL，混匀。

3) 取 2 支试管，标为空白管及测定管，各加入上述稀释液 4 mL。

4) 按制作标准曲线第 5～8 步操作，形成脎，并进行比色。

五、实验结果

$$\text{总维生素 C 含量（mg/100 g 样品）}=\frac{R}{W}\times 100$$

式中，R 为标准曲线查出的每毫升测定液中含总维生素 C 的质量（mg）；W 为测定时所取滤液相当于样品的用量（g）；100 为最初取样量 100 g。

六、实验讨论

1) 实验中硫脲的作用是什么？

2) 样品提取过程中如何防止氧化酶破坏维生素 C？

（吕　俊　张贺翠）

第七章　核　　酸

19 世纪后期，瑞士青年科学家 Miescher 用稀酸和稀碱洗涤医院绷带上的白细胞，发现了核酸分子。此后，为了明确核酸的结构和性质，相继建立和发展了多种分离纯化核酸的技术和体外随机降解核酸的实验分析方法。到 20 世纪 50 年代初期，Franklin 便制备了当时纯度最高的 DNA 钠盐晶体，并摄制了它的 X 射线照片，导致了 DNA 双螺旋结构的提出。几乎与此同时，Chargaff 将多种生物的 DNA 随机降解为核苷酸，并进一步用纸层析方法分析其碱基组成，得到了著名的碱基配对(夏格夫)法则。

DNA 双螺旋结构被发现之后，由于 DNA 特异性降解方法的建立和核酸序列分析技术的发展，核酸实验技术主要沿着三个方面迅速发展。一是核酸杂交技术，该技术从 20 世纪 60 年代开始，先后经历了固相杂交和液相杂交阶段，到 70 年代便基本完善于以膜为基础的核酸杂交实验体系，如 Southern 印迹和 Northern 印迹。二是 DNA 片段特异性剪接技术的发展和完善。这不仅使特定核酸片段的各种功能性载体的制备成为可能，而且以此为基础，建立和发展了核酸的定点变异技术。三是核酸体外扩增技术(PCR)的建立和发展。综合应用这几方面的技术，现在完全可以定点变异载有一个完整基因的 DNA 片段，将其扩增之后，通过特异剪接技术嵌入载体，引入受体细胞，使其表达，并用 Southern 印迹和 Northern 印迹等分子杂交技术对变异基因的表达(甚至瞬间表达)进行分析，从而逐步揭示生命的奥秘。

至今，上述各种核酸实验技术已趋于标准化。本章选编的是其中最基本的核酸实验技术，它们构成了从(不同来源的)核酸纯化、DNA 扩增到 Southern 印迹的实验体系。

实验二十七　CTAB 法提取植物总 DNA

一、实验目的

掌握使用 CTAB 法从植物幼嫩组织中提取 DNA 的原理和方法。

二、实验原理

一般生物体的基因组 DNA 为 10^7～10^8 bp。制备基因组 DNA 是研究基因结构和功能的重要步骤，有效制备大分子 DNA 的方法都要考虑两个原则：第一，防止和抑制内源 DNA 酶(DNase)对 DNA 的降解，可以通过加入一定浓度金属螯合剂(如 EDTA、柠檬酸)及用液氮降低提取过程的温度来抑制内源 DNA 酶对 DNA 的降解；第二，尽量减少对溶液中 DNA 的机械剪切破坏，即当 DNA 处于溶解状态时，要尽量减弱溶液的涡旋，动作应轻柔，在进行 DNA 溶液转移时用大口(或剪口)吸管，尽量减少对 DNA 的机械破坏。

目前常用的植物总 DNA 提取主要有以下两种方法。

1．CTAB 法

CTAB(hexadecyl trimethyl ammonium bromide，十六烷基三甲基溴化铵)是一种去污剂，可溶解细胞膜。它与核酸形成的复合物在低盐溶液中不溶(而在高盐中可溶)，当溶液盐浓度降低到一定程度(0.3 mol/L NaCl)时从溶液中沉淀，通过离心就可将 CTAB 与核酸的复合物同蛋白质、多糖类物质分开，然后将 CTAB 与核酸的复合物沉淀溶解于高盐溶液(0.7 mol/L NaCl)中，酚-氯仿反复抽提后，再加入乙醇使核酸沉淀，CTAB 能溶解于乙醇中而被除去。

植物材料在液氮中研磨可以迅速破坏其细胞壁，游离出细胞器和原生质，并防止 DNA 降解。采用 CTAB 抽提液抽提(65℃)上述研磨物，在高盐条件下不但溶解细胞膜相物质，而且 CTAB 与核酸形成可溶性的复合物，采用离心可以将变性的蛋白质和多酚、多糖等杂质(沉淀相)去除，水相中含有核酸与 CTAB 的复合物及其他可溶性的杂质。直接向水相中加入乙醇或异丙醇则导致核酸的沉淀，CTAB 和其他多数杂质留于异丙醇与水的混合相中，吸出核酸沉淀团经过多次乙醇漂洗和沉淀、TE 溶解得到 DNA 粗提物。粗提的 DNA 一般可用于粗略 PCR 等。

用于精细 PCR、Southern 杂交和 DNA 文库构建的 DNA 则应进一步纯化。用 RNase 水解 RNA，用氯仿-异戊醇抽提去除蛋白杂质等，经乙醇沉淀后可获得较为纯净的植物总 DNA。

2．SDS 法

利用高浓度的 SDS(十二烷基硫酸钠)，在高温(55～65℃)条件下裂解细胞，使染色体离析，蛋白质变性，释放出核酸。然后提高盐浓度及降低温度使蛋白质及多糖杂质沉淀，离心后除去沉淀，上清液中的 DNA 同样用酚-氯仿-异戊醇抽提，乙醇沉淀水相中的 DNA。

目前多用 CTAB 法提取植物 DNA。由于植物材料中 DNA 酶活性水平低，蛋白质含量也低，其操作要点是要避免植物多糖和植物次生代谢物质(如多酚、类黄酮等)与 DNA 共存，以保证 DNA 实现正常酶切等操作。针对这些特点，采用 CTAB 法可有较好的结果。

三、实验器材

1．材料

小麦幼苗。

2．仪器

高速冷冻离心机(16 000 r/min)、恒温水浴锅、磁力搅拌器、研钵、微量核酸蛋白质测定仪、电泳仪及微型电泳槽、冰箱、凝胶成像系统或手提式紫外检测仪、微波炉、电子天平、纯水系统、Eppendorf管、塑料离心管架、微量移液器(10 μL、200 μL、1000 μL及对应的Tip头)、滤纸、常用玻璃仪器及滴管、一次性塑料手套等。

3．试剂

1) Tris-HCl(pH 8.0)缓冲液。

2) CTAB抽提液(pH 8.0)：按如下加样顺序和终浓度配制。100 mmol/L Tris-HCl(pH 8.0)，20 mmol/L EDTA(pH 8.0)，1.4 mol/L NaCl溶液，2%(*m*/*V*)CTAB[抽提含多酚较多的植物材料时，可另加入2%的PVP(聚乙烯吡咯烷酮)]。

抽提液于121℃、1.034×10^5 Pa灭菌20 min，冷却后室温保存，可在几年内保持稳定。临用之前向装有上述抽提液的试管中加入终浓度为2%～3%(*V*/*V*)的β-巯基乙醇。

3) 氯仿-异戊醇：在氯仿中加入异戊醇(24∶1，*V*/*V*)。

4) 0.5×TBE缓冲液：称取Tris碱10.88 g、硼酸5.52 g和$EDTA\text{-}Na_2$ 0.72 g，用蒸馏水溶解后，定容至200 mL，用前稀释10倍。

实验中也可以使用1×TAE缓冲液代替TBE缓冲液：称取242.0 g Tris碱，37.2 g $EDTA\text{-}Na_2\cdot2H_2O$，加入800 mL去离子水，充分搅拌溶解；加入57.1 mL的冰醋酸，充分混匀；加去离子水定容至1 L，得50×TAE电极缓冲液，室温保存；使用时稀释50倍。

5) RNA酶 A(DNase-free RNase A)：溶解RNase A于TE缓冲液中，浓度为20 mg/mL，煮沸10～30 min，除去DNase活性，–20℃贮存。

6) pH 8.0 TE缓冲液：10 mmol/L的Tris-HCl(pH 8.0)，1 mmol/L的EDTA(pH 8.0)，于4℃贮存备用。

7) 溴酚蓝：100 mL水中加入1.0 g水溶性溴酚蓝钠，涡旋搅拌或混合至充分溶解。一般情况下，该溶液不必灭菌。实验中或用6×上样缓冲液来代替。

8) 溴化乙锭(ethidium bromide，EB)染色液：将1.0 g溴化乙锭加入蒸馏水中并定容到100 mL，经磁力搅拌器搅拌数小时，以保证EB溶解。将溶液装入铝箔包裹的容器或深色试剂瓶中，避光、室温贮存。临用前，用电泳缓冲液稀释或直接加入熔化的琼脂糖凝胶中，使其最终浓度达到0.5 μg/mL。实验中或使用GoldView™核酸染料代替EB。

9）λ-*Hin*dⅢ DNA Marker 或者 1 kb DNA Marker。

10）乙酸钠溶液：3 mol/L，用冰醋酸调 pH 至 5.2。

11）液氮，β-巯基乙醇，预冷异丙醇，75%乙醇溶液，琼脂糖，无水乙醇等。

四、实验步骤

1）采摘小麦幼嫩的新鲜叶片，用自来水、蒸馏水先后冲洗，用滤纸吸干水分。

2）将 200 mL CTAB 抽提液放于 65℃恒温水浴锅中预热；加 4 mL β-巯基乙醇到已预热的 CTAB 中。

3）称取 0.5 g 左右的新鲜叶片放入经液氮预冷的研钵中，加液氮研磨至细粉状以破碎植物细胞，释放出细胞内含物。待液氮蒸发完后（注意：勿使样品融化，研磨时的低温可抑制核酸酶的活性），迅速转入装有 2 mL 于 65℃预热过的 CTAB 抽提液的 5 mL 离心管中，轻轻混匀。

4）65℃水浴 30～60 min，每 10 min 轻柔颠倒混匀一次。

5）加等体积（约 2 mL）的氯仿-异戊醇（24∶1，*V*/*V*），温和摇动，乳化 10 min。

6）1000 r/min 室温离心 10 min；充分吸取上清液于另一干净的 5 mL 离心管中，注意不要吸取或破坏中间的蛋白相。

7）加入上清液 1/10～1/5 体积（约 250 μL）的乙酸钠溶液，混匀，调 pH 至酸性。

8）加入与上清液等体积（约 2 mL）的–20℃预冷的异丙醇，立即轻柔颠倒混匀，应有白色絮状悬浮物出现。

9）如果絮状悬浮物能很好地成团，则直接采用口径剪大的 200 μL Tip 头吸住沉淀转移到含 1 mL 75%乙醇溶液的 1.5 mL 离心管中漂洗，用 200 μL Tip 头一边侧向挤压沉淀一边吸干液体（注意不要吸走沉淀），再加 1 mL 75%乙醇溶液如上法漂洗 2 或 3 次。

10）吸弃上清，加入 1 mL 无水乙醇，漂洗数分钟；吸干乙醇后干燥沉淀，并用 250 μL 的 TE 缓冲液溶解沉淀，即得到 DNA 粗提物，立即进入 DNA 纯化阶段。

11）向 TE 缓冲液溶解的 DNA 粗提物中加入 4～10 μL RNase A（40～100 μg），轻柔摇匀。

12）于 65℃酶解 RNA 30 min 以上。

13）加入 500 μL 氯仿-异戊醇，轻轻颠倒混匀，乳化 10 min；10 000 r/min 离心 10 min，取上清液至一洁净的 1.5 mL 离心管中，注意不要破坏界面相。

14）加入 500 μL 氯仿-异戊醇轻摇颠倒混匀 10 min；10 000 r/min 离心 10 min，吸取上清液至 1.5 mL 离心管中，注意不要破坏界面相；向上清液中加入 1/5～1/10 体积的乙酸钠溶液，并加入等体积的异丙醇，冰浴沉淀 20 min 左右。

15）在 4℃、10 000 r/min 离心 10 min，倾倒或吸干上清液体；沉淀用 75%乙醇溶液 500～1500 μL 漂洗 2 次。

16）室温下干燥沉淀，加入 100 μL 的 ddH_2O 溶解 DNA。可保存于–20℃备用。

17) 使用微量核酸蛋白质测定仪测定 DNA 的纯度和浓度。

如果第一次异丙醇沉淀后没有絮状悬浮物，则按如下步骤操作：5000 r/min 于 4℃下离心 5 min；弃上清，用尖头口径剪大的 1 mL Tip 头加入 75%乙醇溶液 1 mL，将沉淀捣成碎块后一并吸取转移到一支 1.5 mL 离心管中，摇荡漂洗数分钟；5000 r/min 离心 3 min；弃上清，加入 75%乙醇溶液 1 mL，将沉淀捣成碎块，摇荡漂洗数分钟；5000 r/min 离心 3 min；弃上清，加入 1 mL 无水乙醇，将沉淀捣成碎块，摇荡漂洗数分钟；5000 r/min 离心 3 min；彻底吸干无水乙醇，沉淀于 37℃保温箱中或室温干燥片刻至刚出现半透明；用 250 μL TE 缓冲液溶解沉淀，溶解困难时可在 50℃水浴中助溶，混匀后得到 DNA 粗提物，可保存于−20℃备用，或立即进入 DNA 纯化阶段。

五、实验结果

电泳检测：制备 1%琼脂糖凝胶。取 5～10 μL DNA，加 1 μL 6×上样缓冲液混匀，以 λ-*Hin*dⅢ DNA Marker 作为分子质量标准，在 1×TAE 缓冲液中于 120 V、100 mA 左右进行琼脂糖凝胶电泳，至溴酚蓝迁移至 1/2～2/3 凝胶长度的距离处，取出凝胶于凝胶成像系统中观察、分析并拍照，从主带亮度、主带分子质量大小、弥散化程度、RNA 降解彻底度等方面评价 DNA 的质量。

根据微量核酸蛋白质测定仪的测定结果，分析 DNA 的纯度和浓度。

六、实验讨论

1) CTAB 法、SDS 法提取 DNA 的优缺点分别是什么？如何选择 DNA 提取的方法？

2) DNA 提取过程中的注意事项是什么？

3) DNA 提取后浓度和纯度检测的要点是什么？

实验二十八 SDS-苯酚法提取动物总 DNA

一、实验目的

DNA 的提取是现代生物化学实验技术中最基本的操作之一。对于不同的研究对象，所采取的 DNA 提取方法有所不同。SDS-苯酚法是提取大多数动物核 DNA 的基本方法。

二、实验原理

与植物样品含有较多的多糖不同，动物样品含有较多的蛋白质，酚是较好的蛋白质变性剂，能有效除去核蛋白，使核酸从核蛋白质复合体中分离出来。但是酚不能完全抑制 RNA 酶(RNase)活性，而且它还能溶解少量水从而溶解一部分 poly(A)RNA。为了克服这两个缺陷，常引入另一种蛋白质变性剂——氯仿。氯仿能加速有机相与液相的分层，在氯仿加入少许异戊醇能稳定界面，减少蛋白质变性操作过程中产生的气泡。氯仿处理还可以消除核酸溶液中的少量苯酚。如果后续反应受氯仿影响较大，还可以进一步用水饱和的乙醚抽提一次，然后在 68℃放置 10 min，让乙醚挥发掉。

三、实验器材

1．材料

家蚕蛹或其他动物样品。

2．仪器

高速冷冻离心机(16 000 r/min)、恒温水浴锅、研钵、紫外-可见光分光光度计或微量核酸蛋白质测定仪、电泳仪及水平电泳槽、冰箱、凝胶成像系统或手提式紫外检测仪、微波炉、电子天平、纯水系统、Eppendorf 管、塑料离心管架、微量移液器(10 μL、200 μL、1000 μL 及对应的 Tip 头)、常用玻璃仪器及滴管、一次性塑料手套等。

3．试剂

1) Tris-HCl 溶液饱和酚-氯仿-异戊醇(25∶24∶1，*V/V/V*)：在氯仿中加入异戊醇(氯仿-异戊醇体积比为 24∶1)。饱和酚与氯仿-异戊醇按 1∶1 的比例混合待用，4℃下可贮存 1 个月。

酚需在 160℃重蒸，加入抗氧化剂 8-羟基喹啉，使其浓度为 0.1%，并用 1 mol/L 的 Tris-HCl(pH 8.0)缓冲液平衡 2 次，使用之前酚必须平衡至 pH>7.8。因为在酸性条件下，DNA 将溶解到有机相。

2) 抽提缓冲液：10 mmol/L 的 Tris-HCl(pH 8.0)；0.1 mol/L EDTA(pH 8.0)；0.5% SDS。

3) 加样缓冲液：0.25%溴酚蓝；0.25%二甲苯青(FF)；15%聚蔗糖水溶液。或直接购置 6×上样缓冲液。

4) 0.3% GoldView^{TM} 染料(或溴化乙锭)。

5) 液氮；1 mol/L Tris-HCl(pH 8.0)；0.5 mol/L EDTA-Na_2(pH 8.0)溶液；TE(pH 8.0)；10 mol/L CH_3COONH_4；70%乙醇溶液；20 mg/mL 蛋白酶 K；10 mg/mL RNA 酶。

6) 琼脂糖。

7) 1×TAE 电极缓冲液：称取 242 g Tris 碱、37.2 g EDTA-Na_2·$2H_2O$，加入 800 mL 去离子水，充分搅拌溶解；加入 57.1 mL 冰醋酸，充分混匀；加去离子水定容至 1 L，得 50×TAE 电极缓冲液，室温保存；使用时稀释 50 倍。

四、实验步骤

1) 将家蚕蛹或其他动物样品放入预冷的研钵中，加入液氮后快速研磨成粉末状，加入 1 mL 抽提缓冲液，轻轻摇匀，形成匀浆状，将匀浆液转至 5 mL 无菌离心管中；再用 1 mL 抽提缓冲液清洗研钵，并将洗液转入同样的离心管中，然后加入蛋白酶 K 至终浓度为 100 μg/mL，52℃水浴保温 5 h 或过夜。

2) 加入等体积饱和酚，温和振荡，摇匀 15min(置于–20℃，5～10 min)；4℃、12 000 r/min 离心 10 min，将黏稠的上清液转移到离心管中。

3) 再用酚-氯仿-异戊醇(25∶24∶1，*V*/*V*/*V*)、氯仿各抽提 1 次(10 min)，然后 4℃、12 000 r/min 离心 10 min。

4) 移出上层水相至另一新离心管中，加入 2～2.5 倍体积冰冻乙醇，转动离心管使溶液充分混合，DNA 立即形成沉淀，4℃、7000 r/min 离心 10 min 或用高压灭菌过的玻璃棒(消毒牙签)将 DNA 沉淀从乙醇溶液中移出。

5) 用 70%乙醇溶液洗涤 DNA 沉淀 2 次，晾干后，加入 350 μL 的 TE(pH 8.0)溶解沉淀，并加入 RNase A 使其终浓度为 50 μg/mL，在 37℃培育 4 h。

6) 将 DNA 转移到 1.5 mL 无菌离心管中，再加入 TE(pH 8.0) 350 μL 到 5 mL 无菌离心管中洗涤，并将洗液转入上述的 1.5 mL 离心管中。

7) 再用酚-氯仿-异戊醇(25∶24∶1，*V*/*V*/*V*)、氯仿各抽提一次，然后加入 2～2.5 倍体积的冰冻乙醇，转动离心管使溶液充分混合，DNA 立即形成沉淀。

8) 用 70%乙醇溶液洗涤 DNA 沉淀 2 次，然后晾干，加入 200 μL TE 溶解 DNA。

9) 用 1×TAE 电极缓冲液制备 1%琼脂糖凝胶(100 mL 凝胶中含有约 5 μL 的 GoldView^{TM} 染料)，微波炉加热煮沸 2 或 3 次至琼脂糖凝胶液澄清，放置室温约 10 min 至琼脂糖凝胶冷却；取 5～10 μL 的 DNA 与 1 μL 的 6×上样缓冲液混匀后，点样至琼脂糖凝胶中的梳子留下的凹孔处，以 2.5～5 V/cm 电泳，电泳时间约 30 min，等溴酚蓝至凝胶长度的一半时，停止电泳，取出凝胶；将凝胶放置于凝胶成像系统中照相并分析结果。

10) 将电泳后的琼脂糖凝胶放置于凝胶成像系统中或紫外灯下观察拍照，并对电泳结果进行分析。

11) 取 2 μL DNA 溶液，用 98 μL 的 TE 稀释 50 倍，然后用分光光度计检测并计算 DNA 的浓度和纯度；或者直接用微量核酸蛋白质测定仪测定出 DNA 的浓度和相对纯度。

五、实验结果

根据电泳结果估计 DNA 的相对分子质量。根据紫外分光光度计测定结果，分析 DNA 的纯度和浓度。测定此 DNA 溶液在 260 nm 和 280 nm 处吸光度，计算 A_{260}/A_{280}，比值应大于 1.8。如果小于 1.8，则说明含较多的蛋白质，需加入少量蛋白酶 K 保温后，再进一步抽提纯化。另外，230 nm 处为盐类及小分子化合物(如核苷酸)的吸收峰，因此 A_{260}/A_{230} 应大于 2.0。由于 1 A_{260}DNA 的浓度为 50 μg/mL。因此得率公式为 DNA 含量=A_{260}×50×溶解体积/组织鲜重(μg DNA/g 鲜重)。

六、实验讨论

1) 酚、氯仿、异戊醇的作用分别是什么？
2) 乙醇洗涤 DNA 的作用是什么？

实验二十九　质粒 DNA 的制备与纯化

一、实验目的

提取基因工程运载基因的载体质粒 DNA，掌握最常用的提取质粒 DNA 的方法。

二、实验原理

质粒(plasmid)是一些存在于细菌、放线菌或真菌细胞中的双链、闭环的 DNA 分子，其分子大小为 1～200 kb。它们依赖于宿主编码的酶和蛋白质来进行自主复制和转录，是独立于染色体之外进行复制和遗传的遗传单位，能使子代细胞保持恒定的拷贝数，可表达它们携带的遗传信息。由于细菌质粒具备了将外源基因或 DNA 片段导入受体细胞所必须具备的条件，它已逐渐成为基因工程中常用的载体之一，同时也是研究 DNA 结构与功能的较好模型。

所有分离质粒 DNA 的方法都包括 3 个基本步骤：培养细菌使质粒扩增；收集和裂解细胞；分离和纯化质粒 DNA。分离质粒 DNA 的方法较多，常用的质粒 DNA 制备方法有碱裂解法、煮沸法和一些改良质粒 DNA 快提法，其中碱裂解法比较常用。

碱变性抽提质粒 DNA 是最常用的提取方法，它基于共价闭合环状质粒 DNA 与染色体 DNA 在拓扑学上的差异引发的变性与复性的差异而达到分离目的。可先采用溶菌酶破坏菌体细胞壁，再用 SDS 裂解细胞壁。经溶菌酶和 SDS 或 NaOH 处理后，细胞膜崩解，从而使菌体充分裂解；在碱性条件下(pH 12.0～12.6)细菌染色体 DNA 和质粒 DNA 的氢键都断裂、变性，而闭环的质粒 DNA 由于处于拓扑缠绕状态而不能彼此分开；当加入乙酸钾(pH 4.8)等高盐缓冲液调节其 pH 至中性时，巨大的染色体 DNA 分子难以复性，而质粒 DNA 得以很快复性。同时，在高盐浓度存在的条件下，宿主染色体 DNA、蛋白质等形成不溶性网状结构，这个沉淀过程又被冰醋酸所强化；而共价闭环的质粒 DNA 仍为可溶状态。通过离心可去除大部分细胞碎片、染色体 DNA、RNA 及蛋白质，而质粒 DNA 仍留在上清中，采用异丙醇或乙醇沉淀可得到质粒 DNA。

质粒 DNA 分子质量一般为 10^6～10^7 Da。在细胞内，共价闭合环状 DNA (covalently closed circular DNA，cccDNA)常以超螺旋形式存在。若两条链中有一条链发生一处或多处断裂，分子就能旋转而消除链的张力，这种松弛型的分子叫作开环 DNA(open circular DNA，ocDNA)。在电泳时，同一质粒如以 cccDNA 形式存在，它比开环和线状 DNA 的泳动速度都快，因此在电泳凝胶中可能呈现出 3 条区带(超螺旋>线性>开环)。

本实验采用碱裂解法小量提取质粒 DNA，包括载体质粒 DNA 和重组质粒 DNA，用于进一步的转化、酶切和 PCR 等实验。纯化后的质粒 DNA 可用分光光度计法检测其纯度和浓度。

三、实验器材

1．材料

含有质粒的细菌(DH5α或 ZML09)。

2．仪器

超净工作台、恒温培养箱、高速冷冻离心机(16 000 r/min)、恒温水浴锅、冰箱、真空泵、漩涡振荡器、电泳仪及微型电泳槽、凝胶成像系统或手提式紫外检测仪、磁力搅拌器、微波炉、电子天平、纯水机、Eppendorf 管、塑料离心管架、微量移液器(0.1～5 μL、0.5～10 μL、10～100 μL、100～1000 μL 及相应的 Tip 头)、常用玻璃仪器及滴管、一次性塑料手套等。

3．试剂

1) LB 液体培养基：胰蛋白胨 10.0 g/L、酵母提取物 5.0 g/L、NaCl 溶液 10.0 g/L 混匀，pH 7.0。

2) 100 mg/mL 氨苄青霉素钠盐母液(Amp)。

配制 LB 培养基时，使抗生素终浓度为 100 μg /mL，即 1 mL LB 培养基中加 1 μL Amp 母液。

3) 溶液Ⅰ，即 GET 缓冲液：pH 8.0，50 mmol/L 葡萄糖溶液，10 mmol/L EDTA，25 mmol/L Tris-HCl，于 4℃贮存备用。用前加溶菌酶 2～4 mg/mL。

4) 溶液Ⅱ：0.2 mol/L NaOH 溶液，1% SDS 溶液(使用前用 0.4 mol/L NaOH 溶液和 2% SDS 溶液等量混合，现用现配)。

5) 溶液Ⅲ，即 3 mol/L KAc 溶液：60 mL 5mol/L KAc 溶液，11.5 mL 冰醋酸，28.5 mL 蒸馏水，pH 4.8，于 4℃贮存备用。

6) Tris-HCl 溶液饱和酚-氯仿-异戊醇(25∶24∶1，*V*/*V*/*V*)：在氯仿中加入异戊醇(氯仿-异戊醇体积比为 24∶1)。酚与氯仿-异戊醇按 1∶1 的比例混合待用，4℃下可贮存 1 个月。

7) RNA 酶(RNase)：10 mg/mL。

8) pH 8.0 TE 缓冲液：10 mmol/L Tris-HCl(pH 8.0)，1 mmol/L EDTA(pH8.0)，于 4℃贮存备用。

9) 0.5×TBE 缓冲液：称取 Tris 碱 10.88 g、硼酸 5.52 g 和 EDTA 0.72 g，用蒸馏

水溶解后，定容至 200 mL，用前稀释 10 倍。

10) 1×TAE 电极缓冲液：称取 24.2g 的 Tris 碱，37.2 g 的 EDTA-Na_2 • $2H_2O$，加入 800 mL 去离子水，充分搅拌溶解；加入 57.1 mL 冰醋酸，充分混匀；加去离子水定容至 1 L，室温保存；使用时稀释 50 倍。

11) 溴酚蓝：100 mL 水中加入 1.0 g 水溶性溴酚蓝钠。涡旋搅拌或混合至充分溶解。一般情况下，该溶液不必灭菌。

12) 溴化乙锭染色液：将 1.0 g 溴化乙锭加入蒸馏水中并定容到 100 mL，经磁力搅拌器搅拌数小时，以保证颜料溶解。将溶液装入铝箔包裹容器或深色试剂瓶中，避光、室温贮存。临用前，用电泳缓冲液稀释或直接加入熔化的琼脂糖凝胶中，使其最终浓度达到 0.5 μg/mL。现常用 GoldView™ 染料代替 EB。

13) 预冷无水乙醇、70%乙醇溶液、琼脂糖等。

若选择试剂盒提取，则需要提供质粒 DNA 提取试剂盒，试剂盒中包含：①Resuspension Buffer（RB）；②Lysis Buffer（LB）；③Neutralization Buffer（NB）；④Wash Buffer（WB）；⑤Elution Buffer（EB）；⑥RNase A；⑦Spin Column with Collection Tubes。

注意：使用时将试剂盒携带的 RNase A 全部加入 RB 溶液中，4℃保存；检查 RB、LB 是否浑浊，如有浑浊，可在 37℃水浴中加热几分钟，且使用后立即盖紧盖子，以免 pH 发生变化。

四、实验步骤

(一) 常规法提取

1．培养细菌

1) 配制 LB 液体和琼脂培养基，并高压灭菌。

2) 用无菌的牙签或者接种环从选择性培养平板上挑取带有质粒的大肠杆菌 DH5α 或 ZML09 单菌落，移至含有 100 μL/mL 氨苄青霉素的 LB 液体培养基中，于 37℃振荡培养过夜(200 r/min，14～16 h，不要超过 18 h)。

注意：冷冻保存的菌种需要先在含有抗生素的 LB 液体培养基中过夜培养，活化菌株。抗生素不能用高温灭菌，需待培养基灭菌后冷至不烫手时再加入。

2．从细菌中快速提取制备质粒 DNA

1) 将 1.4 mL 培养物移至 1.5 mL 离心管中，12 000 r/min 离心 1 min；去掉上清液(将液体一次性倒出，并用滤纸吸净管口残余的液体，尽量避免液体重新流回管底)，用 1 mL GET 缓冲液重悬细菌沉淀，12 000 r/min 离心 1 min，弃上清。

2) 细菌沉淀重悬于 100 μL 冰预冷的溶液 I 中，用漩涡振荡器充分混匀，在室温下放置 5～10 min(注意：重悬时使细菌沉淀完全分散)。

3）加入 200 μL 新配制的溶液Ⅱ（0.2 mol/L NaOH 溶液，1% SDS 溶液），盖紧管口，快速颠倒离心管 2 或 3 次使之混匀，之后置于冰上裂解 5 min。

注意：混合的动作要温和；冰浴时间不宜过长或过短；经过此过程后，开盖应有拉丝现象，溶液变稠。

4）加入 150 μL 预冷的溶液Ⅲ，盖紧管口，颠倒混匀，冰上放置 10 min。4℃ 10 000 r/min 离心 5 min，将上清液移入另一离心管中。

5）向上清液中加入等体积酚-氯仿-异戊醇，颠倒混匀 5 min，10 000 r/min 离心 5 min，将上清液转移至新的离心管中，可重复抽提 1 或 2 次（注意：不要让有机层混入上清液）。

6）将上清液加入预冷的 2 倍体积的无水乙醇，颠倒混匀，–20℃放置 30 min 左右，4℃、12 000 r/min 离心 10 min。

7）小心弃去上清，加入 1 mL 70%乙醇溶液洗涤 DNA 沉淀（可使沉淀脱离管壁），振荡并离心，4℃、12 000 r/min 离心 10 min。

8）小心弃去上清，真空抽干，或室温放置或在超净工作台内吹干沉淀（需 20～30 min，沉淀呈半透明状且闻不到乙醇的味道时即可，沉淀不可过于干燥），待用。

9）将沉淀溶于 50 μL 灭菌的 TE 或 ddH_2O 中，取 5 μL 电泳观察并照相（或加入 RNase，终浓度 20～50 μg/mL，37℃消化 30～40 min，再取 5 μL 电泳观察并照相）。此时 DNA 溶液可保存于 4℃或–20℃，用于酶切和 PCR 反应等，如需要进一步纯化，则继续向上清液中加入 2 倍体积无水乙醇，混匀，冰浴沉淀，离心收集沉淀。另外，实验室经常用 TE 把质粒稀释至 1 mL，用 70 μL 石英杯，以 TE 为空白测 A_{260} 和 A_{280}，以检测 DNA 的纯度和浓度。

本实验方法提取及纯化的质粒 DNA 的纯度只能满足一般目的要求。对于纯度要求很高的情况，如作为克隆载体和测序的模板，最好使用质粒纯化试剂盒提取。

3．质粒质量检测

1）配制 1%琼脂糖凝胶：称取 1.0 g 琼脂糖，放入锥形瓶中，加入 100 mL 1×TAE 缓冲液，置微波炉加热至完全溶化，取出摇匀，则为 1%琼脂糖凝胶液，加入 GoldView^{TM} 染料 5 μL，混匀。

2）取 5～10 μL 扩增产物，加入上样缓冲液（加入 DNA Marker），电泳。电泳结束后，于凝胶成像系统中观察照相并分析结果。

3）用微量核酸蛋白质测定仪测定质粒 DNA 的浓度并分析质粒的纯度。

（二）试剂盒提取

1．步骤

1）取 1.5 mL 过夜培养的细菌，12 000 r/min 离心 2 min，弃上清液。

2）加入 250 μL 溶液 RB（含 RNase A），振荡悬浮细菌沉淀，使充分混匀，室温放置 2 min。

3) 加入 250 μL 溶液 LB，立即温和地上下翻转混合 4～6 次，使菌体充分裂解，形成澄清溶液(不宜超过 5 min)。

4) 加入 350 μL 溶液 NB，立即轻轻混合 4～6 次，此时应出现絮状沉淀，室温放置 2 min。

5) 15 000 r/min 离心 6 min，小心吸取上清液加入吸附柱中。

6) 15 000 r/min 离心 1 min，弃去过柱液。

7) 加入 650 μL 溶液 WB，15 000 r/min 离心 1 min，弃去过柱液。15 000 r/min 再次离心 1 min，彻底去除残留的 WB。

8) 将吸附柱置于一干净的离心管中，在柱中央加入 30 μL 预热的溶液 EB(60℃)，室温放置 2 min。

9) 12 000 r/min 离心 2 min，洗脱 DNA，–20℃保存。质粒 DNA 提取结束后，在管壁做好标记，以便下个实验用。

2. 质粒质量检测

同“(一)常规法提取”。

五、实验结果

可以通过微量核酸蛋白质测定仪直接测得 DNA 的纯度及相对浓度，同时可以通过电泳的结果检验测得的数据。

六、实验讨论

1) 菌体中加入 NaOH 和阴离子去污剂 SDS 的作用是什么？
2) 若无微量核酸蛋白质测定仪，可以用紫外-可见分光光度计计算其浓度与纯度吗？

实验三十　酵母 RNA 的分离及组分鉴定(浓盐法)

一、实验目的

酵母中的 RNA 含量甚丰，是获取 RNA 的重要来源；通过本实验掌握酵母 RNA 的提取和组分鉴定的原理和方法。

二、实验原理

各种 RNA 是基因多拷贝表达的产物，故提取的 RNA 一方面可在工业上用作制备核苷酸的原料，另一方面可以作为有活性的生物工程分子。RNA 提取制备方法不同。工业上常用稀碱法和浓盐法提取 RNA：前者利用稀碱使细胞壁溶解，使 RNA 释放出来，这种方法提取时间短，但 RNA 在此条件下不稳定，容易分解；后者在加热的条件下，利用高浓度的盐改变细胞膜的透性，使 RNA 释放出来，此法易掌握，产品颜色较好。故本实验采用浓盐法(10% NaCl)。

微生物是工业上大量生产核酸的原料，其中以酵母最为理想。这是因为酵母核酸中主要含 RNA(2.67%～10.0%)，DNA 很少(0.03%～0.516%)，菌体容易收集，RNA 也易分离。此外，抽提后的菌体蛋白质(占干菌体的 50%)还具有很高的利用价值。RNA 提取过程是先使 RNA 从细胞中释放，并使它和蛋白质分离，再根据核酸在等电点溶解度最小的性质，将 pH 调到 2.0～2.5，使 RNA 沉淀，进行离心收集。提取流程如图 7-1 所示。

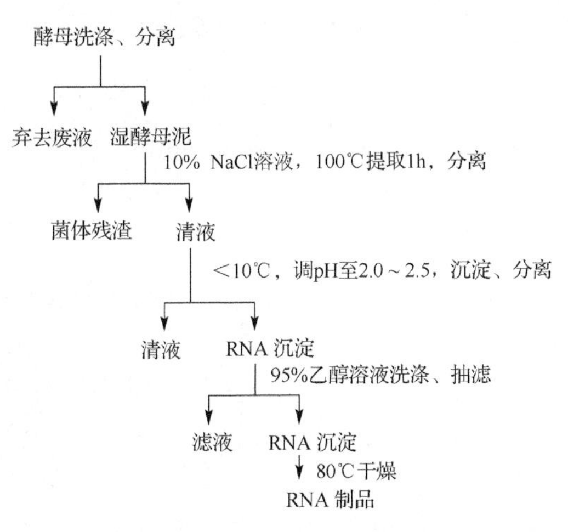

图 7-1　酵母 RNA 提取示意图(引自朱利泉，1997)

得到 RNA 后，加硫酸煮沸即可使 RNA 水解成核糖、嘌呤碱、嘧啶碱和磷酸，由水解液可测出上述组分的存在。

1)嘌呤碱鉴定：嘌呤碱与银铵化合物作用产生白色的嘌呤银化合物沉淀，遇光成红棕色沉淀。

2)核糖的鉴定：苔黑酚(3,5-二羟基甲苯)法。

3)磷酸的测定：定磷法。

$$(NH_4)_2MoO_4+H_2SO_4 \longrightarrow H_2MoO_4+(NH_4)_2SO_4$$

$$H_3PO_4+12H_2MoO_4 \longrightarrow H_3P(Mo_3O_{10})_4+12H_2O$$

$$\text{维生素 C}+H_3P(Mo_3O_{10})_4 \longrightarrow Mo_2O_3MoO_3\text{(钼蓝)}$$

如果需要制备纯度高、呈自然状态并可供继续研究使用的 RNA，目前一般有苯酚法、去污剂法和盐酸胍法，其中苯酚法是实验室最常用的。

细胞内大部分 RNA 均与蛋白质结合在一起，以核蛋白的形式存在。因此，提取 RNA 时须使 RNA 与蛋白质分离并除去。将细胞置于含有 SDS 的缓冲液中，加等体积水饱和酚，通过剧烈振荡，然后离心形成上层水相和下层酚相。核酸溶于水相，被苯酚变性的蛋白质或溶于酚相，或在两相界面处形成凝胶层。本实验采用的0.15 mol/L缓冲液系统可使大部分RNA-蛋白质复合物解离，而DNA-蛋白质复合物只有极少部分解离；用酚处理时，DNA-蛋白质复合物变性，在低温条件下从水相中除去，这样得到的RNA制品中混杂的DNA极少。用氯仿-异戊醇继续处理RNA制品，可进一步除去其中少量的蛋白质。最后用乙醇使RNA从水溶液中沉淀出来。

三、实验器材

1．材料

压榨酵母或酵母片。

2．仪器

研钵、恒温水浴锅、量筒(10 mL)、小烧杯(50 mL)、滴管和玻璃棒、试管及试管架、试管夹、离心机和离心管、精密pH试纸(0.5～5.0)。

3．试剂

1) 10% NaCl溶液：称取10.0 g NaCl固体，用蒸馏水定容到100 mL。

2) 6 mol/L HCl溶液：12 mol/L的浓盐酸稀释1倍，取50 mL浓盐酸，用玻璃棒引流缓慢加入50 mL水中，同时搅拌溶液使产生的热量快速散发。

3) 1.5 mol/L硫酸：取100 mL 18 mol/L浓硫酸，用玻璃棒引流缓慢加入1000 mL水中，同时搅拌溶液使产生的热量快速散发，最后定容到1200 mL。

4) 三氯化铁浓盐酸溶液：将2 mL 10% $FeCl_3$溶液加入400 mL浓盐酸中即成。

5) 苔黑酚乙醇溶液：称取6.0 g苔黑酚用95%乙醇溶液溶解后定容至100 mL(可在4℃冰箱中保存1个月)。

6) 定磷试剂：包括以下3种试剂。

17%硫酸：将17 mL浓硫酸(密度为1.84 g/mL)缓缓加入83 mL水中。

2.5%钼酸铵溶液：2.5 g钼酸铵溶于100 mL水中。

10%维生素C溶液：10.0 g维生素C溶于100 mL水中，贮于棕色瓶中保存。溶液呈淡黄色时可用，如呈深黄或棕色则失效，需纯化维生素C。

临用时将上述3种溶液与水按如下比例混合：17%硫酸∶2.5%钼酸铵溶液∶10%维生素C∶水=1∶1∶1∶2(体积比)。

7) 95%乙醇溶液、浓氨水、0.1 mol/L硝酸银溶液(取16.987 g硝酸银，用双蒸水溶解后定容至1000mL。注意用不含有氯离子的双蒸水，否则会生成氯化银沉淀)等。

四、实验步骤

1．酵母RNA的提取与酸解

取酵母片2或3粒置于研钵内，加少量10% NaCl溶液研磨均匀，再用NaCl溶液将匀浆全部冲洗转移至试管中，加入10% NaCl溶液的总体积应控制在10 mL以内。将试管放入100℃水浴中提取20 min，冷却后将提取液转入离心管，以3500 r/min离心10 min，离心后将上清液转入50 mL烧杯中，置冰水中冷却5 min，搅拌下加入6 mol/L HCl溶液1或2滴，调节pH为2.0～2.5，继续在冰水中冷却静置10 min，以充分沉淀。然后离心3 min，去掉上清液，向沉淀中加入95%乙醇溶液5 mL，搅匀，再离心，去掉上清液，并用干净滤纸条吸去残余清液，即为RNA沉淀。向沉淀中加入1.5 mol/L硫酸6 mL，搅匀在沸水浴中加热10 min即成RNA的水解液。

2．RNA的组分鉴定

取水解液按下述操作进行组分鉴定。

1）嘌呤碱：取水解液1 mL加入过量浓氨水（约15滴），随后加入约1 mL 0.1 mol/L硝酸银溶液，观察有无嘌呤碱的银化物沉淀出现。

2）核糖：取试管一支加入1 mL水解液、2 mL三氯化铁浓盐酸溶液和0.2 mL苔黑酚乙醇溶液，置沸水浴中加热10 min，若溶液变成绿色，则说明有核糖存在。

3）磷酸：在一支试管内加入1 mL水解液和1 mL定磷试剂，在沸水浴中加热后溶液变成蓝色，说明有磷酸存在。

五、实验结果

通过颜色反映RNA组分鉴定结果。

六、实验讨论

1）RNA的分离提取还有哪些方法？所得RNA是否为纯品？如何进一步纯化？

2）现有三瓶未知溶液，已知它们分别为蛋白质、糖和RNA，采用什么试剂和方法鉴定？

实验三十一　核苷酸分析

一、实验目的

本实验采用的离子交换树脂柱层析是一种重要层析技术，在轻化工和制药工业领域有着重要的用途。学习和掌握基本的核苷酸分离和分析方法。

二、实验原理

核酸可被酸（如高氯酸、硫酸）、碱（如氢氧化钾）和酶（如磷酸二酯酶）进行不同程度的水解，得到不同结构层次的产物，如多核苷酸、寡核苷酸、核苷酸、核苷、碱基（嘌呤碱和嘧啶碱）、戊糖、磷酸等。水解的程度与水解的条件（如酸碱、浓度、时间等）相关。因此，控制水解条件，可优先地对其中某个结构层次进行分离和分析。

本实验对核苷酸进行分离和分析。在 pH 1.5 和 pH 3.5 的缓冲液中，2′-核苷酸或3′-核苷酸带有不同的负电荷。如表 7-1 所示，这些不同的电荷差异来源于氨基，因为在核苷酸的另两个可解离基团中，烯醇基的解离常数(p*K*)值大于 9.5，磷酸基的一级解离的 p*K* 值小于 1.1，二级解离 p*K* 值又大于 5.8，只有氨基(除 UMP 无氨基外)的 p*K* 值在 1.1～5.0，跨越了 pH 1.5 和 pH 3.5。考虑到磷酸根一级解离对负电荷的贡献，根据净电荷与 pH 的关系，可以推知：在 pH 1.5 时，核苷酸几乎均带正电荷，按大小排列顺序为胞嘧啶核苷酸(CMP)>腺嘌呤核苷酸(AMP)>鸟嘌呤核苷酸(GMP)>尿嘧啶核苷酸(UMP)。在 pH 3.5 时，核苷酸几乎均带负电荷，其负电荷大小各不相同，极性也各不相同，故在这个 pH 时，采用(滤纸)纸层析、(DEAE-纤维素)薄层层析、(醋酸纤维素薄膜)电泳分析、(高压纸上)电泳分析等方法均可进行核苷酸的分离和分析。

表 7-1　4 种核苷酸的解离常数(p*K*)

核苷酸	氨基(—NH_2)	烯醇基(—OH)	磷酸基	
			一级解离	二级解离
CMP	4.24	—	0.80	5.97
AMP	3.70	—	0.89	6.01
GMP	2.30	9.70	0.70	5.92
UMP	—	9.43	1.02	5.88

本实验采用聚苯乙烯阴离子交换树脂柱层析分离分析 pH 1.5 的核苷酸混合液。在 pH 1.5 时，核苷酸的磷酸基大部分解离带负电；UMP 因无氨基，净电荷为负值，不与阴离子树脂交换而直接流出来；AMP、CMP、GMP 均有氨基，在 pH 1.5 时解离带正电，因此分子的净电荷为正值，被阴离子树脂吸附，然后再利用 pH 2～5 各种核苷酸氨基 p*K* 值的不同，净电荷产生明显差异，当用蒸馏水(或去离子水)进行洗脱时便可将它们彼此分开。根据核苷酸分子的净电荷与 pH 之间的关系，洗脱次序理应是 UMP→GMP→AMP→CMP，但是以聚苯乙烯树脂为交换剂时，树脂对嘌呤的吸附能力大于对嘧啶的吸附能力(非极性吸附)，因此使 AMP 和 CMP 的洗脱顺序颠倒，实际的洗脱顺序是 UMP→GMP→CMP→AMP。用蒸馏水洗脱时，UMP 最先洗出，以后随着流出液 pH 的逐步升高，GMP 和 CMP 相继洗下来，经过一段较长的无核苷酸空白区，AMP 最后流出。为缩短整个洗脱时间，用蒸馏水洗下 UMP、GMP、CMP 后，改用 3% NaCl 溶液作洗脱液，增加竞争性离子强度，减弱树脂的吸附作用，使 AMP 提前洗出。在柱层析分离过程中，最方便的是通过紫外吸收光谱的测定进行定性和定量分析；但是也可根据紫外吸收斑点定性观察分离效果，再通过 5′-磷酸测定进行定量分析。

三、实验器材

1．材料

核苷酸：酵母 RNA 酶解液或酸解液。

2．仪器

1)交换剂：聚苯乙烯-二乙烯苯磺酸型阴离子交换树脂[全交换量 5 mmol/g 干树脂，粒度 150～300 目，交换度(1×8)]。

2)层析柱(1 cm×20 cm)、紫外灯、玻璃棒、纱布、铁架台、自动部分收集器、电吹风等。

3．试剂

1)6%过碘酸试剂、30%乙二醇溶液、2 mol/L 甲酰胺、1～2 mol/L NaOH 溶液、1～2 mol/L HCl 溶液、3% NaCl 溶液等。

2)定磷试剂：同实验三十。

四、实验步骤

1)树脂的处理：新树脂先用水浸泡，以浮选法去除漂浮物及杂质后，用 1～2 mol/L 的 NaOH 溶液浸洗，再用蒸馏水洗涤至近中性；以 1～2 mol/L HCl 溶液浸洗，再用蒸馏水洗涤至近中性；如此反复用碱、酸处理 1 或 2 次。然后用适当试剂处理，使成为所要求的型式：如 H 型用 HCl 处理，Na 型用 NaOH 或 NaCl 处理，本实验用 H 型。最后用水洗至中性待用。

2)装柱：柱(1 cm×20 cm)先用铁架、铁夹垂直固定；在处理过的树脂中加入少量蒸馏水，搅匀，缓慢地加到柱内；然后打开下端活塞，边排水边继续加树脂(注意：切勿使水面低于树脂表面)，直至树脂高度达 12 cm 左右。要求柱内无气泡，均匀，无明暗界面，树脂表面应水平。装完后，为使柱稳定，用蒸馏水流过平衡过夜。

3)加样及洗脱：加样前，柱先用 0.03 mol/L HCl 溶液流过，直至流出液 pH 达 1.5。将树脂表面多余的液体用滴管轻轻地吸去后，用移液管沿柱壁缓缓加入样品(约 20 mg 混合物)，注意不要使树脂表现扰动，打开下端活塞，样品被吸收后，立即用少量蒸馏水把玻璃柱内表面附着的样品洗下，再在柱表面加蒸馏水至颈端并加塞，然后和柱上端洗脱液瓶接通，用蒸馏水进行洗脱。通过对流出液进行紫外吸收光谱或紫外吸收斑点观察，待前三个峰出现后，即换用 3% NaCl 溶液作洗脱液。自动部分收集器在洗脱一开始就打开，调节到每 5 min 转动一次，流速控制为 3 mL/5 min，为使流速恒定，常可通过升高洗脱液面高度来调整。

4)流出液紫外吸收斑点观察：用滤纸进行定性观察时，如流出液中含有核苷酸，则在紫外灯下呈暗黑色的吸收斑点，颜色的深浅代表其含量的高低，用一干净玻璃棒，依次将上述各管收集的流出液各蘸一滴点于已画好编号的滤纸上(注意：编号应与收集管号相同，并在点下一管之前，玻璃棒应在盛蒸馏水的烧杯中洗涤并用纱布擦干)，然后用电吹风把湿点吹干，置紫外灯下观察，呈现吸收斑点处用铅笔圈出，用+、++、+++等标明颜色的深度。因此，可了解柱层析分离情况，待被分离的 4 种

5′-核苷酸全部现出，即为洗脱终点(需 4～5 h)，停止洗脱，关闭自动部分收集器。

5)流出液 5′-核苷酸的测定：吸 6%过碘酸试剂 0.1 mL 于试管中，加入样品(测紫外吸收峰范围内流出液需稀释 10 倍，而峰侧各流出液可直接进行测定)1 mL(空白用蒸馏水)，混合均匀，室温反应约 1 min，加 30%乙二醇溶液 0.4 mL，再加 2 mol/L 甲胺 0.5 mL，混匀，45℃水浴反应 10 min；加入定磷试剂 3 mL，混匀，45℃水浴保温 20 min，冷至室温后于 660 nm 波长处读取吸光度(A_{660})。

五、实验结果

5′-核苷酸分离曲线的制作：以横坐标代表管号(或流出液体积)，纵坐标代表每毫升流出液的吸光度(A_{660} 或 A_{260}，注意应将测定时的稀释倍数计算在内)作图，便得到 5′-核苷酸分离曲线。用定磷法测定时，需进一步通过纸电泳来确定样品中核苷酸种类；而用紫外吸收法测定时，由于各种核苷酸都有特征的吸收光谱，因此根据已分离的样品在波长分别为 250 nm、260 nm、280 nm 和 290 nm 处的吸光度，计算出相应的比值(A_{250}/A_{260}、A_{280}/A_{260}、A_{290}/A_{260})，并与已知核苷酸标准比较，便可对核苷酸种类做出判断。

六、实验讨论

1)离子交换树脂柱层析与定磷试剂法分析核苷酸是否水解的区别是什么？各有什么优缺点？

2)离子交换树脂柱层析分析核苷酸的实验中有哪些注意事项？

实验三十二　醋酸纤维素薄膜电泳分离核苷酸

一、实验目的

学习核糖核苷酸碱水解的原理和方法，掌握核糖核苷酸醋酸纤维素薄膜电泳的原理和方法。

二、实验原理

带电粒子在电场中向与其自身带相反电荷的电极方向移动的现象，称为电泳。控制电泳条件(如 pH 等)，使混合试样中的不同组分带有不同的净电荷，则各组分在电场中移动的速度或方向各不相同，从而达到分离各组合的目的，这就是电泳分析法，以醋酸纤维素薄膜作支持物进行电泳分析的方法称为醋酸纤维素薄膜电泳法。本实验利用该法分离 RNA 的 4 种核苷酸并进一步分离 3 种腺苷酸。

RNA 在稀碱条件下水解，先形成中间物 2′,3′-环状核苷酸，进一步水解得到 2′-核苷酸和 3′-核苷酸的混合物。在 pH 3.5 时，各核苷酸的第一磷酸基(pK 0.7～1.0)

完全解离，第二磷酸基(pK 6.0)和烯醇基(pK 9.5 以上)不解离，而含氮环的解离程度差别很大(表 7-2)。因此在 pH 3.5 条件下进行电泳可将这 4 种核苷酸分开。本实验先用稀氢氧化钾溶液将 RNA 水解，再加高氯酸将水解液 pH 调至 3.5，同时生成高氯酸钾沉淀以除去 K^+,然后用电泳法分离水解液中各核苷酸，并在紫外灯下确定 RNA 碱水解液的电泳图谱。

表 7-2　4 种核苷酸在 pH 3.5 时的离子化程度

核苷酸	含氮环的 pK 值	离子化程度	净负电荷
AMP	3.70	0.54	0.46
GMP	2.30	0.05	0.95
CMP	4.24	0.84	0.16
UMP	—	—	1.00

在 pH 4.8 电泳缓冲液条件下，带有不同量磷酸基团的 AMP、ADP、ATP 解离后，带有负电荷量的顺序为：ATP>ADP>AMP，它们在电场中移动速度不同，从而得到分离。又利用核苷酸类物质的碱基具有紫外吸收的性质，将分离后的电泳醋酸纤维素薄膜放在紫外灯下，可见暗红色斑点，参照标准样品在同样条件下的电泳情况，对混合试样分离后的各组分进行鉴定。

三、4 种核苷酸的分离鉴定

(一)实验器材

1．材料

RNA。

2．仪器

电热恒温水浴锅、天平、锥形瓶、紫外灯(波长为 254 nm)、点样器、离心机、电泳仪和电泳槽、醋酸纤维素薄膜(2 cm×8 cm)等。

3．试剂

100 mL 0.3 mol/L KOH 溶液、40 mL 200 g/L 高氯酸溶液、4 g 核糖核酸(粉末)、0.02 mol/L 柠檬酸缓冲液(pH 3.5) 1000 mL 等。

(二)实验步骤

1．RNA 的碱水解

称取 0.2 g 的 RNA，溶于 5 mL 0.3 mol/L KOH 溶液中，使 RNA 的浓度达到 20～30 mg/mL。在 37℃下保温 18 h(或沸水浴 30min)。然后将水解液转移到锥形瓶内，在水浴中用高氯酸溶液滴定至水解液的 pH 为 3.5。在 2000 r/min 转速下离心 10 min，除去沉淀，上清液即为样品液。

2．点样

将醋酸纤维素薄膜在 0.02 mol/L 柠檬酸缓冲液(pH 3.5)中浸湿后，用滤纸吸去多余的缓冲液。然后将膜条无光泽面向上平铺在玻璃板上，用点样器在距膜条一端 2～3 cm 处点样。在膜条无光泽面点样，且点样量要适中。

3．电泳

将点好样的薄膜小心地放入电泳槽内，注意点样的一端应靠近负极。调节电压至 160 V，电流强度为 0.4 mA/cm，电泳 25 min。

(三) 实验结果

电泳后，将膜条放在滤纸上，在紫外灯下观察，用铅笔将吸收紫外光的暗斑圈出。在记录本上绘出 RNA 水解液的醋酸纤维素薄膜电泳图谱，并根据表 7-2 中的数据分析确定各斑点代表哪种核苷酸。

四、3 种腺苷酸的分离鉴定

(一) 实验器材

1．材料

RNA。

2．仪器

电泳仪、电泳槽(平板式)、滤纸、烘箱、紫外灯、电吹风、医用镊子、醋酸纤维素薄膜(8 cm×12 cm)、微量进样器。

3．试剂

1) 柠檬酸缓冲液(pH 4.8)：称取柠檬酸 8.4 g，柠檬酸钠 17.6 g，溶于蒸馏水，稀释到 2000 mL。

2) 标准腺苷酸溶液：用蒸馏水将纯 AMP、ADP、ATP 分别配成 100 mg/10 mL 溶液。其中 AMP 略加热助溶。置 4℃冰箱备用。

3) 混合腺苷酸溶液：分别取上述标准溶液各 1 份等量。置 4℃冰箱备用。

(二) 实验步骤

1) 点样：将醋酸纤维素薄膜放入 pH 4.8 的柠檬酸缓冲液中，待膜完全浸透(约 0.5 h)后用镊子取出，夹在清洁的滤纸中间，轻轻吸去多余的缓冲液，仔细辨认薄膜无光泽面，用微量进样器在无光泽面上点样。点样点距薄膜一端 1.5 cm，样点之间距离 1.5 cm。点样量为 2～3 μL。

2) 电泳：向两个电泳槽内注入 pH 4.8 的柠檬酸缓冲液，缓冲液的高度约为电泳槽深度的 3/4(注意：两槽中电泳液面应一致)。用宽度与薄膜相同的滤纸作“滤纸桥”联系醋酸纤维素薄膜和两极缓冲液。待滤纸全部被缓冲液浸湿后，将已点样的薄膜无光泽面向下贴在电泳槽支架的"滤纸桥"上。

点样端置于负极方向，盖上电泳槽盖，接通电源，在每厘米长度电热降为 10 V 的条件下进行电泳，1 h 后关闭电源，取出醋酸纤维素薄膜，用电吹风吹干(或置 50℃ 烘箱烘干)。

3) 鉴定：用镊子小心地将吹干的薄膜放在紫外灯下观察，用铅笔画出各腺苷酸电泳区带，并标明各区带的腺苷酸代号。

(三) 实验结果

绘出三种标准腺苷酸及样品的电泳图谱，以标准单腺苷酸的迁移率作标准，鉴别试样中各组分。

五、实验讨论

1) RNA 酸水解和碱水解的区别是什么？

2) 核糖核苷酸的醋酸纤维薄膜电泳过程中有哪些注意事项？

实验三十三　DNA 的琼脂糖凝胶电泳

一、实验目的

1) 学习琼脂糖凝胶电泳分离 DNA 的原理和方法。

2) 学习利用琼脂糖凝胶电泳方法测定 DNA 片段的大小、纯度、浓度及分子质量。

二、实验原理

以琼脂糖凝胶为支持介质的电泳技术已广泛应用于核酸研究中，是 DNA 的限制性内切核酸酶切割片段的分析、分离、纯化、分子质量测定的重要方法，也为 DNA 分子构象的研究提供了重要手段。该技术操作简便、快速，分离范围较广，用各种浓度的琼脂糖凝胶可以分离长度为 200 bp～50 kb 的 DNA。选用不同的琼脂糖凝胶浓度可以分辨大小不同的 DNA 片段(表 7-3)。

表 7-3　琼脂糖凝胶浓度和 DNA 分子的有效分离范围

琼脂糖凝胶浓度/%	可分辨的线性 DNA 大小/kb
0.5	30～1.0
0.7	12～0.8
1.0	10～0.5
1.2	7～0.4
1.5	3～0.2

琼脂糖是从海藻中提取的一种天然线性高聚物，沸水中可溶化，温度降至45℃时开始形成多孔性刚性滤孔，凝胶孔径的大小取决于琼脂糖的浓度。DNA分子在琼脂糖凝胶中泳动时，有电荷效应和分子筛效应：前者由分子所带净电荷量的多少而定；后者则主要与分子大小及其构型、构象有关。DNA分子在高于其等电点(碱性)的溶液中带负电荷，在外加电场作用下向正极泳动。由于糖-磷酸骨架在结构上的重复性质，相同数量的双链DNA几乎具有等量的净电荷，因此它们能以同样的速度向正极方向移动。在一定的电场强度下，DNA分子的迁移速度取决于分子筛效应，即DNA分子本身的大小和构型。具有不同的相对分子质量的DNA片段泳动速度不一样，可进行分离。DNA分子的迁移速度与相对分子质量的对数值成反比关系。凝胶电泳不仅可分离不同相对分子质量的DNA，还可以分离相对分子质量相同但构型不同的DNA分子。如实验二十九提取的质粒，有3种构型：超螺旋的共价闭合环状DNA(covalently closed circular DNA，cccDNA)；开环DNA(open circular DNA，ocDNA)，即共价闭合环状DNA 1条链发生断裂；线状DNA(linear DNA，l DNA)，即共价闭合环状DNA 2条链发生断裂。这3种构型的DNA分子在凝胶电泳中的迁移率不同。因此电泳后呈3条带，共价闭合环状DNA泳动最快，其次为线状DNA，最慢的为开环DNA。除了DNA的分子大小和构象外，琼脂糖凝胶电泳迁移速率还由以下参数决定：①琼脂糖浓度；②所加电压；③电场方向；④碱基组成与温度；⑤嵌入染料的存在；⑥电泳缓冲液的组成。琼脂糖凝胶电泳法分离DNA主要是利用分子筛效应，而受DNA的碱基组成或凝胶电泳温度的影响不明显，琼脂糖凝胶电泳一般在室温下进行。

在凝胶电泳中，DNA分子的迁移速度与相对分子质量的对数值成反比关系。DNA样品与已知相对分子质量大小的标准DNA片段进行电泳对照，观察其迁移距离，就可知该样品的相对分子质量大小。在用电泳法测定DNA分子大小时，应当尽量减少电荷效应，增加凝胶的浓度可在一定程度上降低电荷效应，使分子的迁移速度主要由分子受凝胶阻滞程度的差异所决定，可提高分辨率。同时，适当降低电泳时的电压也可使分子筛效应相对增强而提高分辨率。

溴化乙锭(ethidium bromide，EB)是常用的核酸染色剂，为扁平状分子，EB能插入DNA分子中的碱基对之间，与DNA结合。DNA吸收波长为254 nm的紫外光并将能量传递给EB，同时嵌入在核酸碱基间的EB本身吸收302 nm和366 nm波长的紫外线，来自两方面的能量最终激发出波长为590 nm的橙红色可见荧光。其发射的荧光强度较游离状态的EB发射的荧光强度大10倍以上，且与DNA分子的含量成正比。EB染色灵敏度较高，可以检测出10 ng的DNA样品。

GoldView™是一种可代替溴化乙锭的新型核酸染料，采用琼脂糖电泳检测DNA时，GoldView™与核酸结合后能产生很强的荧光信号，其灵敏度与EB相当，使用方法完全相同。在紫外透射光下双链DNA呈现绿色荧光，而且也可用于RNA。通过凝胶电泳回收DNA片段时，使用GoldView™染色，可在自然光下切割DNA条带，避免紫外线与EB对目的DNA产生的损伤，可明显提高克隆、转化、转录等分子生物学下游操作的效率。

三、实验器材

1．材料

基因组 DNA 或细菌质粒 DNA。

2．仪器

电泳仪及微型电泳槽、磁力搅拌器、胶模、梳子、微波炉或电炉、电子天平、凝胶成像系统或手提式紫外检测仪、Parafilm 膜、玻璃胶带或橡胶带、微量移液器(10 μL、200 μL、1000 μL 及对应的 Tip 头)、滴管、锥形瓶(100 mL)、一次性塑料手套等。

3．试剂

1) 0.5×TBE 缓冲液或 1×TAE(表 7-4)：称取 242.0 g Tris 碱和 37.2 g EDTA- Na_2 •$2H_2O$，加入 800 mL 去离子水，充分搅拌溶解；加入 57.1 mL 冰醋酸，充分混匀；加去离子水定容至 1 L，得 50×TAE 电极缓冲液，室温保存；使用时稀释 50 倍。

表 7-4　常用的电泳缓冲液及其组成

缓冲液	使用液	浓贮存液(1000mL)
TAE (Tris-乙酸)	1×：0.04 mol/L Tris-乙酸；0.001 mol/L EDTA	50×：242.0 g Tris 碱；57.1 mL 冰醋酸；100 mL 0.5 mol/L EDTA (pH 8.0)
TBE (Tris-硼酸)	0.5×：0.045 mol/L Tris-硼酸；0.001 mol/L EDTA	5×：54.0 g Tris 碱；27.5 g 硼酸；20 mL 0.5 mol/L EDTA (pH 8.0)

2) 琼脂糖。

3) 溴酚蓝：100 mL 水中加入 1.0 g 水溶性溴酚蓝钠，涡旋搅拌或混合至充分溶解。一般情况下，该溶液不必灭菌。

4) 6×上样缓冲液：0.25%溴酚蓝与 40% (*m*/*V*) 蔗糖水溶液混匀，4℃保存，可长期使用。

5) DNA 标记(DNA Marker)。

6) EB 染色液：将 1.0 g 溴化乙锭加入蒸馏水中并定容到 100 mL，经磁力搅拌器搅拌数小时，以保证染料溶解，将溶液装入铝箔包裹容器或深色试剂瓶中，避光、室温贮存。临用前，用电泳缓冲液稀释或直接加入溶化的琼脂糖凝胶中，使其最终浓度达到 0.5 μg/mL。

也可以用 GoldView™ 核酸染料，于紫外灯或凝胶成像系统下观察、照相分析。

四、实验步骤

(1) 制备胶板　　取玻璃胶带或橡胶带(宽约 1 cm)，将凝胶槽玻璃板的边缘封好，或利用挡板，插入两端的插槽内，用滴管吸取少量的凝胶封好挡板底边及侧边，然后置于水平玻璃板或工作台面上水平放置，选择孔径大小适宜的样品槽模板（梳子）垂直插入电泳凝胶槽中，此时梳子应距胶模一端约 1.0 cm，梳齿底边与胶模表面保持 0.5～1.0 mm 的间隙。

（2）配制凝胶液　本实验选择配制 1%的琼脂糖凝胶。称取 0.5 g 琼脂糖置于洗净的锥形瓶中，加入 50 mL 的 0.5×TBE 或 1×TAE 缓冲液，轻轻摇动锥形瓶，使琼脂糖微粒呈均匀悬浊状态。用微波炉或电炉加热直至琼脂糖完全溶化，其间轻轻摇匀。向胶液中加入 2.5 μL 的 GoldView^{TM} 染色液，摇匀。

（3）灌胶　待琼脂糖冷却至 65℃左右时，小心倒入凝胶槽内（避免产生气泡），使凝胶缓慢展开直至在胶模表面形成一层 3～5 mm 厚的均匀胶层，室温静置凝固 0.5 h 左右。若电泳过程中进行染色，可将染料小心加入冷却至 65℃左右的琼脂糖凝胶液混匀，然后小心倒入凝胶槽。

（4）放胶　待凝固完全后，即取下胶条，或拿去两端的挡板，将凝胶连同凝胶槽放入水平电泳槽平台上，倒入 1×TAE 或 0.5×TBE 缓冲液，直至浸没过凝胶面 1～2 mm。

（5）拔梳子　双手均匀用力轻轻拔出梳子（注意：切勿使点样孔破裂），则在胶模上形成相互隔开的样品槽（点样孔），小心去除点样孔中的气泡。

（6）加样

1）用微量移液器吸取待测 DNA 样品 10 μL，将其与 6×上样缓冲液按 10∶1 的体积比于封口膜（Parafilm 膜）上混匀。

2）用微量移液器吸取含溴酚蓝的样品，小心地将样品加入点样孔内，每个槽容积为 10～25 μL。记录样品的点样次序与点样量。

3）按照同样的方法点上 DNA Marker，约加 5 μL。

注意：要避免样品过多溢出而污染邻近样品。同时每吸取完一个 DNA 样品，要更换 Tip 头，以防止相互污染。

（7）电泳　加样完毕后，将靠近点样孔一端连接负极（DNA 向阳极泳动），另一端连接正极，接通电源，开始电泳。在样品进胶前可用略高电压，防止样品扩散；样品进胶后，应控制电压不高于 5 V/cm[电压值（V）/电泳槽两极之间距离（cm）]。当指示染料条带移动到距离凝胶前沿约 1/3 长度时，停止电泳。

（8）观察　小心取出凝胶并用水轻轻冲洗胶表面的 EB 溶液，然后将胶板推至预先浸湿并铺在紫外灯观察台上的保鲜膜上，在波长为 254 nm 的紫外灯下，观察染色后的电泳胶板。DNA 存在处显示出橙红色清晰可见的荧光条带。由于荧光会逐渐减弱，因此初步观察后，应立即拍照记录下电泳结果。观察时应戴上防护眼镜或有机玻璃护面罩，避免紫外光对眼睛的伤害。

五、实验结果

PCR 结束后，取 5～10 μL 扩增产物与 1 μL 上样缓冲液混匀，点样后进行琼脂糖凝胶电泳，电泳约 30 min，至溴酚蓝迁移至凝胶长度一半的距离时，停止电泳，取出琼脂糖凝胶，置于紫外灯下观察扩增产物嵌入的 GoldView^{TM} 荧光。或电泳结束后，在凝胶成像仪中照相。

六、实验讨论

1) 电泳时如何防止染料污染？
2) 电泳时有哪些注意事项？
3) 在凝胶成像仪中照相有哪些注意事项？如何防止紫外照射引起的碱基突变？

实验三十四 植物总 mRNA 的提取

一、实验目的

通过本实验学习从植物组织中提取 RNA 及 mRNA 的方法。

二、实验原理

研究基因的表达和调控需要从组织或细胞中分离纯化 RNA。RNA 质量的高低常常决定 cDNA 构建、RT-PCR 和 Northern 印迹等分子生物学实验的成败。RNA 是一类极易降解的分子，要得到完整的 RNA 必须最大限度地抑制提取过程中内源性及外源性核糖核酸酶对 RNA 的降解。Trizol 是一种新型总 RNA 抽提试剂，内含异硫氰酸胍等物质，能迅速破碎细胞，抑制细胞释放出的核酸酶。异硫氰酸胍是高浓度变性剂，可溶解蛋白质，破坏细胞结构，使蛋白质与核酸分离，失活 RNA 酶，所以 RNA 从细胞中释放出来时不被降解。细胞裂解后，除 RNA 外，还有 DNA、蛋白质和细胞碎片，通过酚、氯仿等有机溶剂处理得到纯化、均一的总 RNA。mRNA 仅占总 RNA 的 1%～5%，由于大多数真核 mRNA 3′端具有多聚腺苷酸结构[poly(A)]，因此可采用寡聚(dT)纤维素亲和层析柱分离出 mRNA。UNIQ-10 柱中的膜能选择性地与 RNA 结合，而蛋白质等杂质不能结合，结合的 DNA 和其他杂质用 RPE Solution 洗去。结合在膜上的 RNA 经 DEPC 处理水洗脱，可用于各种分子生物学实验。

三、实验器材

1．材料

植物幼嫩组织。

2．仪器

电泳仪、离心机、水平电泳槽、凝胶成像系统、微波炉、电子天平、微量移液器[10 μL、200 μL、1000 μL 及对应的 Tip 头(DEPC 处理)]、一次性无菌手套、1.5 mL 离心管(DEPC 处理)、研钵等。

3．试剂

液氮、Trizol 试剂、无水乙醇、75%乙醇溶液、异丙醇、琼脂糖、氯仿、DNA Marker、GoldView™ 核酸染料、DEPC 处理水、去离子水、6×上样缓冲液、1×TAE 溶液、RNase-free 双蒸水、TE 缓冲液等。

四、实验步骤

1) 在液氮中将组织碾磨成细粉，趁液氮尚未全部挥发时，将粉末转移到 1.5 mL 离心管中。每 100 mg 植物组织加 1 mL Trizol 试剂，用 Tip 头反复抽吸混匀。

2) 室温静置 5 min，然后以 12 000 r/min 于 4℃离心 10 min。

3) 将上清液小心转移到无菌 1.5 mL RNase-free 离心管里，加入 0.2 mL 氯仿，用力振荡 15 s。

4) 室温静置 5 min，然后以 12 000 r/min 转速于 4℃离心 15 min。

5) 将上清液小心转移到无菌 1.5 mL RNase-free 离心管里，加入与上清液等体积的异丙醇，颠倒混匀。

6) 室温静置 10 min，然后以 12 000 r/min 于 4℃离心 10 min。

7) 弃上清液，保留沉淀用 75%乙醇溶液洗涤两次。

8) 室温干燥 10～20 min，溶于 50 μL 的 RNase-free 双蒸水，收集管内的溶液为 RNA 样品，可立即使用或者−80℃保存。

五、实验结果

1) 根据样品在 260 nm 和 280 nm 处的吸收度确定 RNA 的质量。按 1 A_{260}=40 mg RNA 计算 RNA 的产率，A_{260}/A_{280} 在 1.8～2.0 时，视为抽提的 RNA 纯度很高；当比值<1.8 时，溶液中的蛋白质等有机物的污染比较明显；当比值>2.2 时，说明 RNA 已经被水解成单核苷酸。在对核酸进行吸光度检测时，需要注意稀释液应使用 TE 缓冲液。

2) 进行琼脂糖电泳（电泳步骤参照实验三十三描述），确定抽提 RNA 的完整性和 DNA 的污染情况。

注意：当观察到总 RNA 有 3 条带（28 S、18 S、5 S），且 28 S 条带较亮时，说明总 RNA 未降解。

六、实验讨论

1) 如何防止 RNA 酶降解 RNA？

2) 如何处理浸泡过塑料制品的 DEPC 处理水才能防止污染？

实验三十五 PCR 技术扩增 DNA

一、实验目的

1) 掌握聚合酶链反应的原理。
2) 掌握移液器和 PCR 仪的基本操作技术。
3) 了解 PCR 反应体系中各成分的作用。

二、实验原理

聚合酶链反应(polymerase chain reaction，PCR)，是一种通过级联放大的方式扩增特定 DNA 片段的分子生物学技术。PCR 技术的产生与发展史中，很多科学家做出了杰出的贡献：Khorana 于 1971 年最早提出核酸体外扩增的设想；1973 年科学家钱嘉韵发现了稳定的 *Taq* DNA 聚合酶；1985 年美国 PE Cetus 公司的 Kary Mullis 发明了 PCR 技术，他因此获得 1993 年的诺贝尔化学奖；1988 年美国科学家 Keohanog 通过对所使用的酶进行了改进，提高了扩增的保真度；之后 Saiki 等又从生活在温泉中的水生嗜热杆菌内提取到一种耐热的 DNA 聚合酶，使 PCR 技术的扩增效率大大提高，该酶的发现使 PCR 技术得以广泛应用。

PCR 技术可看作生物体外的特殊 DNA 复制，其最大特点是能于体外在短时间内将微量的 DNA 大幅增加，这种迅速获取大量单一核酸片段的技术在分子生物学研究中具有举足轻重的意义，极大地推动了生命科学的研究进展。它不仅是 DNA 分析最常用的技术，而且在 DNA 重组与表达、基因结构分析和功能检测中具有重要的应用价值。例如，数月甚至数年前刑事案件现场嫌疑人遗留的毛发、皮肤或血液，只要能分离出微量的 DNA，就能通过 PCR 技术加以扩增，进而进行序列比对以辨别真凶。

PCR 利用高温(变性 DNA 模板)、低温(将引物退火到模板上)和中温(延伸子代链)三个温度循环，代替了体内 DNA 合成中的众多酶和蛋白质的作用，实现了 DNA 的体外扩增。当双链 DNA 变性为单链后，DNA 聚合酶以单链 DNA 为模板，并利用反应混合物中的 4 种 dNTP，以一对与模板互补的寡核苷酸链为引物，按照半保留复制的机制沿着模板链延伸，直至完成新的 DNA 合成。新合成 DNA 链的起点，由反应混合物中的引物在模板 DNA 链两端的结合位点决定，通过多次循环反应，即模板 DNA 变性、引物与模板退火(杂交)、DNA 合成三个基本反应步骤的循环，前一循环的产物 DNA 可继续作为后一循环的模板 DNA 参与 DNA 的合成，使得目的 DNA 片段的量按 2^n 方式呈指数级递增，即链式反应，最终使特定的 DNA 区段得到迅速、大量的扩增。

组成 PCR 反应体系的基本成分包括：模板 DNA、特异性引物、耐热 DNA 聚合酶、dNTP 及含 Mg^{2+} 的缓冲液。PCR 包括以下三个基本反应步骤。①变性：将反应系统加热至 94℃左右，使模板 DNA 完全变性成为单链，同时引物自身和引物之间存在的局部双链也得以消除。②退火：将温度下降至适当温度，两个引物分别结合到靶 DNA 两条单链的 3′端。③延伸：将温度升至 72℃，DNA 聚合酶催化 dNTP 加到引物的 3′端，引物沿着靶 DNA 链由 3′端向 5′端延伸。

类似于 PCR 原理的现代生物化学技术有多种，如 cDNA 合成、ML_3双脱氧测序、支链迁移法标记 DNA 探针等。由 PCR 衍生出来的技术也有多种，如随机扩增多态性 DNA(RAPD)和扩增片段长度多态性(AFLP)等，而且将越来越多。因此，PCR 是现代生命科学的核心技术。

三、实验器材

1．材料

从小麦幼苗中提取的较为纯净的基因组 DNA。

2．仪器

PCR 仪、微量加样器(0.2～10 μL、10～200 μL)、台式离心机、漩涡振荡器、水平电泳槽及电泳仪、灭菌超薄 PCR 反应管(0.2 mL)或者扩增板、凝胶成像仪、紫外灯等。

3．试剂

1) *Taq* DNA 聚合酶(5 U/μL)、10×PCR 缓冲液(500 mmol/L KCl，100 mmol/L Tris-HCl，pH 8.3)、25 mmol/L $MgCl_2$ 溶液、2.5 mmol/L dNTPs 溶液。

2) 引物对(primers)：引物设计基于来自 Genbank 的 4 条小麦 actin 基因的 DNA 序列和 3 条 mRNA 序列比对的高度保守序列区段，以编号为 JQ269666.1 的 mRNA 的序列为基准，运用 Primer Premier 6 软件设计如下引物。

引物对 1(引物对所处的位置分别为 57 bp 和 375 bp 处，扩增产物的长度为 319 bp)：Sense Primer1，CTATGAGATGCCTGATGGT；Anti-sense Primer1，AATAGAGC CACCGATCCA。

引物对 2(引物对所处的位置分别为 57 bp 和 365 bp 处，扩增产物的长度为 309 bp)：Sense Primer2，CTATGAGATGCCTGATGGT；Anti-sense Primer2，CCGATC CAGACACTGTATT。

3) 无菌去离子水、矿物油、琼脂糖、GoldView^{TM}染料、Trans 2K DNA Marker。

4) 1×TAE：称取 242.0 g Tris 碱，37.2 g EDTA-Na_2 • $2H_2O$，加入 800 mL 去离子水，充分搅拌溶解；加入 57.1 mL 冰醋酸，充分混匀；加去离子水定容至 1 L，得 50×TAE 电极缓冲液，室温保存；使用时稀释 50 倍。

5) 6×上样缓冲液。

四、实验步骤

1) 设置 PCR 仪的循环程序：94℃变性 5 min；94℃变性 30 s；53.1℃退火约 30 s(引

物对 1；若引物改变则需要根据所设计的引物要求进行修改)；72℃延伸 30 s(扩增目的片段按照 1 kb/min 进行设定)；重复变性步骤，25～35 个循环(根据实验时间要求而定)；72℃继续延伸 10 min；16℃保温；转至 4℃保存。

2)严格按表 7-5 中顺序将各试剂加入 0.2 mL 的 PCR 反应管或者扩增板，配制 25 μL 反应体系(注意每换一种试剂应换一个 Tip 头)。

表 7-5　配制 PCR 反应体系

试剂	体积/μL
去离子水	9
10×PCR 缓冲液	2.5
25 mmol/L $MgCl_2$ 溶液	3(终浓度 4 mmol/L)
2.5 mmol/L dNTPs	2(终浓度 0.2 mmol/L)
10 μmol/L Primer1	1(12.5～25 pmol/L)
10 μmol/L Primer2	1(12.5～25 pmol/L)
DNA 模板	1(25～100 ng)
Taq DNA 聚合酶	0.5(约 3 U)
总体积	25

注：若 10×PCR 缓冲液内含有 $MgCl_2$，则一般不再需要添加 $MgCl_2$

3)将反应液混匀，瞬间离心(1～2 s)；沿管壁加入 5～10 μL 矿物油。

4)将 PCR 扩增管或者扩增板放入 PCR 仪，启动 PCR 程序进行扩增。

五、实验结果

PCR 结束后，取 5～10 μL 扩增产物与 1 μL 上样缓冲液混匀，点样后进行琼脂糖凝胶电泳约 30 min，至溴酚蓝迁移至凝胶长度的一半的距离时，停止电泳，取出琼脂糖凝胶，置于紫外灯下观察扩增产物嵌入的 GoldView™ 荧光。或电泳结束后，在凝胶成像仪中照相。

六、实验讨论

1)PCR 过程中如何确定延伸时间？循环数对 PCR 反应有何影响？

2)PCR 循环结束的时候为什么仍需于 72℃继续延伸一段时间？

3)本实验有哪些注意事项？

实验三十六　Southern 印迹

一、实验目的

学习 Southern 印迹杂交技术。通过分子杂交，可以鉴定重组 DNA 中插入的外源 DNA，通过 Southern 印迹杂交可以确定插入片段的大小。

二、实验原理

DNA 的印迹杂交是由 E. Southern 于 1975 年首先设计应用的。核酸的分子杂交是基于 DNA 分子的变性作用和复性作用。当 DNA 被加热到 100℃或经碱处理后，两条互补链被分离的过程称为变性作用。在适当的条件下，变性 DNA 能够通过碱基配对而重新形成双螺旋，这一过程称为复性作用。同样，RNA 和 DNA 的互补链可形成 RNA-DNA 双螺旋杂合体，这就是分子杂交。DNA 探针与其他 DNA 分子中的互补序列形成双螺旋结构也称为分子杂交。基于这一原理，基因组 DNA 或重组 DNA 中的特定顺序可以用同位素或生物素标记的 DNA 探针进行检测。

选择良好的固相支持物与有效的转移方法是膜上印迹杂交技术的两个关键因素。Southern 杂交实验分为 5 个部分。①电泳：取适量的基因组 DNA 样品，采用适当的限制性内切核酸酶进行酶切，酶切完全后进行琼脂糖凝胶电泳。②转膜：将电泳完的凝胶进行 DNA 变性处理，然后进行转膜，将 DNA 从凝胶带到固相膜上。③DNA 的固定：为了满足杂交实验的要求，必须将转移后的 DNA 固定在杂交膜上。彻底干燥时可以将 DNA 固定在尼龙膜或硝酸纤维素膜上，而尼龙膜在小剂量紫外线照射下可以与 DNA 分了形成共价结合。④杂交：带有 DNA 的膜置于一定的缓冲液中，在此溶液中加入经过 DNA 变性处理的探针，在一定温度下进行 DNA 的复性反应。⑤检测：利用放射自显影或化学发光法来检测杂交信号。

本实验用限制酶消化基因组 DNA，通过琼脂糖凝胶电泳按大小分离所得片段，随后将 DNA 在原位进行碱变性，并从凝胶转移至硝酸纤维素膜或尼龙膜。DNA 转移至膜的过程中，各个 DNA 片段的相对位置保持不变。将固定在膜上的 DNA 与探针(同位素或生物素标记)进行杂交，经放射自显影或显色(生物素)可确定与探针互补的电泳条带的位置。所获得的条带可证实与探针互补的 DNA 的存在。将条带的位置与凝胶中 DNA Marker 的位置(电泳后已拍照)进行比较，可以确定 DNA 片段的大小。

三、实验器材

1．材料

基因组 DNA 溶液(0.5～1 mg/mL)、探针。

2．仪器

电泳仪、电泳槽、照相设备、凝胶成像系统、真空泵、真空干燥箱、热封口器、−20℃低温冰箱、恒温水浴锅、杂交炉、同位素废物箱、搪瓷盘、容量瓶、锥形瓶、微波炉、培养皿、微量离心管、镊子、剪刀、17 号皮下注射针头、玻璃棒、滤纸、塑料手套、解剖刀、曝光暗盒、纸巾或吸水纸(如卫生纸)、玻璃板、硝酸纤维素膜或尼龙膜、塑料袋、保鲜膜、X 射线片、Whatman 滤纸等。

3．试剂

1) 0.5×TBE 缓冲液：Tris 碱 27.0 g，硼酸 13.8 g，0.5 mol/L EDTA(pH 8.0)，用少量蒸馏水溶解后定容至 500 mL。

实验中常用 1×TAE 电极缓冲液：称取 242.0 g Tris 碱，37.2 g EDTA-Na_2·$2H_2O$，加入 800 mL 去离子水，充分搅拌溶解；加入 57.1 mL 冰醋酸，充分混匀；加去离子水定容至 1 L，得 50×TAE 电极缓冲液，室温保存；使用时稀释 50 倍。

2) 1.2%琼脂糖凝胶：称取 0.6 g 琼脂糖置于锥形瓶中，加入 50 mL 0.5×TBE 缓冲液，用锡纸包住瓶口，将锥形瓶放入微波炉中加热至琼脂糖溶化，摇匀，待凝胶液冷至 65℃左右时制板。

3) 6×上样缓冲液：0.25%溴酚蓝，0.25%二甲苯青 FF，40% (*m/V*) 蔗糖溶液。

4) 变性液：1.5 mol /L NaCl，0.5 mol/L NaOH。

5) 中和液：1.5 mol/L NaCl，1 mol/L Tris-HCl，pH 7.4。

6) 转移液 (20×SSC 溶液)：3 mol/L NaCl，0.3 mol/L 柠檬酸钠 (pH 7.0)。

7) 50×Denhardt's 溶液：1% ficoll 400 (聚蔗糖)，1% PVP (聚乙烯吡咯烷酮)，1% BSA，过滤后置−20℃保存。

8) 100 mg/mL 鲑鱼精 DNA：称取所需鲑鱼精 DNA，溶于 ddH_2O 中，加入 NaCl 使其浓度为 0.1 mol/L，用酚和酚-氯仿各抽提一次，回收水相。将 DNA 溶液快速通过 17 号皮下注射针头，剪切 DNA，加入两倍体积的无水乙醇，沉淀 DNA，离心收集沉淀，重新溶于 ddH_2O 中，测定并调整浓度至 100 mg/mL，煮沸 10 min，使其变性，分装，保存于−20℃。

9) 5×buffer：250 mmol/L Tris-HCl (pH 8.0)，25 mmol/L $MgCl_2$，10 mmol/L DTT (二硫苏糖醇)，1 mol/L HEPES (*N*-2-羟乙基哌嗪-*N'*-2-乙磺酸) (pH 6.6)，随机六核苷酸引物。

10) 预杂交液：5×SSC，5×Denhardt's 溶液，50 mmol/L 磷酸缓冲液 (pH 7.0)，0.2% SDS，500 μg/mL 变性的鲑鱼精 DNA 片段，50%甲酰胺。

11) 杂交液：5×SSC，20 mmol/L 磷酸缓冲液 (pH 7.0)，5×Denhardt's 溶液，10%硫酸葡聚糖，100 μg/mL 变性的鲑鱼精 DNA 片段，50%甲酰胺。

12) 适当的限制性内切核酸酶，电泳级琼脂糖，DNA Marker，GoldView™ 或 10 mg/mL 溴化乙锭，α-^{32}P 标记的 dCTP，大肠杆菌 DNA 聚合酶 Ⅰ 的 Klenow 片段，prime-a-gene labeling system 随机引物标记试剂盒，SSC 溶液 (0.1×，2×，6×)，0.1% SDS，0.5 mol/L 磷酸缓冲液，0.1 mol/L EDTA，10%硫酸葡聚糖，去离子甲酰胺，0.4 mol/L NaOH 溶液，0.2 mol/L Tris-HCl，显影粉、定影粉等。

四、实验步骤

(1) 样品 DNA 的制备　　取一定量的待测 DNA 样品，用适当的限制性内切核酸酶酶切。

(2) 样品 DNA 的琼脂糖胶电泳　　配制浓度为 1.2%的琼脂糖凝胶，将 DNA Marker 2 μL 和一定量的样品 DNA 加入凝胶孔中电泳，使 DNA 向阳极移动，采用 1～5 V/cm 的电压降 (按两极间距离计算)，当溴酚蓝移动至距凝胶前沿约 1 cm 时，停止电泳。凝胶用溴化乙锭染色，在凝胶成像系统下观察电泳结果。

(3) 转膜

1) 将凝胶放入一大培养皿或搪瓷盘中，切除无用的凝胶部分，为便于定位，将凝胶的左下角切掉后移至培养皿中。

2) 碱变性：将凝胶浸泡于适量变性液中，室温放置 45 min，不间断轻轻摇动。

3) 用蒸馏水漂洗凝胶，然后浸泡于适量中和液中 30 min，不间断轻轻摇动；换新鲜中和液，继续浸泡 15 min。

4) 取一搪瓷盘，搪瓷盘内加入适量的 20×SSC 溶液。搪瓷盘上架一块玻璃板，玻璃板铺上一张清洁的滤纸，滤纸的两边垂入 20×SSC 溶液中，滤纸用 20×SSC 溶液润湿，用玻璃棒将滤纸推平，排出滤纸与玻璃板间的气泡。

5) 剪一块与凝胶大小相同或稍大的硝酸纤维素膜(或尼龙膜，下同)，用蒸馏水润湿后移入 20×SSC 溶液中，浸泡至少 5 min。

6) 将中和好的凝胶倒转使底面朝上放在滤纸的中央。用玻璃棒滚动去除胶与滤纸之间的气泡。

7) 将浸湿的膜小心准确地覆盖在凝胶上，膜的一端与凝胶的加样孔对齐，排出气泡，相应地剪去膜的左下角。

8) 将两张预先用 2×SSC 浸湿过的与硝酸纤维素膜大小相同的 Whatman 滤纸或普通滤纸覆盖在硝酸纤维素膜上，排出气泡。

9) 裁一叠与硝酸纤维素膜大小相同或稍小的纸巾，5～10 cm 厚。在纸巾上放一玻璃板，其上放置一重约 500 g 的砝码。

10) 静置 8～24 h 使硝酸纤维素膜充分转移，其间更换纸巾 3 或 4 次。

11) 移走纸巾和滤纸，将凝胶和硝酸纤维素膜置于一张干燥的滤纸上，用软铅笔或圆珠笔在膜上描出加样孔的位置，揭去胶。

12) 凝胶用溴化乙锭染色后，紫外灯下观察转移的效率或直接剥离凝胶；硝酸纤维素膜浸在 2×SSC 溶液中 5 min，以去除粘在膜上的琼脂糖碎块。

13) 硝酸纤维素膜用滤纸吸干后，置于两层干燥的滤纸中，置 80℃烘箱烘烤 2 h，使 DNA 固定于硝酸纤维素膜上。此膜可用于下一步杂交反应。如不马上使用，可用铝箔纸包好，室温下置真空中备用。

(4) 制备探针

1) 在一微量离心管中加约 50 ng 的双链 DNA，沸水中煮 5 min 后，骤冷。

2) 加蒸馏水 27.5μL，2 μL dNTPs(dATP、dGTP、dTTP 各取 2 μL 混合，吸取 2 μL)，10 μL 5×buffer，2 μL BSA 与 5μL 的 α-^{32}P 标记的 dCTP 混合。

3) 加大肠杆菌 DNA 聚合酶 Ⅰ 的 Klenow 片段 2 μL，室温 25℃温育 1 h。

4) 沸水浴 5 min，骤冷；加 0.1 mol/L EDTA 10 μL。

5) 进行杂交反应或密封后置于−20℃储存备用。

(5) 预杂交

1) 制备预杂交液。

2) 将结合了 DNA 的硝酸纤维素膜浸泡于 6×SSC 溶液中，使其充分湿润。

3) 将膜放入杂交瓶中，加入适量预杂交液(约每平方厘米膜 0.2 mL)，排掉膜上的气泡，在杂交炉中 42℃(预杂交温度根据探针和模板计算得出)保温 1～2 h。

4) 配制杂交液。

5) 取出杂交瓶，倒出预杂交液，加入杂交液及探针，探针加入量一般为 1～2 ng/mL，尽快除去膜上气泡。

6) 在杂交炉中 65℃(预杂交温度根据探针和模板计算得出)保温 12～16 h 或过夜。

7) 取出杂交后的膜，迅速置于盛有大量 2×SSC 和 0.1% SDS 溶液的培养皿中，室温下振荡漂洗 2 次，第一次 5 min，第二次 15 min。

8) 将膜转移至盛有大量 0.1×SSC 和 0.1% SDS 的培养皿中，37℃下振荡漂洗 30～60 min。

9) 将膜转移至盛有大量 0.1×SSC 和 0.1% SDS 的培养皿中，于 65℃下振荡洗涤 30～60 min。

10) 室温下，膜用 0.1×SSC 短暂漂洗后置滤纸上吸去大部分液体。

(6) 放射自显影

1) 将膜用保鲜膜包好。

2) 在暗室中，将增感屏前屏置于膜上，光面向上，压一或两张 X 射线片，再压上增感屏后屏，光面朝向 X 射线片。

3) 盖上压片盒，置于–70℃，自显影 16～24 h(根据待测 DNA 的浓度来确定显影时间)。

4) 取出 X 射线片，显影，定影；用水冲洗后晾干。

5) 如曝光不足，可再压片重新曝光。

(7) 尼龙膜再杂交

1) 杂交膜用 0.4 mol/L NaOH 溶液于 45℃变性 30 min 后，再用 0.1×SSC 和 0.1% SDS 及 0.2 mol/L Tris-HCl 溶液(pH 7.5)冲洗 15 min。

2) 放射自显影检测探针去除情况，如未去除干净，重复上述过程，直至放射自显影无信号，该膜便可用于再杂交。

五、实验结果

将条带的位置与凝胶中 DNA Marker 的位置(电泳后已拍照)进行比较，确定 DNA 片段的大小。

六、实验讨论

1) Southern 印迹杂交技术的应用前景是什么？

2) Southern 印迹杂交实验中有哪些注意事项？

(朱利泉 杨 昆 张贺翠)

第八章　糖　类

糖是生物界分布最广、含量最多的一类有机物。它们在细胞中除与脂结合成糖脂，与蛋白质结合成糖蛋白并作为核酸的组成成分起作用外，还可以单独充当植物体的结构成分和为生命活动提供能源。

细胞内单糖的分子结构为3～7个碳相连而成的多羟基醛、酮，同分异构体很多。其中葡萄糖等少数单糖可聚合成寡糖和多糖（主要有纤维素和淀粉）。纤维素在体内和体外都不易降解；而淀粉则易降解成寡糖甚至单糖，其降解程度可根据其与碘-碘化钾溶液的显色情况来判断：

淀粉→蓝糊精→红糊精→无色糊精→麦芽糖→葡萄糖

紫蓝色　蓝色　红色　碘黄色　碘黄色　碘黄色

根据糖的溶解性、还原性及分子结构等性质，可以提取或区分不同的糖。例如，可以用水（40～50℃）或75%～85%（*V*/*V*）的乙醇溶液，提取可溶性的游离单糖和低聚糖。可以用硫酸使糖脱水，再与α-萘酚发生紫环反应，从而鉴定糖的存在。经酸脱水后的糖能与间苯二酚反应，从而鉴定酮糖。利用糖使金属离子还原的性质来检验糖的还原性。

糖的定量测定方法很多。根据糖的折射率、密度、旋光性等物理性质，可分别用折光仪、波美密度计、旋光仪来测定糖的含量。根据糖的化学性质，可用滴定法、比色法、色谱法、电泳法、氧电极、酶电极等方法进行测定。在实际工作中，可根据被测材料的种类、要求、条件等选择其中的一种或几种。

实验三十七　还原糖和总糖含量的测定（3,5-二硝基水杨酸比色法）

一、实验目的

1）学习和掌握3,5-二硝基水杨酸比色法测定还原糖和总糖的基本原理和方法。

2）熟悉分光光度计的使用方法。

二、实验原理

各种单糖和部分双糖（如乳糖和麦芽糖）具有还原性，是还原糖，而蔗糖和多糖（如淀粉）是非还原糖。利用溶解度不同，可将植物样品中的单糖、双糖和多糖分别提取出来，再用酸水解法使没有还原性的双糖和多糖彻底水解成有还原性的单糖。

在碱性条件下，还原糖与3,5-二硝基水杨酸共热，3,5-二硝基水杨酸被还原为3-氨基-5-硝基水杨酸（棕红色物质），还原糖则被氧化成糖酸及其他产物（图8-1）。

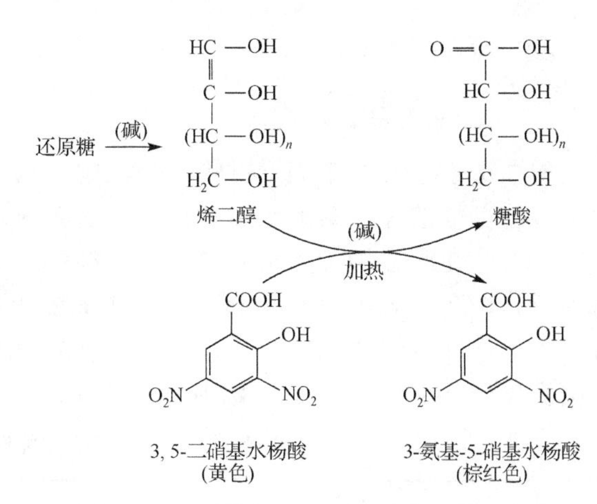

图8-1　还原糖与3,5-二硝基水杨酸反应式
（引自朱利泉，1997）

在一定范围内，还原糖的量与棕红色物质的颜色深浅成正比，在540 nm波长下测定棕红色物质的吸光度，查标准曲线并计算，便可分别求出样品中还原糖和总糖的含量。多糖水解时，在单糖残基上加了一分子水，因而在计算中须扣除已加入的水量，测定所得的总糖量乘以0.9即为实际的总糖量。

三、实验器材

1．材料

面粉。

2．仪器

恒温水浴锅、烘箱、电子天平、分光光度计、碱式滴定管、25 mL具塞刻度试管、试管、锥形瓶（100 mL）、容量瓶（25 mL、100 mL）、量筒（25 mL、10 mL）、烧杯（100 mL）、胶头吸管、滤纸、漏斗、试管夹、玻璃棒等。

3．试剂

1）1 mg/mL葡萄糖标准溶液：确称取0.100 g分析纯葡萄糖（预先在烘箱80℃烘至恒重），置于小烧杯中，用少量蒸馏水溶解后，定量转移至100 mL容量瓶，用蒸馏水定容至100 mL，摇匀，于4℃冰箱中保存备用。

2）3,5-二硝基水杨酸试剂：将6.3 g 3,5-二硝基水杨酸和262 mL 1 mol/L NaOH溶液，加到500 mL含有182.0 g酒石酸钾钠的热水溶液中，再加5.0 g结晶酚和5.0 g亚硫酸钠，搅拌溶解。冷却后加蒸馏水定容至1000 mL，贮于棕色试剂瓶中备用。

3）碘-碘化钾溶液：称取0.3 g碘化钾溶于少量水中，加0.1 g碘使溶解，定容至100 mL。

4）酚酞指示剂：称取0.1 g酚酞，溶于250 mL 70%乙醇溶液。

5）6 mol/L HCl溶液：12 mol/L浓盐酸用水稀释1倍。

6）1 mol/L NaOH溶液。

四、实验步骤

1. 制作葡萄糖标准曲线

取7支25 mL具塞刻度试管，编号，按表8-1所示的量，精确加入浓度为1 mg/mL的葡萄糖标准溶液、蒸馏水和3,5-二硝基水杨酸试剂。将各管摇匀，在沸水浴中加热5 min，取出后立即放入盛有冷水的烧杯中冷却至室温，再以蒸馏水定容至25 mL，塞住管口，颠倒混匀(如用大试管，则向每管加入21.5 mL蒸馏水，混匀)。在540 nm波长下，用0号管作空白调零，分别读取1～6号管的吸光度。以吸光度为纵坐标，葡萄糖含量(mg)为横坐标，绘制标准曲线，得出线性回归方程。

表8-1　葡萄糖标准曲线试剂用量

试剂/mL	管号						
	0	1	2	3	4	5	6
葡萄糖标准溶液	0.0	0.2	0.4	0.6	0.8	1.0	1.2
蒸馏水	2.0	1.8	1.6	1.4	1.2	1.0	0.8
3,5-二硝基水杨酸试剂	1.5	1.5	1.5	1.5	1.5	1.5	1.5
煮沸5 min，冷却							
蒸馏水	21.5	21.5	21.5	21.5	21.5	21.5	21.5

2．样品中还原糖和总糖的提取

1)样品中还原糖的水解和提取：准确称取0.1 g食用面粉，放入大试管中，加入5 mL蒸馏水调成匀浆，置50℃水浴中加热水解20 min。待水解液冷却后，用蒸馏水定容在100 mL容量瓶中，混匀。将定容后的水解液用滤纸过滤即为还原糖待测液。

2)样品中总糖的水解和提取：准确称取0.1 g食用面粉，放入大试管中，加1～2 mL 6 mol/L HCl溶液及5 mL蒸馏水，置沸水浴中加热水解30 min。取1～2滴水解液于白瓷板上，加1滴碘-碘化钾溶液，检查是否完全水解。如已水解完全，则不显蓝色，待水解液冷却后，加入1滴酚酞指示剂(酚酞的变色范围是pH 8.2～10.0)，用1 mol/L NaOH溶液中和滴定至微红色，用蒸馏水定容在100 mL容量瓶中，混匀。将定容后的水解液用滤纸过滤即为总糖待测液。

3．显色和比色

取5支25 mL具塞刻度试管，编号，按表8-2所示的量，准确加入待测液和试剂。将各管摇匀，在沸水浴中加热5 min，取出冷却至室温，以蒸馏水定容至25 mL，混匀后，在540 nm波长下，以参比管调零，测定各管的吸光度。

表8-2　试管中试剂加入量

试剂/mL	参比管	还原糖测定管		总糖测定管	
		①	②	Ⅰ	Ⅱ
还原糖待测液	0	2	2	—	—
总糖待测液	0	—	—	1	1
蒸馏水	2	—	—	1	1
3,5-二硝基水杨酸试剂	1.5	1.5	1.5	1.5	1.5

五、实验结果

根据①、②管，以及Ⅰ、Ⅱ管中的平均吸光度在标准曲线上查出相应的还原糖(mg)，按照下面公式计算出样品中还原糖和总糖的含量。

$$\text{还原糖含量}(\%)=\frac{\text{查曲线所得还原糖量(mg)}\times\dfrac{\text{提取液总体积}}{\text{测定所取体积}}}{\text{样品质量(mg)}}\times 100$$

$$\text{总糖含量}(\%)=\frac{\text{查曲线所得还原糖量(mg)}\times\text{稀释倍数}}{\text{样品质量(mg)}}\times 0.9\times 100$$

六、实验讨论

1)在样品的总糖提取时，用浓盐酸和NaOH溶液的目的是什么？

2)若待测液显色后颜色很深，其吸光度超出标准曲线中吸光度的范围，样品提取液可如何处理后再显色测定？

实验三十八　可溶性糖的硅胶G薄层层析

一、实验目的

学习硅胶G薄层层析的基本原理和方法，以及该方法在可溶性糖分离鉴定中的应用。

二、实验原理

薄层层析(thin-layer chromato graphy，TCL)是一种微量而快速的层析方法，将吸附剂或支持剂均匀地涂布于玻璃板上成一个薄层，把要分析的样品点到薄层上，然后用合适的溶剂进行展开而达到分离待测样品的目的。为了使所要分析样品的各组分得到分离，必须选择合适的吸附剂。硅胶G是一种添加了黏合剂(石膏)的硅胶粉，含 12%～13%的石膏($CaSO_4$)，是吸附性能良好的吸附剂，可以把一些物质从溶液中吸附到它的表面上，利用它对各种物质的吸附能力不同，再用适当的溶剂系统展层，可以使不同的物质得以分离。

薄层层析应用广泛，与其他方法相比有明显的优越性，如层析速度快，时间短，可以分离多种化合物，样品用量可多可少，灵敏度高(比纸层析高10～100倍)，观察结果方便，甚至可以使用腐蚀性显色剂。

植物组织中的可溶性糖可用一定浓度的乙醇提取出来，除去糖提取液中的蛋白质等干扰物质，就可获得较纯的可溶性糖混合液。

糖为多羟基化合物，具有较强的极性。糖在硅胶G薄层上展层时，与硅胶分子间有一定吸附力，这与糖的相对分子质量和羟基数有关，吸附力的大小顺序为三糖>

二糖>己糖>戊糖，这就造成极性不同的糖在层析过程中具有不同的移动速率，用 R_f 值表示，吸附力越大的糖 R_f 值越小，糖在硅胶 G 薄层上的移动速度是戊糖>己糖>二糖>三糖。展层后，经显色剂显色，不同的糖呈现不同的颜色，通过与已知标准糖的颜色和 R_f 值进行比较，可分离鉴定样品提取液中糖的种类。

$$R_f=\frac{\text{原点至色斑中心点的距离}}{\text{原点至展层剂前沿的距离}}$$

三、实验器材

1．材料

苹果或其他植物材料。

2．仪器

离心机、电子天平、恒温水浴锅、烘箱、层析缸、玻璃板(7 cm×15 cm)、微量点样器或毛细管、电吹风、喷雾器、大离心管、研钵、蒸发皿、表面皿、容量瓶、量筒(50 mL)、移液管(10 mL)、玻璃棒等。

3．试剂

1)硅胶 G 粉、0.1 mol/L 硼酸(H_3BO_3)溶液。

2)1%标准糖溶液(10 mg/ mL)：取木糖、果糖、葡萄糖、蔗糖各 100.0 mg，分别用 75%乙醇溶液溶解定容至 10 mL，摇匀。

3)苯胺-二苯胺-磷酸显色剂：2.0 g 二苯胺、2 mL 苯胺、10 mL 85%磷酸溶于 100 mL 丙酮，溶后摇匀。

4)展层剂：以氯仿∶冰醋酸∶水=30∶35∶5(体积比)配制而成。

5)95%乙醇溶液、80%乙醇溶液、氯仿、饱和 Na_2SO_4 溶液、10%中性乙酸铅溶液、冰醋酸等。

四、实验步骤

1．硅胶 G 薄板的制备

称取硅胶 G 粉 3.0 g，加 0.1 mol/L 硼酸溶液 9 mL，于研钵中充分研磨，待硅胶 G 开始变稠时，倾于干净、平整的玻璃板上，可铺 7 cm×15 cm 玻璃板两块。铺层后的薄板放在 100℃烘箱中烘干，取出后放在干燥器中备用；也可在室温下风干过夜，用前于 110℃烘箱中活化 1 h 后使用(活化的目的是使其失去水分，具有一定的吸附能力，活化时间应视薄层厚度和所需活性而定)。

2．苹果中可溶性糖提取液的制备

取洗净的苹果削皮，称 10.0 g 果肉，在研钵中将果肉磨成匀浆，用 20 mL 95%乙醇溶液分数次洗入大离心管中，浸提 30 min，3000 r/min 离心 10 min，上清液倾入另一大离心管中，残渣加 5 mL 80%乙醇溶液洗涤，离心，取上清液，重复 2 次，合并上清液。于 70℃水浴预热上清液，趁热逐滴加入 10%中性乙酸铅溶液，以沉淀蛋白质。然后再逐滴加入饱和 Na_2SO_4 溶液，沉淀多余的铅，3000 r/min 离心 10 min。倾出上清液，于 70℃水浴蒸干，析出物质以 2 mL 蒸馏水溶解，即得糖抽提液（如果蛋白质含量不高，也可省去此步，但要通过预试验确定）。

3．苹果提取液中可溶性糖的分离鉴定

1）点样：取活化过的硅胶 G 薄板一块，在距底边 1.5 cm 水平线上确定 5 个点，相互间隔 1 cm，用毛细管在其中 4 个点分别点上 1%的木糖、葡萄糖、果糖和蔗糖标准溶液各 3 μL，另一个点点上苹果提取液 2～6 μL，斑点直径不应超过 2～3 mm，用电吹风冷风吹干，可分几次滴加，待斑点干燥后即可展层（点样是薄层层析的关键步骤，适当的点样量和集中的原点，是获得良好色谱的必要条件。糖的点样量一般不宜超过 5 μg。点样点不宜靠近硅胶板边缘）。

2）展层：本实验选用氯仿∶冰醋酸∶水=30∶35∶5（体积比）为展层剂，将薄板置于盛有适量展层剂的层析缸中（展层剂的高度必须低于薄板的起点线，样点不能浸入展层剂中，硅胶薄板不能碰到层析缸的内壁），密闭层析缸，自下向上展层（保证层析缸内有充分饱和的蒸汽是实验成功的关键。为了减轻或消除边缘效应，可在层析缸内贴上浸透展层剂的滤纸，以加速缸内蒸汽的饱和）。当展层剂前沿达距薄层顶端约 1 cm 处，停止层析，取出薄板，前沿用铅笔做好记号，用电吹风热风吹干。

3）显色：采用苯胺-二苯胺-磷酸喷雾，于 85℃烘箱中烘 10 min，各种糖即显出不同的色斑颜色。

五、实验结果

1）记录各斑点的颜色，量出原点至溶剂前沿和原点至各色斑中心点的距离，计算 R_f 值，绘出层析图谱。

2）与标准糖比较（表 8-3），根据色斑颜色及 R_f 值，鉴定苹果提取液中的可溶性糖类。

表 8-3　各种糖的显色情况

糖的种类	木糖	葡萄糖	果糖	蔗糖
颜色	黄绿色	灰蓝绿色	棕红色	蓝褐色

六、实验讨论

1）本实验操作中有哪些注意事项？

2）影响 R_f 值的因素有哪些？

3）点样是薄层层析的关键步骤，点样量过少或过多对实验有什么影响？

实验三十九　可溶性糖的测定(蒽酮比色法)

一、实验目的

1) 掌握蒽酮比色法测定可溶性糖的原理和方法。
2) 熟悉分光光度计的使用方法。

二、实验原理

糖在浓硫酸的作用下脱水生成的糠醛或羟甲基糠醛，与蒽酮脱水缩合形成蓝绿色的糠醛衍生物(图 8-2)，该物质在波长 620 nm 处有最大吸收，在 10～100 μg/mL 糖含量范围内，其颜色的深浅与可溶性糖含量成正比。蒽酮比色法有很高的灵敏性，糖含量在 30 μg/mL 左右就能进行测定，可作为微量测糖的方法。一般样品少的情况下，采用这一方法比较合适。

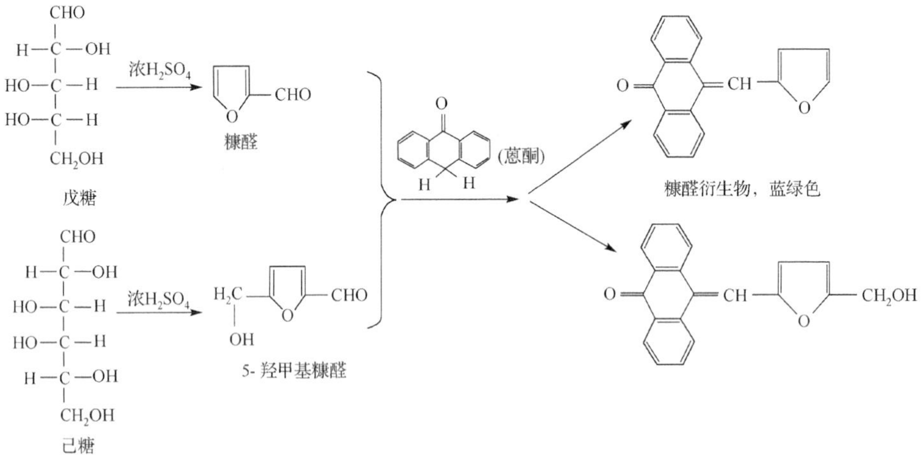

图 8-2　可溶性糖反应式(引自朱利泉，1997)

因反应液中的强酸可将寡糖和多糖水解为单糖，蒽酮比色法几乎可以测定所有的糖类物质(单糖、寡糖类和多糖类)。蒽酮比色法测出的糖含量实际上是溶液中的总糖含量。在实验过程中应注意勿将样品未溶解的残渣加入反应液，以避免因纤维素等不溶性糖与蒽酮试剂反应而增加测定误差。

不同的糖类与蒽酮试剂的显色程度不同，己糖中果糖、葡萄糖、半乳糖和甘露糖的显色程度依次由深至浅，戊糖则显色更浅。

三、实验器材

1．材料

小麦、水稻叶片或其他植物材料。

2．仪器

分光光度计、电子天平、恒温水浴锅、锥形瓶(50 mL)、试管、容量瓶(100 mL)、移液管(1 mL、5 mL、10 mL)、剪刀、塑料膜、研钵、漏斗、烧杯、漏斗架、滤纸、试管架、试管夹等。

3．试剂

1) 200 μg/mL 葡萄糖标准溶液：准确称取 200.0 mg 已于 80℃烘箱中烘至恒重的葡萄糖，加蒸馏水溶解后定容至 1000 mL。

2) 硫酸-蒽酮试剂：蒽酮 2.0 g 溶于 1000 mL 80%(体积分数)浓硫酸中，贮于棕色瓶，当日配制使用。

四、实验步骤

1．葡萄糖标准曲线的制作

取 6 支试管编号，按表 8-4 进行操作。

表 8-4　制作葡萄糖标准曲线试剂用量

试剂/mL	管号					
	0	1	2	3	4	5
葡萄糖标准溶液(200 μg/mL)	0.0	0.1	0.2	0.3	0.4	0.5
蒸馏水	1.0	0.9	0.8	0.7	0.6	0.5
置于冰水浴 5 min						
硫酸-蒽酮试剂	4.0	4.0	4.0	4.0	4.0	4.0
沸水浴准确加热 10 min，流水冷却，室温放置 10 min						

以 0 号管作空白调零，在波长 620 nm 下比色测定各管吸光度。以葡萄糖标准溶液浓度为横坐标，吸光度为纵坐标，绘制标准曲线，求得线性回归方程。

2．植物样品中可溶性糖的提取

称取剪碎混匀的新鲜植物叶片 0.5～1.0 g 置于研钵中，加蒸馏水 3.0 mL 研磨成匀浆，转入锥形瓶中，用 12 mL 蒸馏水冲洗研钵 2 或 3 次，洗涤液转入锥形瓶中，塑料膜封口或加盖。在沸水浴中提取 30 min，冷却后过滤，滤液收集在 100 mL 容量瓶中，蒸馏水漂洗锥形瓶和残渣并过滤，合并滤液，蒸馏水定容至 100 mL，混匀即为待测液。

若分析含淀粉多的样品时(如马铃薯块)，将称好的样品无损地移入锥形瓶中，加 50 mL 95%乙醇溶液(如用风干样品则称 0.2 g，加 82%乙醇溶液)，用带有长玻璃管(管长 1 m，内径 7 mm，起冷凝作用)的橡皮塞塞紧，置于 80℃水浴中浸提半小时(每隔 10 min 摇动一次)。回流后取出锥形瓶，冷却，将清液移入 100 mL 容量瓶中，残渣再用 82%乙醇溶液提取 2 次(每次 15～20 mL，浸提 15 min)。最后将残渣全部转移入容量瓶中，用蒸馏水定容，然后用干滤纸过滤，吸取一定量滤液，用蒽酮法直接测定可溶性总糖量。将残渣放在 80℃烘箱中烘干，以备测定淀粉和纤维素用。

3. 测定

取 3 支试管编号，按表 8-5 进行操作。

吸取 1 mL 待测液于编号的试管中，浸入冰水浴 5 min，加入 4.0 mL 硫酸-蒽酮试剂，沸水浴中加热 10 min，流水冷却，室温放置 10 min，波长 620 nm 下比色，记录吸光度。

表 8-5 测定试剂加入量

试剂/mL	管号		
	0（对照）	1（样品管）	2（样品管）
待测液	0.0	1.0	1.0
蒸馏水	1.0	0.0	0.0
冰水浴 5 min			
硫酸-蒽酮试剂	4.0	4.0	4.0
沸水浴准确加热 10 min，流水冷却，室温放置 10 min			

五、实验结果

$$\text{植物样品可溶性糖含量（\%）} = \frac{C \times V}{m} \times 100$$

式中，C 为回归方程计算所得的糖含量（mg/mL）；V 为样品提取液体积（mL）；m 为样品质量（mg）。

六、实验讨论

1）硫酸-蒽酮试剂为何要当日配制使用？

2）在硫酸-蒽酮试剂使用前，盛有样品的试管为什么要浸入冰水浴中？沸水浴中加热 10 min 后，为什么要迅速冷却？

实验四十　谷物淀粉含量的测定（旋光法）

一、实验目的

1）掌握旋光法测定淀粉含量的基本原理和方法。

2）熟悉旋光仪的使用方法。

二、实验原理

淀粉是植物的主要贮藏物质，大部分贮存于种子、块根和块茎中。淀粉不仅是重要的营养物质，在工业、医药、食品等行业中也有广泛应用。测定谷物中淀粉的含量对于鉴定农产品的品质和改进农业生产技术有很大的意义。

酸性氯化钙溶液与磨细的含淀粉样品共煮，可使淀粉轻度水解。同时钙离子与淀粉分子上的羟基络合，这就使淀粉分子充分地分散到溶液中，成为淀粉溶液。所用的酸性氯化钙溶液的 pH 必须保持在 2.3，相对密度为 1.3，加热时间也要控制在一定范围，以保证各种不同来源的淀粉溶液的比旋光度恒定不变(20℃)，样品中其他旋光性物质(如糖分)须预先除去。

凡是具有不对称碳原子的化合物都具有旋光性。淀粉分子具有不对称碳原子，因而具有旋光性，可以利用旋光仪测定淀粉溶胶的旋光度(α)，旋光度的大小与淀粉的浓度成正比，据此可以求出淀粉含量。

三、实验器材

1．材料

面粉或其他风干样品。

2．仪器

植物样品粉碎机、分析天平、布氏漏斗、抽滤瓶及真空泵、旋光仪、密度计、酸度计、分样筛(100 目)、容量瓶(100 mL)、离心管、烧杯、石棉网、量筒(10 mL、100 mL)、锥形瓶(250 mL)、小电炉、玻璃棒等。

3．试剂

1) 氯化汞-乙醇溶液：将 1.0 g $HgCl_2$ 溶解于 100 mL 水和 900 mL 95%乙醇溶液中。

2) 乙酸-氯化钙溶液：取氯化钙($CaCl_2 \cdot 2H_2O$) 550.0 g 溶于 760 mL 蒸馏水中，过滤，其澄清液用密度计测定，在 20℃下调节相对密度至 1.3±0.02，再滴加冰醋酸粗调氯化钙溶液 pH 为 2.3 左右，然后用酸度计准确调 pH 为 2.3±0.05，必要时，可以用布氏漏斗或玻璃滤器抽滤，以使溶液清澈透明。

3) 30%硫酸锌溶液：称取硫酸锌($ZnSO_4 \cdot 7H_2O$) 30.0 g 溶于蒸馏水中，稀释定容至 100 mL，混匀。

4) 15%亚铁氰化钾溶液：称取亚铁氰化钾[$K_4Fe(CN)_6 \cdot 3H_2O$]15.0 g 溶于蒸馏水中，稀释定容至 100 mL，混匀。

5) 乙醚、80%乙醇溶液、95%乙醇溶液。

四、实验步骤

1．样品准备

1) 称取样品：将样品挑选干净，风干、研磨、通过 100 目筛，精确称取约 2.5 g 样品细粉(要求含淀粉约 2 g，参考表 8-6)，置于离心管内(样品按照我国农作物种子检验规程 GB/T 3543.6—1995 测定水分含量)。

表 8-6　各种主要粮食作物食用部位淀粉含量

作物	淀粉含量(干重)/%	作物	淀粉含量(干重)/%
稻谷	75～80	豌豆	20～48
小麦	49～70	大豆	2～9
玉米	58～83	马铃薯	10～23(鲜重)
大麦	44～68	甘薯	18～29(鲜重)

2)脱脂：加乙醚数毫升到离心管内，用玻璃棒充分搅拌，然后离心。倾出上清液并收集以回收乙醚。重复脱脂数次，以去除大部分油脂、色素等(因油脂的存在会使导致淀粉溶液的过滤困难)。大多数谷物样品含脂肪较少，可免去这个脱脂步骤。

3)抑制酶活性：加氯化汞-乙醇溶液 10 mL 到离心管内，充分搅拌，然后离心，倾去上清液，得到残余物。

4)脱糖：加 80%乙醇溶液 10 mL 到离心管中，充分搅拌以洗涤残余物(每次都用同一玻璃棒)，离心，倾去上清液。重复洗涤数次以去除可溶性糖分。

2. 溶提淀粉

1)加乙酸-氯化钙溶液：先加约 10 mL 乙酸-氯化钙溶液到离心管中，搅拌后全部倾入 250 mL 锥形瓶内，再用乙酸-氯化钙溶液 50 mL 分数次洗涤离心管，洗涤液并入锥形瓶内，搅拌玻璃棒也转移到锥形瓶内。

2)煮沸溶解：先用记号笔标记液面高度，直接置于加有石棉网的小电炉上，在 4～5 min 内迅速煮沸，保持沸腾 15～17 min，立即将锥形瓶取下，置流水中冷却。(煮沸过程中要不断搅拌，切勿烧焦；要调节温度，勿使泡沫涌出瓶外；常用玻璃棒将瓶侧的细粒抹向锥形瓶底部；加水保持液面高度)。

3. 沉淀杂质和定容

1)加沉淀剂：将锥形瓶内的水解液转入 100 mL 容量瓶，用 100 mL 蒸馏水充分洗涤锥形瓶，洗涤液并入容量瓶内，加 30%硫酸锌溶液 1 mL 混合后，再加 15%亚铁氰化钾溶液 1 mL，用水稀释至接近刻度时，加几滴 95%乙醇溶液以破坏泡沫，然后稀释至刻度，充分混合，静置，以使蛋白质充分沉淀。

2)滤清：用布氏漏斗(加一层滤纸)吸气过滤。先倾入上清液约 10 mL 于此滤纸上，使其完全湿润，让溶液流干，弃去滤液，再倾入上清液进行过滤，用干燥的容器接收此滤液，收集约 50 mL，即可供测定使用。

4. 测定旋光度

以空白液(乙酸-氯化钙溶液∶蒸馏水=6∶4，体积比)调旋光仪零点，再将滤液装满旋光管，在 20℃±1℃进行旋光度的测定，取两次读数的平均值。

五、实验结果

$$\text{粗淀粉含量}(\%)=\frac{\alpha \times V}{[\alpha]_D^{20} \times L \times W(100\% - H)} \times 100$$

式中，α 为旋光仪上读出的旋转角度；L 为旋光管长度(dm)；W 为样品质量(g)；H 为样品水分含量(%)；V 为溶液体积(mL)；$[\alpha]_D^{20}$ 为 20℃时淀粉的比旋光度(表 8-7)。

表 8-7 不同作物淀粉的比旋光度

作物	$[\alpha]_D^{20}$	作物	$[\alpha]_D^{20}$	作物	$[\alpha]_D^{20}$
小麦	182.7	马铃薯	195.4	黑麦	184.0
小米	171.4	大麦	181.5	荞麦	179.5
水稻	185.9	燕麦	181.3	玉米	184.6

六、实验讨论

1)测定谷物淀粉含量有何意义?

2)除旋光法外，谷物淀粉含量的测定还有哪些常用方法?

实验四十一 植物组织淀粉和纤维素含量的测定

一、实验目的

掌握测定植物组织中淀粉和纤维素含量的基本原理和方法。

二、实验原理

淀粉是植物体内糖类和能量的主要贮存形式，常大量存在于种子、果实、块根、块茎中，往往也少量暂时存在于叶、茎等部位。

纤维素是植物细胞壁的主要成分，其含量的多少关系到植物的机械组织是否发达，作物抗倒伏、抗病虫害的能力，并且影响粮食作物、纤维作物和蔬菜作物等的产量和品质。

淀粉和纤维素都是由葡萄糖残基组成的多糖，在酸性条件下加热使其水解成葡萄糖。然后在浓硫酸作用下，使单糖脱水生成糠醛类化合物。利用蒽酮试剂与糠醛类化合物的蓝绿色反应即可进行比色测定。

三、实验器材

1．材料

植物茎、叶及棉花纤维等。

2．仪器

电子天平、分光光度计、恒温水浴锅、电炉、容量瓶(100 mL、50 mL)、布氏漏斗、滤纸、试管、烧杯、移液管(1.0 mL、2.0 mL、5.0 mL)、量筒等。

3．试剂

1) 2%蒽酮试剂：2.0 g 蒽酮溶解于 100 mL 乙酸乙酯中，贮放于棕色试剂瓶中。

2) 100 μg/mL 淀粉标准溶液：准确称取 0.1 g 纯淀粉，放入 100 mL 容量瓶中，加 60～70 mL 热蒸馏水，放入沸水浴中煮沸 30 min，冷却后加蒸馏水稀释至刻度，则浓度为 1 mg/mL。吸取此液 5.0 mL，加蒸馏水稀释至 50 mL，则浓度为 100 μg/mL。

3) 100 μg/mL 纤维素标准溶液：准确称取 100 mg 纯纤维素，放入 100 mL 容量瓶中，将容量瓶放入冰浴中，然后加冷的 60% H_2SO_4 溶液 60～70 mL，在冷的条件下消化处理 20～30 min；然后用 60% H_2SO_4 溶液稀释至刻度，摇匀。吸取此液 5.0 mL 放入另一 50 mL 容量瓶中，将容量瓶放入冰浴中，加蒸馏水稀释至刻度即可。

4) 60% H_2SO_4 溶液，浓硫酸(18 mol/L)，9.2 mol/L $HClO_4$ 溶液等。

四、实验步骤

1．淀粉的测定

(1) 绘制淀粉标准曲线　按照表 8-8 加入各种试剂。

1) 取小试管 6 支，分别放入 0.0 mL、0.4 mL、0.8 mL、1.2 mL、1.6 mL、2.0 mL 淀粉标准溶液。然后分别加入 2.0 mL、1.6 mL、1.2 mL、0.8 mL、0.4 mL、0.0 mL 蒸馏水，摇匀，则每管依次含淀粉 0 μg、40 μg、80 μg、120 μg、160 μg、200 μg。

表 8-8　淀粉标准曲线试剂用量

试剂/mL	管号					
	0	1	2	3	4	5
淀粉标准溶液(100 μg/mL)	0.0	0.4	0.8	1.2	1.6	2.0
蒸馏水	2.0	1.6	1.2	0.8	0.4	0.0
2%蒽酮试剂	0.5	0.5	0.5	0.5	0.5	0.5
浓硫酸	5.0	5.0	5.0	5.0	5.0	5.0

2) 向每管加 0.5 mL 2%蒽酮试剂，再沿管壁加 5.0 mL 浓硫酸，塞上塞子，微微摇动，促使乙酸乙酯水解，当管内出现蒽酮絮状物时，再剧烈摇动促进蒽酮溶解，然后立即放入沸水浴中加热 10 min，取出冷却。

3) 在波长 620 nm 下比色，测出各管吸光度。

4) 以所测吸光度为横坐标，以淀粉含量为纵坐标，绘制淀粉标准曲线，求得回归方程。

(2) 样品测定

1) 将提取可溶性糖后的干燥残渣，移入 50 mL 容量瓶中，加 20 mL 热蒸馏水，放入沸水浴中煮沸 15 min，再加入 9.2 mol/L 高氯酸 2 mL 提取 15 min，冷却后用蒸馏水定容、混匀。

2) 用滤纸过滤，滤液用来测定淀粉含量。

3) 吸取滤液 0.5 mL 放入小试管中，加 1.5 mL 蒸馏水，再加 0.5 mL 2%蒽酮试剂，然后沿管壁加 5.0 mL 浓硫酸，盖上塞子。之后的操作同标准曲线的制作，测出样品在 620 nm 波长下的吸光度。

2．纤维素的测定

(1)绘制纤维素标准曲线　按照表 8-9 加入各种试剂。

1)取小试管 6 支，分别放入 0.0 mL、0.4 mL、0.8 mL、1.2 mL、1.6 mL、2.0 mL 纤维素标准溶液。然后分别加入 2.0 mL、1.6 mL、1.2 mL、0.8 mL、0.4 mL、0.0mL 蒸馏水摇匀，则每管依次含纤维素 0 μg、40 μg、80 μg、120 μg、160 μg、200 μg。

2)向每管加 0.5 mL 2%蒽酮试剂，再沿管壁加 5.0 mL 浓 H_2SO_4，塞上塞子，摇匀，静置 12 min，在波长 620 nm 下测出不同含量纤维素溶液的吸光度。

3)以所测得的吸光度为纵坐标，对应的纤维素含量为横坐标，绘制标准曲线，求得回归方程。

(2)样品测定

1)称取风干的棉花纤维 0.2 g 于烧杯中，将烧杯放入冰浴中，加冷的 60% H_2SO_4 溶液 60～70 mL，消化处理半小时，然后将消化好的纤维素溶液转入 100 mL 容量瓶，用 60% H_2SO_4 溶液定容至刻度，摇匀后用布氏漏斗过滤于另一烧杯中。

表 8-9　纤维素标准曲线的试剂用量

试剂/mL	管号					
	0	1	2	3	4	5
纤维素标准溶液(100 μg/mL)	0.0	0.4	0.8	1.2	1.6	2.0
蒸馏水	2.0	1.6	1.2	0.8	0.4	0.0
25%蒽酮试剂	0.5	0.5	0.5	0.5	0.5	0.5
浓硫酸	5.0	5.0	5.0	5.0	5.0	5.0

2)吸取上述滤液 5.0 mL 放入 50 mL 容量瓶中，将容量瓶置于冰浴中，加蒸馏水稀释至刻度摇匀。

3)吸取上清 2.0 mL，加 0.5 mL 2%蒽酮试剂，再沿管壁加 5.0 mL 浓 H_2SO_4，盖上塞子，摇匀，按制作标准曲线时的方法显色和比色，测出吸光度。

五、实验结果

$$\text{样品中淀粉或纤维素含量(\%)} = \frac{C \times N \times 10^{-6}}{m} \times 100$$

式中，C 为根据测得的吸光度按回归方程计算出的淀粉或纤维素含量(μg)；m 为样品质量(g)；10^{-6} 为将微克换算成克的系数；N 为样品稀释倍数。

六、实验讨论

1)纤维素加 60% H_2SO_4 溶液时，为什么一定要在冰浴条件下进行？

2)淀粉标准曲线和纤维素标准曲线的制作有何异同？

（黄爱缨）

第九章　脂　类

按照传统概念，脂类包括生物体内能溶解于有机溶剂的物质。高等植物中的重要脂类有油脂、磷脂、糖脂、鞘脂和蜡。在细胞内，油脂主要起贮能、供能的作用；磷脂、糖脂和鞘脂是生物膜的重要组成成分；蜡往往覆盖在植物的茎、叶、花、果表面，主要起平衡植物水分代谢的作用。

除了实验四十四，本章的实验都是以植物为材料进行的。实验四十二和实验四十三涉及上述几种脂类构成的混合脂类：在实验四十三中，这几种脂类都能溶解于有机溶剂——α-溴代萘中，使α-溴代萘折光率呈正比变化；实验四十二则直接用乙醚抽提出粗脂肪，是植物油脂进一步分离纯化的基础。实验四十四介绍卵磷脂的初步提取与鉴定。本章最后则是用纯化的植物油脂——三酰甘油进行性质测定的实验：实验四十五测定油脂的皂化值，以估计其相对分子质量的大小；实验四十六测定油脂的碘值，以估算其双键的数量；实验四十七测定油脂的酸值，以估计其酸败程度。这是一套基本的脂肪化学实验，在农产品贮藏加工和轻工业领域有着广泛的用途。

实验四十二　粗脂肪的定量测定

一、实验目的

学习粗脂肪定量测定的原理和方法。

二、实验原理

粗脂肪是具有脂溶性的脂肪、游离脂肪酸、蜡、磷脂、固醇及色素等物质的总称。这类物质易溶于脂肪溶剂，如乙醚、二硫化碳、氯仿、石油醚和苯等，但不溶于水。粗脂肪的定量测定正是根据这一性质设计的。本实验采用重量法，用无水乙醚作溶剂浸提脂肪，整个提取过程均在索氏提取器中进行。索氏提取器由冷凝管、提取管、提取瓶连接而成，提取管两侧分别为通气管和虹吸管。盛有样品的滤纸包放入提取管内，提取瓶内注入溶剂乙醚，加热后，溶剂蒸汽经通气管至冷凝管，冷凝的液体滴入提取管，浸提样品。当提取管内的溶剂越积越多，达一定高度时，溶剂及溶于溶剂中的粗脂肪即经虹吸管流入提取瓶。流入提取瓶的溶剂受热气化至冷凝管冷凝并滴入提取管内，如此反复提取回馏，终将样品中的粗脂肪提尽并带入提取瓶内。提取完毕后，将提取瓶中的溶剂蒸去，烘干，提取瓶增加的质量即为样品中粗脂肪的质量。

三、实验器材

1．材料

麦麸或芝麻、花生、大豆、玉米。

将样品置于100℃烘箱中烘干，冷却后研成粉末(能通过40目筛孔)，准确称取干样约2.000 0 g(精确至小数点后4位)，用滤纸包好(滤纸包须用丝线扎好，保证样品不漏掉)。

2．仪器

索氏提取器一套(其中提取瓶经100℃烘烤2 h，达到恒重后称其质量)、研钵及研棒、脱脂滤纸、丝线、针、恒温水浴锅、烘箱、分析天平(万分之一)等。

3．试剂

无水乙醚：在每500.0 g市售无水乙醚(常仍有水分)中加入30.0～50.0 g无水硫酸钠或金属钠，1～2 d后蒸馏，收集36℃馏出液即可。

四、实验步骤

1)安装索氏提取器。

2)提取粗脂肪：将盛有干样的滤纸包放入提取管中(勿使样品高出提取器的虹吸管)，加入乙醚约占提取管容积的1/3(勿超过虹吸管)以浸湿样品，向干燥、恒重的提取瓶内加入约占其容积1/3的乙醚。连接仪器各部分，并置于恒温水浴锅上，提取瓶底部浸入水中，开启自来水，使水从冷凝管下孔流入，上孔流出，然后加热水浴。调节水浴温度使乙醚每小时回流3～5次。提取时间视样品性质而定，通常需12～16 h(若以麦麸为材料，需回馏3～6 h)。提取结束后，卸下提取瓶，在水浴上蒸馏回收乙醚(以免着火)。然后将提取瓶置100℃烘箱中烘烤至恒重。

五、实验结果

将实验结果分别填入表9-1并计算样品粗脂肪的百分含量。

表9-1 样品粗脂肪的百分含量记录表

样品	干样重/g	瓶重/g	瓶及脂肪重/g	脂肪重/g

粗脂肪含量(%)=脂肪重(g)/干样重(g)×100

六、实验讨论

1) 本实验采用重量法(差重法)有何优缺点?

2) 在实验过程中需要注意什么安全问题?

实验四十三　油料种子油脂含量的快速测定(折光仪法)

一、实验目的

掌握快速测定油料种子中油脂含量的方法和折光仪的使用方法。通过实验，了解不同的栽培措施对于种子中油脂积累过程的影响。

二、实验原理

折射率(又称折光率)是物质的一种物理性质，常以20℃时的折光率(n_D^{20})表示。它是食品生产中常用的工艺控制指标，通过测定液态食品的折射率可以鉴别食品的组成，确定食品的浓度，判断食品的纯净程度及品质。

利用种子中油脂的折光率与溶剂的折光率具有显著差异这一特性来进行样品含油量的测定。选用折光率高的非挥发性有机溶剂α-溴代萘和样品一起研磨，使样品中的油脂快速溶解在溶剂中，过滤后测定其折光率。由于油脂的折光率较低，因此α-溴代萘溶解样品中的油后，混合溶液的折光率即低于α-溴代萘，降低的值与溶解的油脂所占的体积成正比(油脂的体积越大，折光率越小)，即可由折光率的下降程度来测量样品的含油量。折光率下降越多，种子中的含油量越多，所以，可以根据折光率的数值，用公式计算或用标准曲线求出试样中油脂含量(%)。

α-溴代萘 [Br 取代萘结构式]　$n_D^{20}=1.658\,5$

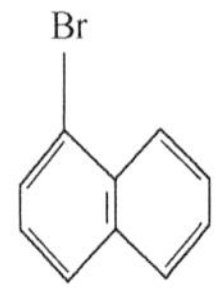

所用溶剂的折光率与被测油脂的折光率相差越大，测得结果误差越小，因此多用折光率高的α-溴代萘作为溶剂。

阿贝折光仪可直接用来测定液体的折光率，定量地分析溶液的组成，鉴定液体的纯度。同时，物质的摩尔折射度、摩尔质量、密度、极性分子的偶极矩等也都可与折光率相关联，因此它也是物质结构研究工作的重要工具。测量折光率时，所需样品量少，测量精密度高(折光率可精确到0.000 1)，重现性好，所以阿贝折光仪是教学和科研工作中常见的光学仪器，近年来，由于电子技术和电子计算机技术的发展，该仪器品种也在不断更新。

三、实验器材

1．材料

油料种子。

2．仪器

阿贝折光仪、烘箱、洗耳球、玻璃研钵、分析天平、脱脂棉、擦镜纸、玻璃砂、移液管或微量移液器、滴定管(分度为 0.01 mL，预先烘干)、胶头吸管、镊子、羊皮纸或玻璃纸吸管(取一小束脱脂棉，顺着纤维拉直并对折起来，塞入已烘干的玻璃管的一端，用剪刀在距管 2～3 mm 处剪短即成，或者用胶头吸管加脱脂棉花剪短代替)。

3．试剂

α-溴代萘、乙醚、乙醇等。

四、实验步骤

1．烘干样品

准确称取 2.0～3.0 g 样品，105℃烘箱中干燥数小时，然后取出放在干燥器中冷却至室温，称重，重复干燥至恒重，算出干物质含量(%)。

2．称量

称取花生种子 1.0 g 左右，置于干的研钵中(用纸擦干净)，准确加入 2 mL α-溴代萘。

3．提取油脂

将样品与 α-溴代萘相混并小心研磨，经常将附着于研钵边上的细粉刮入底部，保证样品全被研磨，研磨 15 min，放置 3 min 后再研磨一次。研磨好的标准是没有颗粒的糊。用塞了脱脂棉的吸管，从糊状样品中吸滤溶液(取一束脱脂棉，顺着纤维拉直并对折起来，塞入已烘干的吸管中或者直接塞入吸管，将研钵斜放，同时可以在吸管后部加洗耳球以加快吸滤速度)。合格样品的标准是混合液澄清无杂质。

注意：为了充分提取含油量少的植物材料中的油脂，必须使组织所有的细胞破开，因此，可加纯净玻璃砂到样品中一同研磨。如用胶头吸管加脱脂棉塞进行吸滤，耗时较长。

4．测定折光率

1)置折光仪于靠窗明亮处，从望远镜向下观察，调节反光镜，使镜筒内视场明亮。

2) 将精密恒温水槽的橡皮管与折光仪的恒温器接头连接，泵入恒温(20℃或25℃)的水。如果略去这一步骤，改在室温下测定，则需对折光率读数进行校正。

3) 打开棱镜，用镊子持擦镜纸蘸乙醚拭去棱镜表面的油污，并以干的擦镜纸擦干。

4) 取下吸管的棉塞，滴 2 或 3 滴样品液于进光棱镜的毛玻璃表面上，注意管口不可触及镜片，以免磨损棱镜，待布满后合上棱镜，旋转棱镜的锁紧手柄，要求液体均匀地分布其内并充满视场，无气泡。静置 2～3 min，使温度稳定。

5) 旋转刻度弧旁的棱镜手轮，使棱镜组转动，至在望远镜中可以看到黑白两个半圆形为止。

6) 旋转望远镜旁的阿米西棱镜手轮，使视场中彩色消失，只有黑白两色，变成明显的分界线。

7) 继续旋转刻度弧旁的棱镜手轮，使黑白分界线恰在“十”字交叉点上。

8) 从读数镜头读出刻度弧上所指示的刻度值，同时记下当时的温度。

9) 应在 1～2 min 内，反复多读几次，至不再变化为止，将两次不超过公差(0.002)的数值平均，即为所求折光率(n)。

10) 用毕，旋开下层棱镜，以擦镜纸蘸少许乙醚拭净。

五、实验结果

1．折光率读数的校正

如果操作步骤是在恒定的 20℃下进行，则读出的折光率(n)的数值无须校正。但如果操作步骤是在室温下测定的，则需将折光率读数换算成 20℃或 25℃时的折光率。

油脂温度系数为 0.000 38；α-溴代萘温度系数为 0.000 45；混合液温度系数为 0.000 44；纯水温度系数为 0.000 6。温度系数指温度每增减 1℃时，其折光率的校正值，上述系数是温度系数的平均值，只适用于 10～30℃，超出此范围即不准确。

校正用的公式为

$$n^{25}=n^{t}+(t-25)\times 校正值$$

式中，n^{25} 为换算成 25℃下的折光率；t 为测定时的温度(℃)。

2．计算公式

$$含油量(\%)=\frac{\alpha\text{-溴代萘的体积}\times\text{油的密度}}{\text{样品干物质量}}\times\frac{\alpha\text{-溴代萘折光率}-\text{混合液的折光率}}{\text{混合液的折光率}-\text{油的折光率}}\times 100$$

3．常见植物油脂折光率的范围和折光仪调整法

(1) 常见植物油脂折光率的范围　　如表 9-2 所示。

表 9-2　各种植物油脂折光率范围

植物油脂	折光率(25℃)	密度(d_4^{25})
花生油	1.468 9～99	0.909～0.914
豆油	1.472 0～50	0.917～0.927
蓖麻油	1.475 0～90	0.944～0.966
麻油	1.470 0～20	0.913～0.921
菜籽油	1.469 5～735	0.904～0.911
茶油	1.467 0～700	—
桐油	1.516 8～200	—
棉籽油	1.468 0～720	0.911～0.925

注：α-溴代萘的 n_D^{20} 为 1.658 5

(2)折光仪的调整法　　在必要时，可在 20℃下测 α-溴代萘的折光率是否为 1.658 5，或测纯水的折光率是否为 1.333 0，如不是，可用折光仪箱内所附的小螺丝刀旋动望远镜上的小螺丝以调整。

六、实验讨论

1)为什么温度对折光率的影响很大？

2)查阅花生的含油量范围，与你实验所得值符合吗？如果不符合，讨论可能的原因是什么。

实验四十四　卵黄中卵磷脂的提取和鉴定

一、实验目的

了解卵磷脂的性质，学习卵磷脂的提取及初步鉴定方法。

二、实验原理

机体各种组织和细胞均含卵磷脂，在卵黄、神经、精液、脑髓、骨髓、肾上腺、心脏等组织及液体内，以及蘑菇和酵母中含量较高。卵磷脂为细胞膜中的一种组成物质，也是生物体代谢的一种能量源。除此之外，卵磷脂还是多种酶的激活剂。卵磷脂可以控制动物体内脂肪代谢，防止脂肪肝的形成。另外，卵磷脂还可用作乳化剂、抗氧化剂和营养添加剂。卵磷脂在动植物中广泛存在，在大豆中含量约为 2.0%，在卵黄中含量高达 8%～10%。

卵磷脂易溶于乙醇、乙醚、氯仿等有机溶剂，不溶于丙酮。可采用 95%乙醇溶液提取蛋黄中的卵磷脂。新获取的卵磷脂为白色蜡状物，其结构式如下。R_1 和 R_2 为脂肪酸残基，其中 R_2 为不饱和脂肪酸。R_2 被氧化后呈黄色至黄棕色。卵磷脂中的胆碱基(图 9-1)在碱性条件下可分解成三甲胺，三甲胺有特异的鱼腥味。这一性质可以作为鉴定卵磷脂的重要依据。

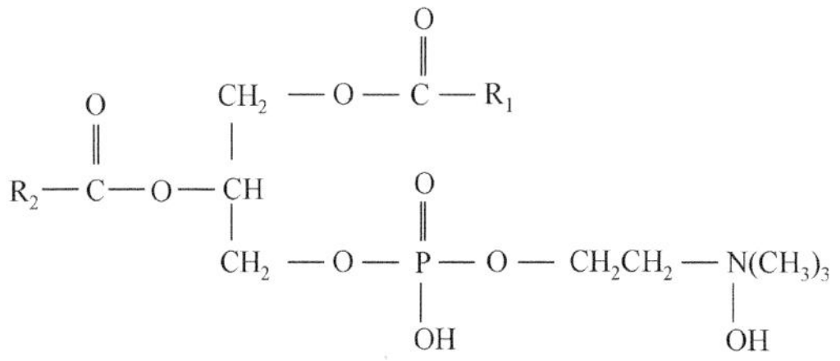

```
                              O
                              ‖
           O      CH2 —O— C —R1
           ‖       |
R2—C—O—CH          O
                   |           ‖
                  CH2 —O— P— O— CH2CH2 — N(CH3)3
                              |                  |
                              OH                 OH
```

图 9-1　卵磷脂结构式(引自朱利泉，1997)

三、实验器材

1．材料

鸡蛋。

2．仪器

滤纸、电子天平、恒温水浴锅、漏斗及其他常用玻璃器具。

3．试剂

95%乙醇溶液、10% NaOH 溶液、氯仿、丙酮等。

四、实验步骤

1．卵磷脂的制取

取鸡蛋一枚，从两端打孔，让蛋清流出后，将蛋黄转移到小烧杯中。称取 2.000 g 蛋黄于另一小烧杯中，加入 15 mL 95%乙醇溶液，搅拌，在 50℃提取 5～10 min，冷却，过滤，滤液即为卵磷脂粗提液。将粗提液置于已知质量的小烧杯中，在恒温水浴锅上于 70℃将乙醇蒸发完全，获得黄色油状物(脂肪与卵磷脂的混合物)。待冷却后，将黄色油状物溶于 5 mL 氯仿中。待完全溶解之后，加入 15 mL 丙酮，卵磷脂将析出。离心即可获得较纯的产物。

2．卵磷脂的鉴定

将上一步获得的卵磷脂放入干燥、洁净的试管中，加入 10% NaOH 溶液 2 mL，于沸水浴中加热。卵磷脂的胆碱基水解产生了胆碱。胆碱在氢氧化钠的作用下，产生具有鱼腥味的三甲胺，以此鉴定卵磷脂。

五、实验结果

鉴定蛋黄中是否有卵磷脂。

六、实验讨论

1)讨论实验制品中还有可能存在哪些磷脂。
2)卵磷脂的用途有哪些?

实验四十五　油脂皂化值的测定

一、实验目的

学习、掌握油脂皂化值测定的原理、方法，并据此对测试油脂进行评价。

二、实验原理

油脂的碱水解称为皂化作用。皂化值是指中和 1 g 油脂完全水解所释放的脂肪酸所需 KOH 的质量(mg)，其值可评估组成油脂的脂肪酸的相对分子质量。若组成油脂的脂肪酸碳链越长，则每克油脂水解释放的脂肪酸的量越少，由此皂化值越小，即油脂皂化值与其脂肪酸的相对分子质量成反比。测定皂化值，还可检查油脂质量(是否混有其他物质)和指示油脂皂化所需的碱量。

三、实验器材

1．材料

油脂(菜籽油、色拉油、麻油、花生油、豆油、猪油、棉籽油等)。

2．仪器

分析天平(万分之一)、烧瓶(150 mL)或锥形瓶(150 mL)、回流冷凝管、滴定管(酸式 50 mL、碱式 50 mL)、水浴锅、橡皮管等。

3．试剂

0.5 mol/L KOH-乙醇溶液、0.1 mol/L 标准盐酸溶液、9.1%酚酞指示剂等。

四、实验步骤

用分析天平称取 1.000 0 g 左右(精确至小数点后四位)的油脂样品两份，分别注入 150 mL 烧瓶中，再各加入 25 mL 0.5 mol/L KOH-乙醇溶液。另取两支烧瓶，加入等量的 KOH-乙醇溶液作为空白。烧瓶与回流冷凝管相连，在沸水浴中回流 30 min 左右，使油脂完全皂化(轻轻旋转烧瓶，瓶壁无油滴下流)。冷却至室温，取下烧瓶，将瓶内溶液完全转入干净的锥形瓶内，加入酚酞指示剂 2 滴，用标准盐酸溶液滴定至指示剂褪色。

五、实验结果

$$皂化值=\frac{(A-B)\times M\times 56.1}{油重(g)}$$

式中，A 为空白消耗标准盐酸溶液的体积(mL)；B 为样品消耗标准盐酸溶液的体积(mL)；$A–B$ 相当于滴定用于皂化的 KOH-乙醇溶液的标准盐酸溶液的体积(mL)；M 为标准盐酸溶液的摩尔浓度(本实验为 0.1 mol/L)；56.1 为 KOH 的相对分子质量。

$$油脂的平均相对分子质量=\frac{3\times 56.1\times 1000}{皂化值}$$

六、实验讨论

1)油脂的皂化值与其脂肪酸的相对分子质量有何关系？

2)油脂的皂化值与脂肪酸饱和度有关系吗？

实验四十六　油脂碘值的测定

一、实验目的

学习、掌握油脂碘值测定的原理、方法。了解油脂碘值测定的意义。

二、实验原理

脂肪中，不饱和脂肪酸的不饱和键能与卤素(Cl_2、Br_2、I_2)发生加成反应，生成卤代脂肪酸，这一作用称为卤化作用。不饱和键数目越多，加成的卤素量也越多，通常以“碘值”表示。在油脂卤化作用中，每 100 g 油脂吸收碘的质量(g)称为“碘值”。其值大小可反映油脂的不饱和程度，即油脂中不饱和键的多寡；其值变化可指示油脂的氢化程度。

由于碘与脂肪的加成反应很慢，而氯和溴与脂肪的加成反应虽快，但有取代和氧化等副反应，因而实际测定中多用溴化碘或氯化碘。本实验采用邱卜力-瓦列尔碘试剂法，碘试剂(ICl)是由碘的乙醇溶液和氯化汞的乙醇溶液混合产生的，在混合液中加少量浓盐酸，使生成的碘试剂更加稳定。本实验中，产生的碘试剂是足够量的，一部分 ICl 与脂肪中的不饱和脂肪酸起加成作用，余下部分与碘化钾作用放出碘，放出的碘用硫代硫酸钠滴定。

$$HgCl_2+2I_2 \longrightarrow HgI_2+2ICl$$

$$RCH_2—CH═CH—(CH_2)_n—COOH+ICl \longrightarrow RCH_2—CH—CH—(CH_2)_n—COOH$$

$$ICl+KI \longrightarrow I_2+KCl$$

$$I_2+2Na_2S_2O_3 \longrightarrow 2NaI+Na_2S_4O_6$$

三、实验器材

1．材料

油脂。

2．仪器

分析天平（万分之一）、碘瓶（250 mL）、吸管（25 mL、10 mL）、量筒（100 mL）、滴定管（50 mL）等。

3．试剂

1）碘试剂：用分析天平准确称取 5.000 0 g 碘和 6.000 0 g 氯化汞，分别溶于 100 mL 无水乙醇中，混合后加入 5.0mL 浓盐酸。

2）0.1 mol/L 标准硫代硫酸钠溶液：称取结晶硫代硫酸钠 50.0 g，溶于经煮沸后冷却的蒸馏水中，添加硼砂 7.6 g 或氢氧化钠 1.6 g，稀释至 200 mL，用标准 0.1 mol/L 碘酸钾溶液标定。

准确量取 0.1 mol/L 碘酸钾溶液 20 mL、10%碘化钾溶液 10 mL 和 1 mol/L 硫酸 20 mL，混合均匀。以 1%淀粉溶液作指示剂，用硫代硫酸钠进行滴定至蓝色恰好消失。

$$KIO_3+5KI+3H_2SO_4 \longrightarrow 3K_2SO_4+3I_2+3H_2O$$

$$I_2+2Na_2S_2O_3 \longrightarrow 2NaI+Na_2S_4O_6$$

按上述化学反应式计算硫代硫酸钠浓度后，用煮沸冷却的蒸馏水稀释至 0.1 mol/L。

3）1%淀粉溶液：称取 1.0 g 淀粉，溶于 100 mL 煮沸的蒸馏水中。

4）10%碘化钾溶液：称取 100 g 碘化钾，加蒸馏水溶解并稀释定容至 1000 mL。

5）氯仿（C.P.，化学纯）。

四、实验步骤

1）取 4 支洁净、干燥的碘瓶各加 10 mL 氯仿，在 1 号、2 号瓶中加入准确称取的 0.100 0～0.200 0 g 油脂样品（精确至小数点后 4 位，切勿使油黏在瓶颈或瓶壁上），3 号、4 号瓶作为空白瓶。

2）用吸管吸取 25 mL 碘试剂于碘瓶中（勿使试剂与瓶口接触），立即塞紧瓶塞，通常在玻璃塞和瓶口之间滴加数滴 10%碘化钾溶液封闭缝隙，以免碘挥发损失，轻轻摇动，使油脂全部溶解。加入碘试剂后，如瓶中溶液呈浅褐色，表明试剂不够，须再添加 10～15 mL；如瓶中液体变浊，表明油脂在四氯化碳中溶解不完全，可适当补充些氯仿。通常将碘瓶放置 1～2 h 后瓶中液体呈暗红色，表明反应完毕。

3）反应结束后，立刻小心打开瓶塞，使塞旁碘化钾溶液流入瓶内，加入 20 mL

10%碘化钾溶液，然后用约 20 mL 蒸馏水把瓶塞和瓶颈上的液体冲洗入瓶内，混匀。用 0.1 mol/L 硫代硫酸钠溶液迅速滴定释放的碘至浅黄色，加 1%淀粉指示剂 5～10 滴，继续滴定，滴定将近终点时(蓝色极浅)，用力振荡也可加塞振荡，使碘由氯仿全部进入水溶液内，继续滴定至蓝色恰好消失为止，即达滴定终点。用同法滴定空白瓶。

五、实验结果

$$碘值=\frac{(A-B)\times M\times 126.9}{1000\times 油重(g)}\times 100$$

式中，A 为空白消耗 $Na_2S_2O_3$ 溶液的体积(mL)；B 为样品消耗 $Na_2S_2O_3$ 溶液的体积(mL)；M 为 $Na_2S_2O_3$ 的摩尔浓度(本实验为 0.1 mol/L)；126.9 为碘的相对原子质量；1000 为升与毫升的换算系数；100 为 100 g 油脂。

六、实验讨论

1)你实验时采用的是什么油脂？它的碘值范围是多少？你的实验值符合吗？如不符合，讨论可能的原因。

2)氢化植物油的碘值如何变化？其对人体健康产生何影响？

实验四十七　油脂酸值的测定

一、实验目的

学习、掌握油脂酸值测定的原理和方法，了解油脂酸值测定的意义。

二、实验原理

中和 1 g 油脂中的游离脂肪酸所需氢氧化钾的质量(mg)，称为油脂的酸值，其值大小可表示油脂酸败的程度，可衡量油脂品质优劣。

$$RCOOH+KOH\longrightarrow RCOOK+H_2O$$

油脂在空气中暴露过久，会产生难闻的臭味，这种现象称为酸败。油脂酸败的主要原因有两个：一是油脂中的不饱和脂肪酸被空气中的氧气氧化分解为低级醛、酮及其衍生物，这些物质使油脂产生臭味；二是微生物的作用。光、热、水分也可加速油脂的酸败。

三、实验器材

1．材料

油脂(同实验四十五)。

2．仪器

锥形瓶(200 mL)、碱式滴定管(25 mL)、量筒、水浴锅、分析天平(万分之一)等。

3．试剂

1)反应介质混合液：取95%乙醇溶液和乙醚等体积混合；或取苯和95%乙醇溶液等体积混合。在混合液中加入酚酞指示剂数滴，用0.1 mol/L KOH标准溶液中和至红色。

2)1%酚酞指示剂。

3)0.1 mol/L KOH标准溶液。

四、实验步骤

按表9-3加入各样品及试剂。

表9-3　试管中样品和试剂加入量

管号	样品质量/g（精确至小数点后四位）	反应介质混合液/mL
样品管1	3.000 0	50
样品管2	3.000 0	50
空白管1	0.000 0	50
空白管2	0.000 0	50

充分振摇溶解至透明，或40℃水浴中溶解透明(固体脂肪需40℃水浴熔化后再加入混合液)。加酚酞指示剂1或2滴，用0.1 mol/L KOH标准溶液滴定至浅红色(1 min内不褪色)即为滴定终点。

五、实验结果

$$\text{酸值}=\frac{(A-B)\times M\times 56.1}{\text{油重(g)}}$$

式中，A为样品消耗KOH标准溶液的体积(mL)；B为空白所耗KOH标准溶液的体积(mL)；M为KOH标准溶液的摩尔浓度(本实验为0.1 mol/L)；56.1为KOH的相对分子质量。

六、实验讨论

1)测定油脂的酸值有何意义？

2)促进油脂酸败的日常因素有哪些？

(胡　奎　张贺翠)

第十章 DNA克隆与表达

一个完整的 DNA 克隆和表达过程包括：通过不同途径获取含目的基因的外源DNA、基因载体的选择与构建、目的基因与载体的拼接、重组DNA分子导入受体细胞、筛选并无性繁殖含重组分子的受体细胞、目标蛋白质的纯化等步骤。将克隆化基因插入合适载体后导入大肠杆菌用于表达目标蛋白质的方法，现已成为一种基本的生物科学方法。这种方法在蛋白质纯化、定位及功能分析等方面都已得到广泛应用。

实验四十八 DNA的克隆

一、实验目的

研究某一目的基因功能的一般策略为：获得目的DNA，构建含目的DNA的质粒，通过转化细菌进行蛋白质表达纯化，或通过转染真核细胞分析蛋白质定位、表达及表型变化。在分离目的DNA时，PCR产物的TA克隆技术是最基本的技术之一。通过学习本实验，熟悉DNA克隆方法及流程，掌握PCR产物的TA克隆技术。

二、实验原理

PCR是利用针对目的基因所设计的一对特异寡核苷酸引物，以目的基因为模板进行的DNA体外合成反应。基因组DNA、cDNA文库或含有目的DNA的质粒都可作为PCR反应模板来扩增目的DNA。PCR反应的原理类似于DNA的天然复制过程。反应分为三步：①变性，双链模板DNA在高温(94℃)条件下解开成单链；②退火，当温度降低时(50～60℃)，引物与单链模板DNA的特定序列按碱基互补配对原则结合；③延伸，溶液反应温度升至72℃，耐热DNA聚合酶以单链DNA为模板，利用反应混合物中的4种dNTP，从引物的3′端按照5′→3′方向合成互补DNA。以上述三步为一个循环，每个循环合成的DNA都可作为下一个循环的模板，经过若干个循环后，特定的DNA片段数量可以增加到2^n倍。PCR仪可以自动按照反应程序对介于两个引物之间的特异DNA片段进行扩增。

T载体是一种特殊的专用载体，形成的线性载体上具有一个短的黏性T末端。经典的*Taq* DNA聚合酶会在PCR产物的平末端双链的每一条链的3′端自动加上1

个突出的脱氧腺苷酸(dATP)，因此最终的 PCR 产物不是平末端，具有一个短的黏性 A 末端。当采用 T 载体与 PCR 产物连接时，载体链末端的突出的 T 与 PCR 产物链末端突出的 A 产生氢键配对，可以增加连接效率。采用 T 载体与具有 3′突出单碱基 A 的外源 DNA 片段(如 PCR 产物)进行的克隆方式，称为 TA 克隆。

重组 DNA 转化大肠杆菌感受态细胞可采用热激法或电转化法。重组 DNA 转化宿主细胞后，还需对转化菌落进行筛选鉴定。利用 α 互补现象进行蓝白斑筛选是最常用的一种鉴定方法。挑取白色菌落单克隆在含相应抗生素的 LB 液体培养基中培养，菌液可用于目的基因的 PCR 鉴定、抽提质粒后的酶切图谱鉴定、测序鉴定等。

三、实验器材

1．材料

基因组 DNA、cDNA 或含目的基因的质粒 DNA。

2．仪器

PCR 仪、超净工作台、低速离心机、制冰机、电泳仪及水平电泳槽、紫外凝胶成像仪、手掌离心机、离心管(1.5 mL、0.2 mL)、电子天平、微波炉、恒温摇床、培养箱、涂布棒、微量移液器(0.5～1000 μL 及对应的 Tip 头)等。

3．试剂

1) *Taq* DNA 聚合酶(5U/μL)、PCR buffer(10×)(含 Mg^{2+})、dNTP(10 mmol/L)、灭菌双蒸水(ddH_2O)、琼脂糖、6×上样缓冲液、1×TAE 缓冲液、胶回收试剂盒、DL2000 DNA Marker、GoldView^{TM} 核酸染料贮存液。

2) TE 溶液(pH 8.0)：含 100 mmol/L Tris-HCl，1.0 mmol/L EDTA。

3) LB 液体培养基：胰化蛋白胨 10 g、酵母提取物 5 g、NaCl 15 g，用去离子水溶解并定容至 1 L，再用 5 mol/L NaOH 溶液调 pH 至 7，高压灭菌 15 min。

4) 三种溶液。

A.溶液Ⅰ[含 50 mmoL/L 葡萄糖、25 mmoL/L Tris-HCL(pH 8.0)、10 mmoL/L EDTA(pH 8.0)]：12.5 mL 1 mol/L Tris-HCl(pH 8.0)[配法：于 800 mL H_2O 中溶解 121g Tris 碱，用浓盐酸(约 42mL)调 pH，混匀后加水到 1 L]，10 mL 0.5 mol/L EDTA (pH 8.0)[配法：于 700 mL H_2O 中溶解 186.1 g $Na_2EDTA \cdot 2H_2O$，用 NaOH(约 20 g)调 pH 8.0，补 H_2O 至 1 L]，葡萄糖 4.730 g，加 ddH_2O 至 500 mL。121℃高压灭菌 15 min，贮存于 4℃冰箱。

B.溶液Ⅱ：0.4 moL/L NaOH 溶液，2% SDS，分开配制。

C.溶液Ⅲ[乙酸钾(KAc)缓冲液，pH 4.8]：5 mol/L KAc 溶液 300mL，冰醋酸 57.5 mL，加 ddH_2O 至 500 mL，4℃保存备用。

5) RNase A 母液：将 RNase A 溶于含 10 mmoL/L Tris-HCl(pH7.5)和 15mmoL/L

NaCl 的溶液中，配成 10 mg/mL 的溶液，于 100℃加热 15min，使混有的 DNA 酶失活。冷却后用 1.5 mL 离心管分装成小份保存于–20℃。

四、实验步骤

1．PCR 扩增

1）在 0.2 mL PCR 离心管内配制 25 μL 反应体系，具体见表 10-1。

表 10-1　PCR 反应体系

反应物	体积/μL
ddH_2O	18.0
10×PCR buffer（含 Mg^{2+}）	2.5
dNTP（10 mmol/L）	0.5
上游引物（10 μmol/L）	0.5
下游引物（10 μmol/L）	0.5
模板 DNA	1.0
Taq DNA 聚合酶（2 U/L）	0.5

2）混匀后用手掌离心机收集液体于管底，放入 PCR 仪中，按下述程序进行扩增：①94℃预变性 2～5 min；②94℃变性 0.5～1 min；③根据引物 T_m 值选择退火温度，在选定温度下退火 0.5～1 min；④72℃延伸 1 min/kb；⑤重复步骤②～④29 次；⑥72℃延伸 10 min。程序结束后取出 PCR 管。

2．琼脂糖凝胶电泳及柱回收

采用 DNA 胶回收试剂盒进行，不同试剂盒略有区别，按实际试剂盒操作说明进行。

1）紫外灯下用刀片从凝胶中切下目的 DNA 条带于一个事先称重的 1.5 mL 离心管中。

2）称凝胶质量，按每 100 mg 凝胶 300 μL 的量加入融胶液，100 mg 以下的凝胶加 300 μL 融胶液。

3）50℃化胶 10 min，中途振荡混匀。

4）加入 1/3 融胶液体积的异丙醇，混匀后上至离心柱中。

5）4000 r/min 室温离心 30 s，弃去收集管中液体。

6）10 000 r/min 室温干甩柱子 15 s。

7）向柱中加入 500 μL 洗液，10 000 r/min 室温离心 15 s，弃去收集管中液体。

8）向柱中加入 500 μL 洗液，静置 1 min，10 000 r/min 室温离心 15 s，弃去收集管中液体。

9）10 000 r/min 室温干甩柱子 1 min。

10）将柱子转入 1 个新的 1.5 mL 灭菌离心管中，在柱中央加入 30 μL 洗脱液。

11) 50℃水浴柱子 3 min(可选)。

12) 趁热于 13 400 r/min 室温离心 1 min，弃柱子，得胶回收产物，检测后回收产物于–20℃冻存备用。

3．连接与转化

回收的目的片段与 T 载体连接，转化大肠杆菌感受态细胞。

1) 在冰水浴中向 1 个 500 μL 离心管中加入以下试剂。

PCR 产物　0.5～4.5 μL(根据回收产物的相对浓度而定)

2×溶液 Ⅰ(含连接酶)　5 μL

pMD18-T Vector(重组 T 载体)　0.5 μL

ddH_2O　补足至总体积 10 μL

2) 轻轻混匀，16℃连接 4 h 以上用于转化 DH5α 感受态。

以下操作中除 4) 和 6) 之外，均需在超净工作台上进行无菌操作。

3) 将 10 μL 重组 T 载体加入 1 管 DH5α 感受态细胞中，轻轻混匀，冰水浴 30 min。

4) 42℃热激 60 s，迅速冰水浴 2 min。

5) 沿离心管壁轻轻加入 900 μL 室温 LB 液体培养基。

6) 37℃，180 r/min 复苏培养 90 min，同时在 37℃倒置预热一个 LB 平板。

7) 先在平板上涂布 40 μL Amp、40 μL X-gal 和 5 μL IPTG(异丙基硫代-β-D-半乳糖苷)至完全吸入，然后倒置于 37℃继续预热。

8) 复苏时间到后取出离心管，于 5000 r/min 室温离心 5 min。

9) 吸去 900 μL 上清液，用余下的 100 μL 上清液重悬菌体。

10) 吸取 100 μL 重悬菌体，用灭菌冷却后的涂布棒均匀涂布于平板上，37℃倒置培养 18～24 h 至长出大小合适的菌落。

4．阳性克隆的质粒抽提与 PCR 检测

1) 吸取 1 mL LB 液体培养基于 1.5 mL 离心管中，加入 Amp 贮存液 1 μL 至终浓度为 100 μg/mL，混匀。

2) 用无菌 Tip 头挑取白斑单克隆接种于每支离心管的 LB 中。

3) 无菌封好管口，摇床上于 37℃、250 r/min 培养约 9 h 至形成较浓的菌液备用。

4) 白斑单克隆菌液中目的基因的 PCR 检测：在一个 0.2 mL 的 PCR 管中配制一个 25 μL 的 PCR 反应体系，其中包括以下试剂(表 10-2)。

表 10-2　白斑单克隆菌液 PCR 反应体系

试剂	体积/μL
ddH_2O	18.75
10×PCR buffer(含 Mg^{2+})	2.50
dNTP(10 mmol/L)	0.50

续表

试剂	体积/μL
上游引物(10 μmol/L)	0.50
下游引物(10 μmol/L)	0.50
白斑单克隆菌液	2.00
Taq DNA 聚合酶(5 U/μL)	0.25
总体积	25.00

混匀后用手掌离心机收集液体于管底，PCR 管放入 PCR 仪中，按下列参数设置 PCR 反应程序，然后进行 PCR 扩增：①94℃预变性 2～5 min；②94℃变性 0.5～1 min；③根据引物 T_m 值选择退火温度，在选定温度下退火 0.5～1 min；④72℃延伸 1 min/kb；⑤重复步骤②～④34 次；⑥72℃延伸 10 min。程序结束后取出 PCR 管，置于 4℃冰箱。

5．PCR 阳性白斑质粒的抽提

1) 在超净工作台上从对数晚期的 PCR 阳性的白斑菌液或含质粒的大肠杆菌培养液中取 1.5 mL 于离心管中，13 400 r/min 离心 2 min，弃上清液。

2) 将细菌沉淀物重新悬浮于 150 μL 预冷的溶液 Ⅰ 中，振荡悬浮细菌沉淀，使充分混匀，在室温下放置 10 min。

3) 加入 200 μL 新配制的溶液Ⅱ(裂解液)，盖紧管盖，缓缓地颠倒离心管数次，以充分混匀内容物，冰浴 5 min。

4) 加 150 μL 用冰预冷的溶液Ⅲ(中和液)，摇动离心管数次以混匀内容物，冰上放置 15 min，此时应形成白色絮状沉淀。

5) 在 4℃下 10 000 r/min 离心 15 min。

6) 取上清液，加入等体积氯仿-异戊醇，振荡混匀，4℃下 10 000 r/min 离心 10 min。

7) 取上清液转入另一离心管，加入 2 倍体积无水乙醇，混匀，室温放置 2 min。

8) 离心 5 min，倒去上清乙醇溶液，把离心管倒扣在吸水纸上，吸干液体。

9) 加 1 mL 预冷的 70%乙醇溶液，漂洗沉淀 1 或 2 次，离心后倒去上清液。

10) 干燥沉淀，将沉淀溶于 20～50 μL TE(含 RNase A 20 μg/mL)溶液中，37℃水浴 30 min 以降解 RNA 分子，最终得到重组质粒 DNA，–20℃保存备用。

五、实验结果

利用琼脂糖凝胶电泳分析 PCR 及提取质粒 DNA 结果：制备 1%琼脂糖凝胶。取 5 μL 扩增产物或质粒 DNA，与 1 μL 上样缓冲液混匀点入加样孔，以 DL2000 DNA Marker 作为分子质量标准，在 1×TAE 缓冲液中于 120 V、100 mA 左右进行琼脂糖凝胶电泳约 30 min，至溴酚蓝迁移至 2/3 距离处，取出凝胶于紫外凝胶成像仪中观察并拍照，从扩增条带是否符合预期大小、条带亮度、是否有非特异性条带等方面评价 PCR 扩增效率。质粒电泳一般有三条带，分别为质粒的共价闭合环状、开环、线状三种构型，迁移距离为超螺旋共价闭合环状质粒>双链开环的线状质粒>单链开环质粒。

六、实验讨论

1）为何蓝白斑筛选后要进行菌液 PCR?

2）在进行菌液 PCR 时，可以采取哪些措施避免假阳性及假阴性结果？

3）影响 PCR 产物扩增特异性的因素是什么？

4）分析电泳检测 PCR 产物时出现拖带或非特异性扩增带、无 DNA 带或 DNA 带很弱的可能原因。

5）PCR 反应中，退火温度、延伸时间如何设定？

实验四十九 蛋白质表达

一、实验目的

掌握外源基因在原核细胞中表达的原理和方法。

二、实验原理

将克隆化基因插入合适载体后导入大肠杆菌用于表达大量蛋白质的方法一般称为原核表达。这种方法在蛋白质纯化、定位及功能分析等方面都有应用。大肠杆菌用于表达重组蛋白具有易于生长和控制的特点。但是，在大肠杆菌中表达的蛋白质由于缺少修饰和糖基化、磷酸化等翻译后加工，常形成包涵体而影响表达蛋白的生物学活性及构象。

表达载体在基因工程中具有十分重要的作用，原核表达载体通常为质粒，典型的表达载体应具有选择标志的编码序列、可控转录的启动子、转录调控序列(转录终止子、核糖体结合位点)、多限制酶切位点接头、宿主体内自主复制的序列。

本实验将外源基因克隆在含有 lac 启动子的 pET-30a 表达载体(图 10-1)中，让其在大肠杆菌中表达。先让宿主菌生长，lacI 产生的阻遏蛋白与 lacI 操纵基因结合，从而不能进行外源基因的转录与表达，此时宿主菌正常生长。然后向培养基中加入 lac 操纵子的诱导物 IPTG(异丙基硫代-β-D-半乳糖苷)，阻遏蛋白不能与操纵基因结合，则 DNA 外源基因大量转录并高效表达，表达蛋白可经 SDS-PAGE 检测。

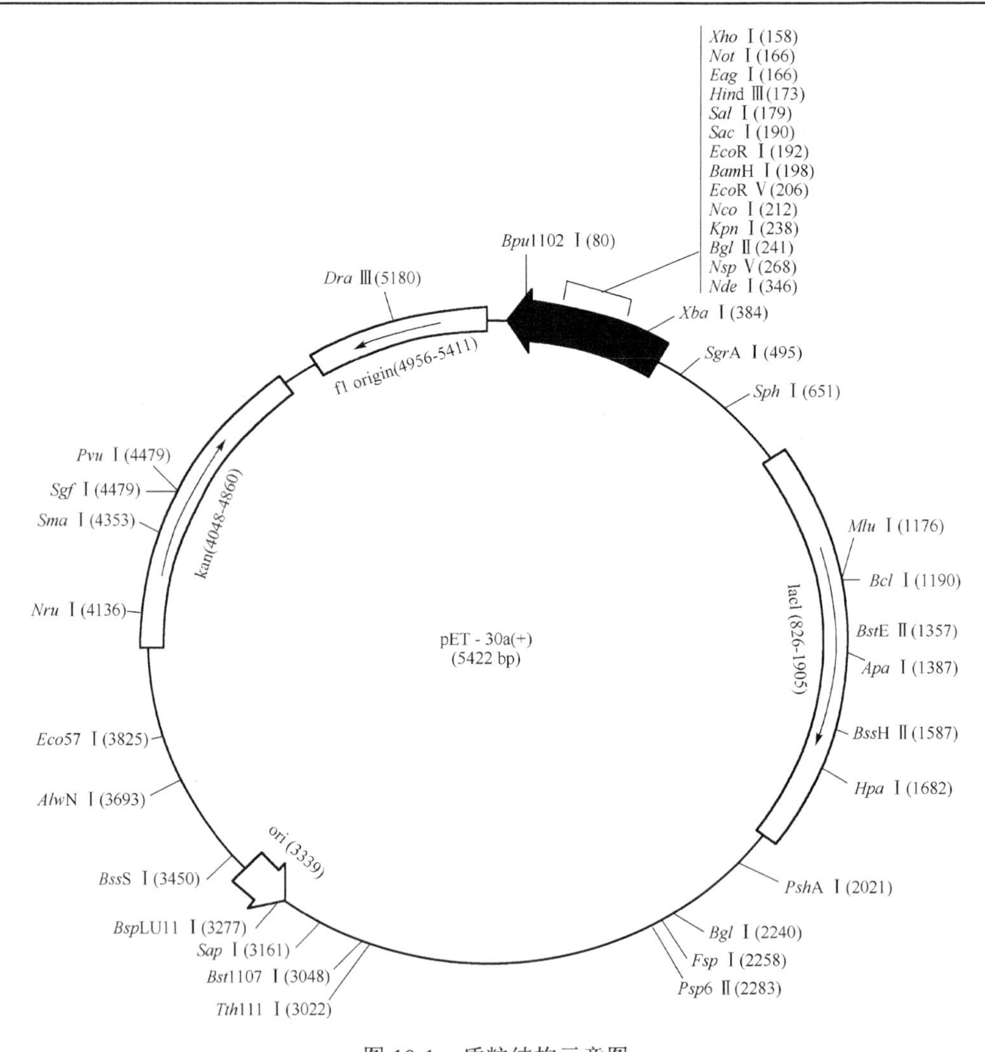

图 10-1　质粒结构示意图

三、实验器材

1．材料

含有 lac 启动子的重组质粒。

2．仪器

超声波破碎仪、离心机、恒温振荡摇床、恒温水浴锅、电子天平、微量移液器（20 μL，200 μL，1000 μL 及对应的 Tip 头）。

3．试剂

1) 质粒提取试剂盒。

2）限制性内切酶。

3）T_4 DNA 连接酶。

4）IPTG 储液（200 mg/mL）：在 800 μL 蒸馏水中溶解 200 mg IPTG 后，用蒸馏水定容至 1 mL，用 0.22 μm 滤膜过滤除菌，分装于离心管并储于−20℃。

5）LB 液体培养基：称取蛋白胨（peptone）10.0 g，酵母提取物（yeast extract）5.0 g，NaCl 10.0 g，溶于 800 mL 去离子水中，用 NaOH 调 pH 至 7.5，加去离子水至总体积 1 L，高压下蒸汽灭菌 20 min。

6）LB 固体培养基：液体培养基中每升加 13.0 g 琼脂粉，高压灭菌。

四、实验步骤

1）对实验四十八中 PCR 阳性的重组质粒按试剂盒说明进行抽提。

2）对重组质粒 DNA 与原核表达载体分别进行双酶切，反应体系见表 10-3 和表 10-4。

表 10-3　目的基因的双酶切反应体系

试剂	体积/μL
重组质粒 DNA	10
限制性内切酶Ⅰ	2
限制性内切酶Ⅱ	2
缓冲液	3
去离子水	3
总体积	20

表 10-4　载体的双酶切反应体系

试剂	体积/μL
表达载体 pET-21b	10
限制性内切酶Ⅰ	2
限制性内切酶Ⅱ	2
内切酶缓冲液	3
去离子水	3
总体积	20

在此条件下，37℃反应 1 h。然后进行柱回收。

3）原核表达载体 pET-21b 与目的片段连接，转化大肠杆菌 DH5α 进行阳性克隆子筛选与鉴定。在离心管中建立如下连接体系（表 10-5）。

表 10-5　连接体系

试剂	体积/μL
10×T_4 DNA Ligase Buffer	2.5
目的片段	10
表达载体	2
T_4 DNA Ligase	1
ddH_2O	定容至 25

16℃连接 4 h 以上用于转化 DH5α 感受态。转化及筛选方法同实验四十八。

4) 将筛选出的阳性克隆子进行质粒提取，再转化大肠杆菌 BL21Plyst 表达菌株，涂平板，37℃培养过夜。

5) 菌种活化：5 mL 培养基的试管中各加入 Amp，摇匀。用 10 μL 无菌 Tip 头挑取单菌落，接种。放入摇床中，180 r/min，37℃，振荡培养 12 h。取出活化好的菌种。先在 100 mL 的培养基中滴入 Amp，摇匀。按 1%的量接种，放到摇床中，230 r/min，37℃，振荡培养 2～3 h。

6) 融合蛋白的诱导表达：向菌液中分别加入终浓度 0.8 mmoL/L 的 IPTG 作诱导剂。28℃，180 r/min，振荡培养 8 h。取以上诱导培养液，倒入离心管中，5000 r/min，4℃离心 10 min。弃去上清液，加入 5 mL10 mmol/L 的 Tris-HCl (pH 8.0)，悬浮沉淀，加入适当浓度的溶菌酶进行破壁处理，4℃，12 000 r/min 离心 10 min，收集沉淀，再用 5 mL 50 mmol/L 的 Na_2CO_3 溶液 (pH 9.5) 溶解，于 4℃冰箱保存备用。

五、实验结果

利用 SDS-PAGE 方法检测蛋白质表达产物，参见实验五十。

六、实验讨论

1) 原核表达目的蛋白的基本原理是什么？

2) 表达载体应具有哪些基本元件？

实验五十　表达产物检测—— SDS-PAGE

一、实验目的

掌握 SDS-PAGE 检测蛋白质的原理和方法，学习垂直板聚丙烯酰胺凝胶电泳的操作方法。

二、实验原理

组成蛋白质的氨基酸在一定 pH 的溶液中会发生解离而带电，带电的性质和带电量的多少取决于蛋白质的性质及溶液的 pH 和离子强度。聚丙烯酰胺凝胶在催化剂过硫酸铵 (Ap) 和加速剂 *N,N,N′,N′*-四甲基乙二胺 (TEMED) 的作用下，聚合形成三维的网状结构。蛋白质在凝胶中受电场的作用而发生迁移，不同蛋白质在凝胶的网状结构中的迁移速率不同，其速率取决于蛋白质所带电荷的多少和蛋白质的大小和形状。根据迁移速率的不同，可将不同的蛋白质进行分离。

SDS-PAGE 是在蛋白质样品中加入 SDS 和含有巯基乙醇的样品处理液，SDS 是一种很强的阴离子表面活性剂，它可以断开分子内和分子间的氢键，破坏蛋白质分子的二级和三级结构。强还原剂巯基乙醇可以断开二硫键破坏蛋白质的四级结构，使蛋白质分子被解聚成肽链形成单链分子。解聚后的侧链与 SDS 充分结合形成带负电荷的蛋白质-SDS 复合物。蛋白质分子结合 SDS 阴离子后，所带负电荷的量远远超过了它原有的净电荷，从而消除了不同蛋白质之间所带净电荷的差异。蛋白质的电泳迁移率主要取决于亚基的相对分子质量，与其所带电荷的性质无关。

三、实验器材

1．材料

待测蛋白质样品。

2．仪器

蛋白质电泳系统、容量瓶、烧杯、滤纸、恒温水浴锅等。

3．试剂

1) 30%储备胶溶液：丙烯酰胺(Acr) 29.0 g，双丙烯酰胺(Bis) 1.0 g，混匀后加 ddH_2O，37℃溶解，定容至 100 mL，棕色瓶中 4℃保存。

2) 2×上样缓冲液：100 mmol/L Tris-HCl (pH 6.8)，200 mmol/L β-巯基乙醇，20%甘油，4% SDS，0.01%溴酚蓝。

3) 5×电泳缓冲液：Tris 15.0 g，甘氨酸 72.0 g，SDS 5.0 g，加蒸馏水至 1L，临用时稀释为 1×电泳缓冲液加入电泳槽中。

4) 考马斯亮蓝染色液：考马斯亮蓝 0.5g，甲醇 200 mL，冰醋酸 50 mL，加 250 mL 蒸馏水溶解后过滤使用。

5) 脱色液：甲醇 50 mL，冰醋酸 50 mL，蒸馏水 400 mL。

6) 1 mol/L Tris-HCl (pH 6.8)：Tris 12.11 g 加 ddH_2O 溶解，浓盐酸调 pH 至 6.8，定容至 100 mL。

7) 10%过硫酸铵：称取 0.1 g 过硫酸铵，加入 1 mL 去离子水，将固体粉末彻底溶解后贮存于 4℃冰箱中备用。

8) 10% SDS。

四、实验步骤

1) 固定好两块洁净的凝胶垂直电泳玻璃板，底边平齐。

2) 从冰箱中取出制胶试剂，平衡至室温。按表 10-6 配制所需浓度的分离胶，本实验中分离胶的浓度为 12%，凝胶液总用量根据玻璃板的间隙体积而定(以 BioRad 小型垂直电泳槽为例，分离胶 5 mL)。

表 10-6　12%分离胶配方

试剂	体积/mL
ddH_2O	1.600
30%储备胶溶液(29∶1)	2.000
1.5 mol/L Tris-HCl(pH 8.8)	1.300
10% SDS	0.005
10%过硫酸铵	0.005
TEMED	0.002

一旦加入 TEMED，马上开始聚合，故应立即快速旋动混合物并进入下一步操作。

3)迅速在两玻璃板的间隙中灌注分离胶溶液，留出灌注浓缩胶所需空间。再在胶液面上小心注入一层水(2～3 mm 高)，以防止氧气进入凝胶溶液。

4)分离胶聚合完全后(约 30 min)，倾出覆盖水层，再用滤纸吸净残留水。

5)制备浓缩胶，本实验中浓度为 5%，按表 10-7 配制。凝胶液总用量根据玻璃板的间隙体积而定(以 BioRad 小型垂直电泳槽为例，浓缩胶 2 mL)；配制 5 mL 浓缩胶溶液。

表 10-7　5%浓缩胶配方

试剂	体积/mL
ddH_2O	1.400
30%储备胶溶液(29∶1)	0.330
0.5 mol/L Tris-HCl(pH 6.8)	0.250
10% SDS	0.020
10%过硫酸铵	0.020
TEMED	0.002

一旦加入 TEMED，马上开始聚合，故应立即快速旋动混合物并进入下一步操作。

6)在聚合的分离胶上直接灌注浓缩胶，立即在浓缩胶溶液中插入干净的梳子。小心避免混入气泡，再加入浓缩胶溶液以充满梳子之间的空隙，将凝胶垂直放置于室温下。

7)在蛋白质样品中按 1∶1 的体积比加入 2×样品缓冲液，在 100℃加热 3 min 以使蛋白质变性。

8)浓缩胶聚合完全后(30 min)，小心移出梳子。把凝胶固定在电泳装置上，上下槽各加入电泳缓冲液。

9)按预定顺序加样，加样量通常为 10～25 μL。

10)将电泳装置与电源相接，凝胶上所加电压为 8 V/cm。当染料前沿进入分离胶后，把电压提高到 15 V/cm，继续电泳直至溴酚蓝到达分离胶底部上方约 1 cm，然后关闭电源。

11）从电泳装置上卸下玻璃板，用刮勺撬开玻璃板。紧靠最左边一孔（第一槽）凝胶下部切去一角以标注凝胶的方位。

12）用考马斯亮蓝对 SDS-聚丙烯酰胺凝胶进行 1～2 h 或过夜染色。

13）脱色液脱色 3～10 h，其间更换多次脱色液至背景清楚。

五、实验结果

脱色后对凝胶进行拍照，或将凝胶干燥成胶片，根据蛋白质分子质量标准，观察目的蛋白的表达情况。

六、实验讨论

1）过硫酸铵和考马斯亮蓝在实验中有什么作用？

2）SDS-PAGE 的原理是什么？

3）电泳后上下槽缓冲液可否混合后再使用？为什么？

（倪　郁）

第十一章 电子生物化学实验

一方面，由于测序技术的发展，包括人类基因组在内的各种生物基因组被深度测定，同时各种转录 RNA(组织特异性、发育阶段特异性和条件特异性)序列也被测定，大量的序列被存放在 NCBI 等数据库中。另一方面，由于越来越多的酶和蛋白质的活性和功能被确定，基于蛋白质结构中的功能模体的相互作用也得到鉴定，所有蛋白质的这些性质和功能也被存储于 GO 等数据库中。联系这两个方面的“桥梁”便是三联体密码子规则、蛋白质折叠理论和其他生化规律。

因此，本章安排了 DNA 序列下载与格式转换、基因和蛋白质结构预测、蛋白质功能分化导致的进化分析等电子生物化学实验。从而使实验者在未动手做实验之前，就可以在电脑上练习和完成一套完整的基础生物化学实验，从而大大增加对手工实验的兴趣和效果。

实验五十一 DNA 序列下载与格式转换

一、实验目的

1) 学习和掌握从网络下载 DNA 序列的方法。
2) 学习和掌握 DNA 与氨基酸序列之间的格式转化。

二、实验原理

随着科学技术及生物化学技术的全面进步，生物学相关数据也在呈现指数性增长，必须有相关的数据库进行实时收集，并能够通过相关的生物信息学技术和手段才能从海量的数据中进行分析进而获得有用的信息。目前，绝大部分的核酸和蛋白质的数据库由美国的 GenBank、欧洲的 EMBL 及日本的 DDBJ 三家数据库系统产生，每天交换数据，同步更新，其他一些国家如德国、法国、意大利、瑞士、澳大利亚、丹麦、中国等，在分享网络共享资源的同时，也分别建有自己的数据库，服务于本国生物、医学等领域的研究，有些服务也向全世界开放。

从数据库中下载的核酸和蛋白质序列的格式有多种形式，而在进行核酸和蛋白质序列分析的过程中，由于使用的在线服务器或者本地服务器不同，需要的序列格式也不同，因此，核酸与蛋白质序列的格式转换是必不可少的。

三、实验器材

1．材料

甘蓝基因 Bo3g109530，登录号为 XP_013627593。

2．仪器

基因数据库、格式转化软件。

四、实验步骤

1．基因序列的获得

以甘蓝基因 Bo3g109530 为例，根据需要，将基因 ID 号（106333718）输入表 11-1 所列数据库，进行搜索。

表 11-1 下载基因序列的数据库

数据库	简介	网址
EnsemblPlants	涵盖大量物种的参考基因组信息，数据库更新及时，是动植物参考基因组下载的较好选择	http://plants.ensembl.org/index.html
NCBI	由美国国立生物技术中心负责。NCBI 包含基因组数据库，能提供多种基因组、完全染色体、Contiged 序列图谱及一体化基因物理图谱	https://www.ncbi.nlm.nih.gov/
UCSC Genome Browser	主要收录一些模式动物的数据库，尤其是人和鼠参考基因组较常用；关于人的基因组注释信息非常全面	http://genome.ucsc.edu/index.html
Phytozome（JGI）	主要收录绿色植物基因组的数据库，用于植物比较基因组学分析，收录的植物基因组及注释信息很全面	https://phytozome.jgi-doe.gov
PlantGDB	包含绿色植物序列数据的一个基因组学数据库。PlantGDB 提供了超过 100 种植物物种的注释的转录本装配，具有比对到它们可获得的同源基因组背景的转录本，可与各种序列分析工具和网络服务整合	http://www.plantgdb.org
TAIR	模式植物拟南芥基因组数据库	https://www.arabidopsis.org/
RGAP	模式植物水稻基因组数据库	http://rice.plantbiology.msu.edu

2．序列格式转换工具

氨基酸序列或者核苷酸序列根据需要从表 11-2 中选择合适的序列格式转化工具，并进行格式转化。

表 11-2 序列格式转化工具列表

软件名	简介
SeqCorator	一款新型的序列展示整合工具，可以直观、图形化地分析和展示序列
Visual Sequence Editor	序列输入分析和格式转换软件
ForCon 1.0	核酸与蛋白质之间不同序列格式文件的转换工具，可双向转换各种常见的多序列格式文件。支持连续序列形式与隔行序列形式，也可互相转换
GeneStudio Pro 2.2.0.0	GeneStudio Pro 是基于序列格式转换引擎 SeqVerter™ 的 Windows 平台的现代分子生物学应用程序套件。主要功能是序列格式显示、编辑与转换
FASTA/BLAST SCAN	FASTA/BLAST SCAN 是一个补充程序，用来对 FASTA 与 BLAST 查询输出的文件进行处理，并以 Pearson 格式输出序列文件，便于使用其他分析软件分析检索出的序列
BioCocoa	BioCocoa 是用 Objective-C 编写的用于生物信息学的开源 Cocoa 框架，能给软件开发者提供 Objective-C 语言的各种序列格式的读写支持模块
Readseq	Readseq 读取和转换一系列常见生物序列格式之间的生物序列，包括 EMBL、GenBank 和 FASTA 序列格式
XML2PDB	XML2PDB 是一个命令行形式的软件，能将 XML 格式文件中的 PDB 格式的文件和序列信息等提取出来
abi2xml	以命令行形式，将 ABI 格式的 DNA 序列文件转化为 XML 格式文件的程序
ABI to FASTA converter	将 ABI 文件转换为 FASTA 格式文件
GenBank to FASTA converter	将 GenBank 格式文件转换为 FASTA 格式文件
Convertrix	Convertrix 是一种分子生物学命令行工具，用于在几种主要的 DNA 样本格式之间进行转换
PGDSpider	PGDSpider 是一种功能强大的自动数据转换工具，适用于群体遗传和基因组学计划，能保证各种数据类型的程序之间的数据交换可能性

五、实验结果

将下载的核苷酸序列转化成氨基酸序列格式，并将氨基酸序列写出来。

六、实验讨论

1）序列下载应该注意的事项是什么？
2）如何获得网站或者软件的使用说明？

实验五十二　真核生物基因结构的预测

一、实验目的

本实验选择性介绍了一些常用的核酸序列分析工具，描述真核生物基因的启动子、编码区、转录终止信号等结构，帮助实验者了解基因结构预测的方法。

二、实验原理

基因识别的基本问题是给定基因组序列后，正确识别基因的范围和在基因组序列中的精确位置，测量密码区密码子(codon)的频率，一阶和二阶马尔可夫链，可读框(open reading frame，ORF)，启动子(promoter)识别，编码区、转录终止信号等结构等。

真核生物与原核生物相比，不仅在结构上存在明显差异，在基因结构上差异也较大，大多数真核生物的基因为不连续基因(interrupted，discontinuous gene)。所谓不连续基因就是基因的编码序列在 DNA 分子上是不连续的，被非编码序列隔开。编码序列称为外显子(exon)，是一个基因表达为多肽链的部分；非编码序列称为内含子(intron)，又称插入序列(intervening sequence，IVS)。内含子只参与转录形成 pre-mRNA，在 pre-mRNA 形成成熟 mRNA 时被剪切掉。如果一个基因有 n 个内含子，一般总是把基因的外显子分隔成 n+1 部分。内含子的核苷酸数量可比外显子多许多倍。真核生物编码基因中，转录终止信号是在 mRNA 序列的 3′端终止密码子下游位置上的加尾信号(tailing signal)，其主要标志为 AATAAA 序列，称为多腺苷酸化信号(polyadenylation signal)，简称 poly(A)信号序列，搜索 poly(A)序列有助于基因终止位点的预测。

三、实验器材

1．材料

甘蓝基因 Bo3g109530。

2．仪器

启动子分析工具、编码区分析工具、转录终止信号分析工具(http://linux1.softberry.com/berry.phtml?topic=polyah&group=programs&subgroup=promoter)。

四、实验步骤

1．启动子区域的预测

本实验以甘蓝基因 Bo3g109530 为例，在表 11-3 中选择合适的启动子预测工具，进行启动子预测。

表 11-3　启动子区域预测工具

预测工具	简介	网址
Promoter 2.0	利用神经网络和遗传算法从 DNA 序列中预测启动子的一种方式。通过使用遗传算法，优化神经网络中的权重，以便将启动子和非启动子最大限度地区分开	http://www.cbs.dtu.dk/services/Promoter/
TSSP	用于预测植物启动子和功能位点的在线工具	http://www.softberry.com/berry.phtml
BDGP	伯克利果蝇基因组计划，由美国国家人类基因组研究所、美国国家癌症研究所和霍华德·休斯医学研究所资助	http://www.fruitfly.org/seq_tools/promoter.html
PromoterExplorer	一种基于 AdaBoost 算法的启动子识别工具	http://www.mybiosoftware.com/promoterexplorer
PLACE	植物顺式作用元件数据库	https://www.dna.affrc.go.jp/PLACE
PlantPAN 3.0	用于植物启动子分析的数据库，包括 78 种植物的转录因子结合位点	http://plantpan.itps.ncku.edu.tw/

2．编码区预测

选择表 11-4 中的编码区预测工具预测甘蓝基因 Bo3g109530 的编码区。

表 11-4　编码区预测工具

软件名	简介	网址
TransDecoder	用于在真核生物中鉴定转录序列的编码区，使用 Trinity、Tophat 和 Cufflinks 基于 RNA-Seq 与基因组的比对分析	https://github.com/TransDecoder/TransDecoder/releases
ORF finder	从 DNA 序列中搜索可读框(ORF)，使用 ORF finder 搜索新测序的 DNA 以寻找潜在的蛋白质编码区段	https://indra.mullins.microbiol.washington.edu/sms2/orf_find.html
ESTScan	用于检测 DNA 序列中编码区的程序，对于编码区的检测具有较高的选择性和灵敏度	https://myhits.isb-sib.ch/cgi-bin/estscan
GENSCAN	识别基因组 DNA 中的外显子/内含子结构，基于 GHMM 程序预测各种生物的基因组序列中基因及其外显子-内含子边界的位置	https://omictools.com/genscan-tool

3．转录终止信号

转录终止信号的预测常使用在线工具 POLYAH，它可以识别 3′端剪切和 poly(A) 区域。

进入 POLYAH 页面，用 FASTA 格式上传甘蓝基因 Bo3g109530 的序列 LOC106333718 文件，或直接粘贴序列传交 PROCESS。

五、实验结果

描述真核生物甘蓝基因 Bo3g109530 的启动子、编码区和转录终止信号。

六、实验讨论

1) 启动子、编码区和转录终止信号相关预测软件的优缺点是什么？
2) 如何鉴定启动子、编码区、转录终止信号等结构预测结果的可靠性？

实验五十三　蛋白质基本性质与功能分析

一、实验目的

本实验选择性介绍了一些常用的蛋白质序列分析工具，让实验者了解蛋白质理化性质、跨膜结构域分析、疏水性分析、结构预测、信号肽预测等方面的知识，进而掌握蛋白质的基本性质。

二、实验原理

蛋白质是组成生物体的基本物质，是生命活动的主要承担者，一切生命活动都与蛋白质有关。虽然遗传信息的携带者是核酸，但遗传信息的传递和表达不仅要在酶的催化之下，并且也是在各种蛋白质的调节控制下进行的。因此，分析处理蛋白质序列数据的重要性并不亚于分析 DNA 序列数据。蛋白质的生物功能由蛋白质的结构所决定，因此在研究蛋白质的功能时需要了解蛋白质的空间结构。目前，一种基本认可的假设是：蛋白质的空间结构由蛋白质序列所决定，即我们可以根据蛋白质序列预测蛋白质结构，这是第二遗传密码的问题，也是一个更为复杂的问题，因为蛋白质序列和蛋白质空间结构之间的关系要比 DNA 序列和蛋白质序列之间的关系复杂得多。因此我们需要分析大量的数据，从中找出蛋白质序列和蛋白质结构间存在的关系和规律。

蛋白质是由氨基酸组成的，在其分子表面带有很多可解离基团，如羧基、氨基、酚羟基、咪唑基、胍基等。此外，在肽链两端还有游离的α-氨基和α-羧基，因此蛋白质是两性电解质，可以与酸或碱相互作用。溶液中蛋白质的带电状况与其所处环境的 pH 有关。当溶液在某一特定的 pH 条件下，蛋白质分子所带的正电荷数与负电荷数相等，即净电荷数为零，此时蛋白质分子在电场中不移动，这时溶液的 pH 称为该蛋白质的等电点，此时蛋白质的溶解度最小。由于不同蛋白质的氨基酸组成不同，因此蛋白质都有其特定的等电点，在同一 pH 条件下所带净电荷数不同。①蛋白质一级结构：组成蛋白质多肽链的线性氨基酸序列。②蛋白质二级结构：依靠不同氨基酸之间的 C═O 和 N—H 基团间的氢键形成的稳定结构，主要为 α 螺旋和 β 折叠。③蛋白质三级结构：通过多个二级结构元素在三维空间的排列所形成的一个蛋白质分子的三维结构。④蛋白质四级结构：用于描述由不同多肽链(亚基)间相互作用形成具有功能的蛋白质复合物分子。跨膜蛋白主要是由多组跨膜片段(通常是螺旋)组成，之间由膜外的环状结构连接，跨膜区域中往往含有很多疏水残基，并且有 20 个以上的长度在整个跨膜片段上组成 6～7 个螺旋结构，这使得基于疏水区域的长度来判断一个蛋白质是否为跨膜蛋白成为可能(还可以明确哪些基团是处于跨膜区域的)。信号肽是蛋白质 N 端一段编码长度为 5～30 的疏水性氨基酸序列，用于引导新合成蛋白质向通路转移的短肽链，信号肽是蛋白质的功能位点之一，突出的是蛋白质序列局部片段所体现的生物特性，因此，局部比对往往比全局比对具有更高的灵敏度。

三、实验器材

1．材料

甘蓝 Bo3g109530 蛋白(登录号 XP_013627593)。

2．仪器

蛋白质理化性质在线分析网站、蛋白质跨膜结构域在线分析网站、蛋白质疏水性在线分析网站、蛋白质结构在线分析网站、蛋白质信号肽在线分析网站。

四、实验步骤

1．蛋白质理化性质分析

选择表 11-5 中的蛋白质理化性质预测工具，将甘蓝 Bo3g109530 蛋白的氨基酸序列进行提交和搜索。

表 11-5　蛋白质理化性质在线分析网站

预测工具	简介	网址
Compute pI/Mw	计算蛋白质序列的等电点和分子质量	https://web.expasy.org/compute_pi/
AACompIdent	利用未知氨基酸组成确认具有相同组成的已知蛋白质	https://www.expasy.org/tools/#proteome
ProtParam	蛋白质的基本理化性质在线分析服务器	https://web.expasy.org/protparam/
PeptideMass	计算相应肽段的 pI 和分子质量	https://web.expasy.org/peptide_mass/

2．蛋白质跨膜结构域分析

选择表 11-6 中的蛋白质跨膜域结构分析预测工具，预测甘蓝 Bo3g109530 蛋白是否有跨膜结构域。

表 11-6　蛋白质跨膜结构域在线分析网站

预测工具	简介	网址
TMpred	分析预测蛋白质跨膜结构域和跨膜方向	https://embnet.vital-it.ch/software/TMPRED_form.html#opennewwindow
PHDhtm	PredictProtein 分析方法中的一种，可以预测蛋白质典型的跨膜结构	https://predictprotein.org/
TMHMM	预测蛋白质的跨膜螺旋	http://www.cbs.dtu.dk/services/TMHMM/
HMMTOP	预测蛋白质序列的跨膜螺旋与拓扑结构服务器	http://www.enzim.hu/hmmtop/html/document.html
TMbase	跨膜蛋白质片段数据库	https://embnet.vital-it.ch/software/tmbase/TMBASE_doc.html
CoPreTHi	基于 INTERNET 的 JAVA 程序，预测蛋白质的跨膜区	http://athina.biol.uoa.gr/CoPreTHi/
SMART	提供蛋白质序列，在结构域数据库中查询，显示出其结构域及跨膜区等	http://smart.embl-heidelberg.de/

3．蛋白质疏水性分析

选择表 11-7 中的蛋白质疏水性分析预测工具，预测甘蓝 Bo3g109530 蛋白的疏水性。

表 11-7　蛋白质疏水性在线分析网站

预测工具	简介	网址
ProtScale	蛋白质疏水性在线分析服务器	https://web.expasy.org/protscale/
DNASTAR	生物信息学分析软件，可进行蛋白质的疏水性分析	https://www.dnastar.com/
DNAMAN	分子生物学应用的软件包，可进行蛋白质的疏水性分析	https://www.lynnon.com/
BioEdit	生物信息学分析程序，可进行蛋白质疏水性/亲水性图谱分析	https://bioedit.softwave.informer.com/

4．蛋白质结构分析

选择表 11-8 中的蛋白质结构预测工具，预测甘蓝 Bo3g109530 蛋白的二级结构和三级结构。

表 11-8　蛋白质结构在线预测网站

预测工具	简介	网址
SPLIT	膜蛋白二级结构预测服务器	http://split.pmfst.hr/split/4/
SOPMA	蛋白质的二级结构在线分析服务器	https://npsa-prabi.ibcp.fr/cgi-bin/npsa_automat.pl?page=npsa_sopma.html
PSIPRED	该蛋白质结构预测服务器允许提交一个蛋白质序列，进行二级结构预测与跨膜拓扑结构预测，并提供 EMAIL 文件格式的结果文件	https://bio.tools/psipred#
SOSUI	东京农业科技大学(Tokyo University of Agriculture and Technology)提供的膜蛋白分类和二级结构预测在线工具	http://harrier.nagahama-i-bio.ac.jp/sosui/
PAS 服务器(Protein Sequence Analysis)	美国波士顿大学生物分子工程研究中心(the BioMolecular Engineering Research Center)开发，只需提交氨基酸序列即可预测二级结构及折叠区域	https://www.predictprotein.org/
SWISS-MODEL	建模法进行蛋白质三级结构模型预测的服务器	https://swissmodel.expasy.org/interactive
CPHmodels	建模法进行蛋白质三级结构模型预测的服务器	http://www.cbs.dtu.dk/services/CPHmodels/
THREADER	采用穿线法(threading)进行蛋白质三级结构的预测	http://casathome.ihep.ac.cn/about_scthread.php
3D-PSSM	该程序适用于对蛋白质核心结构进行预测，计算量较大	http://www.sbg.bio.ic.ac.uk/~3dpssm/index2.html

5．蛋白质信号肽分析

选择表 11-9 中的蛋白质信号肽预测工具，预测甘蓝 Bo3g109530 蛋白是否含有信号肽。

表 11-9　蛋白质信号肽预测在线网站

预测工具	简介	网址
SignalP 5.0	SignalP 5.0 可以区分 Sec/SPⅠ、Sec/SPⅡ、Tat/SPⅠ三种类型的信号肽	http://www.cbs.dtu.dk/services/SignalP/
DETAIBIO	德泰生物科技公司提供的信号肽在线分析服务器	http://www.detaibio.com/tools/signal-peptide.html
PrediSi	用于预测 Sec 依赖性信号肽的软件	http://www.predisi.de/
Phobius	一种组合的跨膜拓扑结构和信号肽预测因子	http://phobius.sbc.su.se/
Sigcleave	Sigcleave 使用 von Heijne 的方法预测信号序列和成熟输出蛋白质之间的切割位点	http://www.bioinformatics.nl/cgi-bin/emboss/help/sigcleave
ANTHEPROT-Signal prediction	可以进行在线预测蛋白质的潜在信号肽和切割位点	http://antheprot-pbil.ibcp.fr/signal_prediction.html
Signal Find Server	该服务器只能进行 Sec/SPⅡ、Tat/SPⅠ两种类型信号肽预测	http://signalfind.org/
SPEPLip	蛋白质中信号肽和脂蛋白切割位点的预测因子	http://gpcr.biocomp.unibo.it/cgi/predictors/spep/pred_spepcgi.cgi
SOSUIsignal	蛋白质信号肽预测系统	http://harrier.nagahama-i-bio.ac.jp/sosui/sosuisignal/sosuisignal_submit.html

五、实验结果

你所预测的蛋白质的理化性质、跨膜结构域、疏水性、结构、信号肽的结果分别是什么？

六、实验讨论

1）蛋白质的理化性质、跨膜结构域、疏水性、结构、信号肽与蛋白质有何关系？

2）预测的蛋白质的理化性质、跨膜结构域、疏水性、结构、信号肽与实验结果是否一致？如何消除预测误差？

实验五十四　蛋白质系统发育树的构建

一、实验目的

1）了解系统发育树构建的原理和方法。

2）学会使用软件进行系统发育树的构建。

二、实验原理

分子进化是利用不同物种中同一基因序列的异同来研究生物的进化，并构建进化树。既可以用 DNA 序列也可以用其编码的氨基酸序列，甚至于可通过相关蛋白质的结构比对来研究分子进化，其前提是相似种族在基因上具有相似性。通过比较，可以在基因组层面上发现哪些是不同种族中保守的，哪些是变异的。在长期的进化过程中，生物大分子在分子水平上的变异会被积累起来，形成与其祖先存在很大差异的生物大分子。因此，在核酸和大分子组成的序列中蕴藏着大量生物进化的信息，根据各种生物间在分子水平上的进化关系，可以建立分子进化的系统发育树。而分子水平的进化过程主要涉及 DNA 的插入、缺失、倒位、替换等变异。分子进化最重要的学说是中性学说（the neutral theory），它认为分子水平上的大多数突变是中性或近中性的，自然选择对它们不起作用，这些突变全靠一代又一代的随机漂变而被保存或趋于消失，从而形成分子水平上的进化性变化或种内变异。

系统发育树是指在研究生物进化和系统分类中，用一种类似树状分支的图形来概括各种（类）生物之间的亲缘关系。通过比较生物大分子序列的差异数值构建的系统树为分子系统树。系统发育树可以分为有根树和无根树，枝长表示进化举例的差异，通常进化树的标尺代表了每 1000 个核酸或者蛋白质分子中的突变速率。因此，从生物大分子的信息推断生物进化的历史是分子系统发育树的任务。

利用统计学方法重建系统发育树分为独立地起始于形态学性状的数值分析法和分析基因频率数据的遗传群体学。随着人类基因组计划的实施，利用核苷酸和氨基酸序列数据来重建系统发育树越来越受到人们的重视。分子系统发育分析是根据生物大分子序列差异来评估物种或者分子间的进化，尤其强调的是生物大分子，它与传统的形态学和基因频率数据有着明显的不同。利用生物大分子数据重建系统进化树，目前常用的有4种方法：距离法、最大简约法、最大似然法和贝叶斯法，其中，距离法主要适用于序列具有比较高的相似性的情况，最大简约法适用于序列相似性很高的情况，最大似然法和贝叶斯法可以用于任何相关的数据序列的集合；从计算速度来看，距离法的计算速度最快，其次是最大简约法和贝叶斯法，最慢的是最大似然法。

三、实验器材

1．材料

甘蓝基因Bo3g109530及其他物种中的同源基因。

2．仪器

序列比对工具、进化树构建工具。

四、实验步骤

1) 以甘蓝基因Bo3g109530在不同物种中的同源序列为例，选择表11-10中任意一种工具进行同源序列比对。

表11-10　序列比对工具

工具	简介
APE (a plasmid editor)	不仅能进行DNA序列比对、DNA序列翻译，还能进行引物设计、酶切位点设计、质粒图谱构建、ORF查找
DNAMAN	免费制作DNA序列或蛋白质序列比对图，但比对结果前会加上一段标记序列，需要手动去除
Clustal	单机版的基于渐进比对的多序列比对工具，有应用于多种操作系统平台的版本，包括linux版和DOS版的ClustalW、ClustalX等
MEGA7/X	图形化软件，可进行DNA序列比对、蛋白质序列比对，可进行后续建树及树形美化，操作简单方便，支持本地文件和网络(NCBI)进行序列比对和数据搜索
Jalview	软件需在Java运行的环境下使用，功能强大，可比对序列，设定保守程度阈值，构建进化树，展示蛋白质三级结构
BioEdit	进行序列比对后展示各种不同版本的比对结果，功能强大，包括序列编辑、外挂分析程序、RNA分析、寻找特征序列、支持大数量多序列分析、质粒图谱绘制
Genedoc	进行序列比对时，可以以各种方式标记序列，生成具有发表质量的输出报告
EBI	Clustal在线比对工具，最常用的序列比对工具，结果中“*”表示保守序列，“:”表示相同或者相似序列，“·”表示残基发生一定程度的替换，空白表示完全不保守的一列。比对后自动建树，但建树结果没有专门建树软件精确
TCOFFEE	TCOFFEE在线比对工具，最新的序列比对工具之一
EBI	MUSCLE在线比对工具，最快的序列比对工具之一，简单快捷

2)序列比对完成后建立系统发育树，选择表 11-11 中任意一种工具进行建树。

表 11-11　建立系统发育树工具

工具	简介
PHYLIP	此软件是多个软件的压缩包，功能强大，分析序列时把每个碱基或者氨基酸独立看待，按照 DOLLO 简约算法对序列进行分析，需借助 Treeview 软件查看进化树
Jalview	软件需在 Java 运行的环境下使用，功能强大，可比对序列，设定保守程度阈值，构建进化树，展示蛋白质三级结构
MEGA7/X	图形化软件，可进行 DNA 序列比对、蛋白质序列比对，MP 算法较好，系统进化树具有不同树形选择，后续树形美化操作简单方便，支持本地文件和网络(NCBI)进行序列比对和数据搜索
PAUP	商业软件，可构建系统进化树，集成的进化分析工具，MP 算法最好，需代码运行，最后系统进化树需要用 Figtree 或其他软件打开导出为图片格式
MrBayes	支持贝叶斯法建树，使用马尔可夫链方法来估计参数模型的后验概率分布，需命令运行，支持 Windows 和 UNIX 多种系统，支持 BEAGLE 数据库，计算速度较慢，对电脑配置要求较高
Phyml	是 ML 算法建树最快的一个软件
Network	可以产生进化树和网络，并估算祖先年龄
Pebble	采用 ML 算法和最小二乘法构建系统发育树，溯祖模型
Tree-puzzle	ML 算法建立系统发育树，要求序列集小于 257，用 QP 值对树进行评估，并可进一步分析所选数据

3)系统发育树建立完成后，如图 11-1 所示，可选择不同树形，左侧面可选择不同美化方式，View 下拉菜单可选择不同树枝颜色及字体等，树枝长短可精确代表遗传距离。

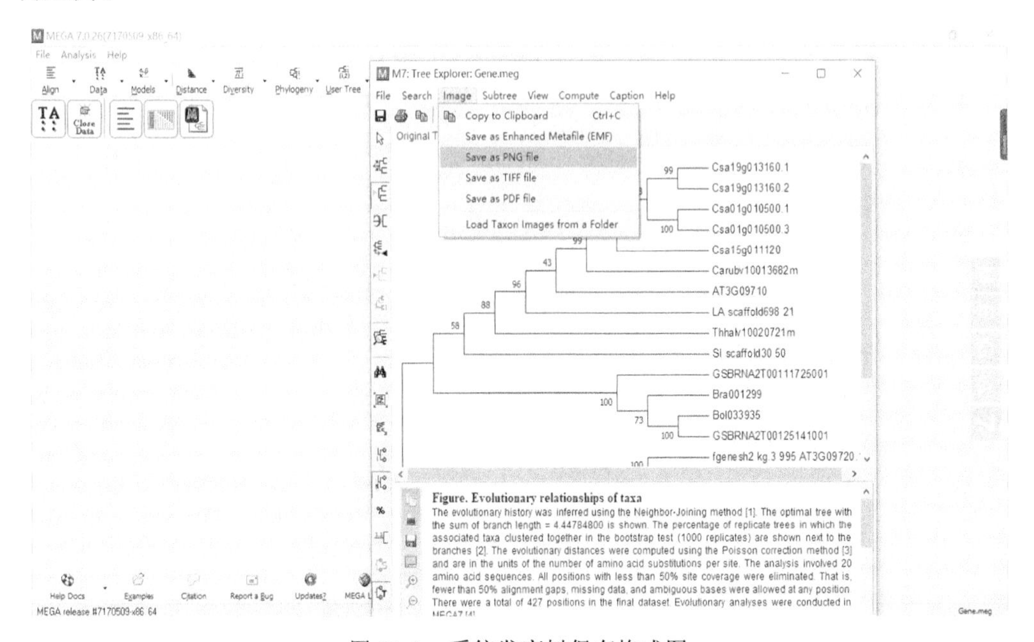

图 11-1　系统发育树保存格式图

五、实验结果

对构建的系统进化树进行解释和描述。

六、实验讨论

1)距离法、最大简约法、最大似然法和贝叶斯法的原理分别是什么？各有什么优缺点？

2)不同的构建进化树的软件构建出来的进化树略有不同，误差出现的原因是什么？

3)如何构建出最符合实际的进化树？

实验五十五　蛋白质相互作用预测

一、实验目的

学习和掌握预测蛋白质互作的原理和方法。

二、实验原理

细胞中的大部分功能是由蛋白质来执行的，蛋白质间的相互作用是实现功能的基础，细胞进行生命活动的过程是蛋白质在一定时空下的相互作用，相互作用的蛋白质的含义为：参与同一个代谢途径或生物学过程；属于同一个结构复合物或分子机器的元件，它们之间可以发生物理上的接触，也可以不接触而仅是遗传上关联。研究蛋白质间相互作用的最终目标是建立模式细胞系统中全部蛋白质相互作用的网络，即蛋白质相互作用组，这将为研究蛋白质的其他功能及细胞的全局特征构筑一个框架，在探寻细胞信号转导途径、复杂结构的建模及理解蛋白质在各种生物化学过程中的作用方面都是非常必要的。

蛋白质相互作用预测的生物信息学方法总结起来分为 4 类：基于基因组信息方法、基于进化关系的方法、基于蛋白质的从头预测的方法、基于蛋白质三维结构信息的方法。随着不断积累信号转导数据，构建大规模数据库就显得很有必要，在收集已知信号通路基础上为解释疾病机制与生物过程提供依据。大部分信号通路只是发生于多细胞生物中，如今主要是针对真核生物形成的信号转导数据库。

三、实验器材

1．材料

甘蓝 Bo3g109530 蛋白。

2．仪器

蛋白质相互作用的数据库。

四、实验步骤

根据蛋白质序列信息及需要，选择表 11-12 中的相互作用预测数据库，进行与甘蓝 Bo3g109530 蛋白相互作用的预测，找出有可能相互作用的蛋白质。

表 11-12　蛋白质相互作用的预测数据库

预测工具	简介	网址
BIND	生物分子相互作用数据库	https://www.bindingdb.org/bind/index.jsp
DIP	蛋白质相互作用数据库	http://dip.doe-mbi.ucla.edu/
IntAct	蛋白质相互作用数据库	http://www.ebi.ac.uk/intact/index.html
InterDom	结构域相互作用数据库	http://interdom.lit.org.sg/
MINT	生物分子相互作用数据库	http://mint.bio.uniroma2.it/mint/
STRING	蛋白质相互作用网络数据库	https://string-db.org/cgi/input.pl?sessionId=FqASKCTEmQko&input_page_show_search=on
HPRD	人类蛋白质参考数据库	http://www.hprd.org/
HPID	人类蛋白质相互作用数据库	http://wilab.inha.ac.kr/hpid/
MPPI	哺乳动物相互作用数据库	http://mips.gsf.de/proj/ppi/
Biogrid	蛋白质和遗传相互作用数据库，主要来自酵母、线虫、果蝇和人	http://www.thebiogrid.org/
PDZbase	包含 PDZ 结构域的蛋白质相互作用数据库	https://omictools.com/pdzbase-tool
Reactome	生物学通路的辅助知识库	http://reactome.org/

五、实验结果

你所查询的蛋白质的互作蛋白质是什么？互作蛋白质的结构信息都有哪些？

六、实验讨论

1）如果通过在线网站没有查询到互作的蛋白质，有哪些预测软件可以帮助找到可能的互作蛋白质？

2）通过什么实验可以验证查询到的可能的互作蛋白质？

（张贺翠）

主要参考文献

陈钧辉，李俊. 2014. 生物化学实验. 5 版. 北京：科学出版社

陈铭，包家立. 2013. 生物信息学. 北京：科学出版社

陈鹏, 郭蔼光. 2018. 生物化学实验技术. 2 版. 北京：高等教育出版社

付爱玲. 2015. 生物化学与分子生物学实验教程. 北京：科学出版社

高英杰，郝林琳. 2011. 高级生物化学实验技术. 北京：科学出版社

何凤田，连继勤. 2016. 生物化学与分子生物学实验教程. 2 版. 北京：科学出版社

蒋立科，罗曼. 2007. 生物化学实验设计与实践. 北京：高等教育出版社

林德馨. 2014. 生物化学与分子生物学实验. 2 版. 北京：科学出版社

王冬梅，吕淑霞，王金胜. 2009. 生物化学实验指导. 北京：科学出版社

武金霞. 2012. 生物化学实验教程. 北京：科学出版社

徐跃飞，田余祥，孔英. 2017. Biochemistry and Molecular Biology Laboratory Course. 北京：科学出版社

杨志敏，谢彦杰. 2019. 生物化学实验. 北京：高等教育出版社

朱利泉. 1997. 基础生物化学实验原理与方法. 成都：成都科技大学出版社

朱圣庚，徐长发. 2017. 生物化学. 北京：高等教育出版社

M.R.格林，J.萨姆布鲁克. 2017. 分子克隆实验指南. 4 版. 贺福初，译. 北京：科学出版社

附录一　实验室基本知识

一、实验室规则

实验室规则是人们从长期实验室工作中归纳总结出来的，它是防止意外事故发生、保证正常实验良好环境、工作秩序和做好实验的重要前提。

1) 实验前必须预习实验内容，明确实验目的、原理与操作步骤。

2) 实验不得无故缺席、迟到、早退，进入实验室必须穿着实验服，按序就座。

3) 实验时保持安静，不得任意走动、大声喧哗、抽烟和随地吐痰；实验过程中要仔细观察并详细记录实验的现象和原始数据。

4) 爱护公共财产，爱惜实验室一切仪器设备。听从实验教师指导，遵守实验操作规程，不得乱动未使用的仪器。实验过程中如有仪器或设备损坏，应及时报告教师，说明原因，填写报损单，由教师签注意见后按有关规定处理。

5) 实验的废物、废液，必须倒入废液桶，不得倒入水槽，以免堵塞和腐蚀水管。药品和仪器用后必须放回原处，以免影响别人使用。

6) 实验完毕，必须将用过的玻璃仪器清洗干净放回原处，整理好实验药品。每次实验必须安排值日，做好实验室清洁，并关好门窗及水电，经教师检查后才能离开实验室。

二、实验室安全及事故处理

1. 实验室安全

进行生物化学实验时，必须注意安全。水电是实验室必备的，须安全使用；许多药品易燃、易爆、有毒、带腐蚀性，运用和操作不当时会给人体造成伤害，必须引起重视。

1) 进入实验室，首先应了解水阀、电闸所在位置，一旦使用完毕，应立即关闭水阀，拉下电闸。

2) 严禁在实验室内饮食、吸烟或把餐具带进实验室；离开实验室要仔细洗手。

3) 使用电器设备(离心机、恒温水浴锅、分光光度计等)时，严防触电，绝不可用湿手插(拔)电源插头或电器开关。凡是漏电的仪器设备一律不得使用。

4) 浓酸、浓碱具有强腐蚀性，切勿使其溅在皮肤或衣服上，注意对眼睛的防护。

5) 使用可燃物时，特别是易燃的乙醚、乙醇、苯等，不要大量放在桌上；更不应放在靠近火焰处。倾倒时必须远离火源，或将火焰熄灭。低沸点的有机溶剂不准在火焰上直接加热，只能在水浴中利用回流冷凝管加热(蒸馏)。如果不慎倾出大量的易燃液体，应立即熄灭室内所有的火源、关闭电加热器开关，打开窗户，然后妥善处置。

6) 用油浴操作时，应小心加热，不断用温度计测量油的温度，不要使油浴温度超过油的燃点。

7) 易燃易爆物残渣(金属钠、白磷、火柴头等)，不得倒入污物桶或水槽内，应收集在指定的容器中。

8) 毒物应按实验的规定办理审批手续后领取，使用时严格操作，用后妥善处理。

2．事故处理

为了对实验过程中可能发生的意外事故进行紧急处理，实验室必须配备急救医药箱。医药箱内需备有以下药品和工具：3%碘酒、烫伤膏、饱和碳酸氢钠溶液、饱和硼酸溶液、2%乙酸溶液、5%氨水、5%硫酸铜溶液、高锰酸钾晶体和甘油等；创可贴、消毒纱布、消毒棉、消毒棉签、医用镊子和剪刀等。医药箱内的药品和工具供实验室急救用，不得随意挪用或取走。在实验过程中不慎发生事故时，应立即采取适当的措施。

(1) 玻璃割伤及其他机械损伤　应立即用药棉擦净，检查伤口有无玻璃和金属等碎片，如有应先取出，然后用硼酸洗净，再涂擦碘酒，必要时用纱布包扎或贴上创可贴。若伤口过大或过深而大量出血，应妥善包扎后立即去医院诊治。

(2) 烫伤　先用70%～75%乙醇溶液消毒。轻度烫伤时涂上烫伤膏；烫伤较重时，若皮肤起疱，不要弄破水疱，先涂上烫伤膏再用干燥无菌的消毒纱布轻轻包扎好后急送医院治疗。

(3) 化学制剂致伤　参照附表1进行。

附表1　化学制剂致伤处理方法

化学制剂	致伤部位	处理方法
强碱	皮肤	大量自来水冲洗后用饱和硼酸或2%乙酸冲洗，涂敷硼酸软膏
强酸	皮肤	大量自来水冲洗后用饱和碳酸氢钠溶液或5%氨水冲洗，涂敷氧化锌软膏
溴	皮肤	先用乙醇或10%硫代硫酸钠溶液洗涤伤口，然后用水冲洗并涂敷甘油
水银	呼吸道	服催吐剂催吐或食入蛋白解毒，及时送医院

(4) 触电　应立即关闭电源，或尽快用绝缘物如干燥的木棒使触电者与电源断开，必要时进行人工呼吸。

(5) 起火　起火后要立即灭火，同时防止火势蔓延，切断电源，移走易燃物品等。针对起因选择合适的灭火方法(附表 2)。

附表 2　部分物质燃烧时采用的灭火剂

燃烧物质	应用灭火剂	燃烧物质	应用灭火剂
苯胺	泡沫、二氧化碳	火漆	水
乙炔	水蒸气、二氧化碳	磷	沙、二氧化碳、泡沫、水
丙酮	泡沫、二氧化碳、四氯化碳	纤维素	水
硝基化合物	泡沫	煤油	泡沫、二氧化碳、四氯化碳
氯乙烷	泡沫、二氧化碳	漆	泡沫
钾、钠、钙、镁	沙	蜡	泡沫
松香	水、泡沫	石蜡	水、二氧化碳
苯	泡沫、二氧化碳、四氯化碳	二硫化碳	泡沫、二氧化碳
松节油	水、泡沫	橡胶	水
重油、润滑油	水、泡沫	醇类(沸点 175℃以上)	水
醚类(沸点 175℃以上)	水	醇类(沸点 175℃以下)	泡沫、二氧化碳
醚类(沸点 175℃以下)	泡沫、二氧化碳		

1) 可燃液体着火时，应立即拿开着火区域内及邻近的一切可燃物体，关闭通风器，防止扩大燃烧。若着火面积较小，可用棉花、湿布、铁片或沙土覆盖，隔绝空气，使其熄灭。但覆盖时要轻，以免导致更多的溶剂流出再着火。

2) 可溶于水的溶液着火时，可用水灭火。

3) 汽油、乙醚、甲苯等有机溶剂着火时，应用石棉布或沙土扑灭；绝对不能用水，否则会扩大燃烧面积。

4) 金属钠着火时，可用沙子覆盖进行灭火。

5) 导线着火时，不能使用水和二氧化碳灭火器，应切断电源或用四氯化碳灭火器进行灭火。

6) 衣服着火时，切忌奔走，可用湿布包裹压灭或躺倒滚灭，或用水浇灭。

7) 发生火灾后，应注意保护现场，发生较大的着火事故时应立即报警。

三、实验基本知识

1．纯水的制备和检验

(1) 制备方法　在生物化学实验中，任务及要求不同，对水的纯度要求也不同，纯水的制备方法不同。

1) 蒸馏法：目前使用的有玻璃、铜、石英等蒸馏器。蒸馏法制得的水(即蒸馏水)只能除去水中非挥发性的杂质，且能耗高。

2) 离子交换法：离子交换法制备的水称为去离子水，目前多采用阴阳离子交换树脂的混合床装置。此法制备的水量大，成本低，除去离子的能力强。但设备及操作较复杂，不能除去非离子型(如有机物)杂质，而且尚有微量树脂溶在水中。此法是实验室最常用的制备纯水的方法。

3) 电渗析法：是在离子交换技术基础上发展起来的一种方法。它是在外电场的作用下，利用阴阳离子交换膜对溶液中离子的选择性透过作用而使溶液分离，从而达到净化的目的，但也不能除去非离子型杂质。此方法除去杂质的效率较低，适用于要求不高的分析工作。

(2) 检验方法　纯水的检验有物理方法和化学方法两类，常采用电阻率法、pH法等。

1) 电阻率法：25℃时，电阻率为 1.0×10^6～$10\times10^6\Omega\cdot cm$ 的水称为纯水。水的电阻率越高，表示水中的离子越少，水的纯度越高。

2) pH 法：用酸度计测定纯水的 pH。纯水 pH 为 6.0～7.0。

3) 硅酸盐法：取 30 mL 水于一小烧杯中，加入 4 mol/L HNO_3 5 mL，5%钼酸铵溶液 5 mL，室温下放置 5 min 后加入 10% Na_2SO_3 溶液 5 mL，观察是否呈现蓝色，如呈现蓝色，则水质不合格。

4) 氯化物：取 20 mL 水于试管中，用 1 滴 4 mol/L HNO_3 酸化后加入 0.1 mol/L $AgNO_3$ 溶液 1 或 2 滴，如有白色乳状物，则水质不合格。

5) Cu^{2+}：取 10 mL 水于试管中，加入盐酸溶液(水∶盐酸 =1∶1) 1 滴，摇匀，再加入 1～2 mL 0.001%二硫腙及 1～2 mL 四氯化碳，观察四氯化碳层是否呈浅蓝色或浅紫色，如出现上述颜色，则水质不合格。

6) Fe^{3+}、Zn^{2+}、Pb^{2+}、Ca^{2+}、Mg^{2+}等离子：取水 25 mL，加 0.2%铬黑 T 指示剂 1 滴，pH 10.0 氨缓冲液 5 mL，如呈现蓝色，说明 Fe^{3+}、Zn^{2+}、Pb^{2+}、Ca^{2+}、Mg^{2+}等离子含量甚微，水质合格；如呈紫红色，则说明水质不合格。

2．玻璃仪器洗涤和干燥

(1) 玻璃仪器的洗涤　生物化学实验中，如用不干净的玻璃仪器进行实验，往往由于污物和杂质的存在而得不到正确的结果，因此，必须注意玻璃仪器的洗涤。

洗涤后的玻璃仪器要求清洁透明，水能沿内壁自然流下，均匀润湿且无水纹，不挂水珠。

实验中常用的烧杯、锥形瓶等一般玻璃仪器，可先用毛刷蘸去污粉或合成洗涤剂刷洗，再用自来水冲洗干净，然后用蒸馏水或去离子水润洗 2 或 3 次。

滴定管、移液管、容量瓶等具有精确刻度的仪器，视其污染程度，选择合适的洗涤液和洗涤方法(附表 3)。倒少量洗涤液于容器中，摇动几分钟后倾出，然后用自来水冲洗干净，用蒸馏水或去离子水润洗几次。不可盲目使用各种化学试剂和有机溶剂来清洗玻璃仪器，这样不仅浪费还可能带来危险。

附表 3　实验室常用的洗涤剂

洗涤剂种类	适用范围	浓度
合成洗涤剂(洗衣粉)	被油脂或某些有机物污染的容器	0.1%～0.5%(*m*/*V*)
HNO_3-乙醇	油脂或某些有机物污染的酸式滴定管	4∶3(*V*/*V*)
HCl-乙醇	染有颜色有机物的比色皿	1∶2(*V*/*V*)
铬酸洗液	有极强的酸性和氧化性，适用范围较广	10 g $K_2Cr_2O_7$+少量水+200 mL 浓硫酸
草酸洗液	除去 MnO_2 沉淀	5%～10%
I_2+KI	除去 $AgNO_3$ 溶解后留下的斑	3 g KI+1 g I_2+水＝100 mL
有机溶剂	去油污或溶于此有机物的物质	—
工业盐酸	除去碱性物质	1∶1(*V*/*V*)

分光光度法中所用的比色皿是用光学玻璃制成的，不能用毛刷刷洗，通常用 HCl-乙醇、合成洗涤剂等洗涤后，用自来水冲洗净，然后用纯水润洗几次。

实验室常用超声波清洗器来清洗玻璃仪器，既省时又方便。只要把用过的玻璃仪器放在含有洗涤剂的溶液中，利用超声波的振荡和能量即可达到清洗玻璃仪器的目的。洗过的玻璃仪器再用自来水漂洗干净，必要时用去离子水荡洗几遍。

(2) 玻璃仪器的干燥

1) 加热烘干：一般的玻璃仪器洗净后可以放在电烘箱(温度控制在 105℃左右)或红外干燥器内烘干。玻璃仪器在进烘箱前应尽量将水倒干。

2) 吹干：带有刻度计量的玻璃仪器不能用加热烘干的方法干燥，可用电吹风或气流烘干器吹 1～2 min 冷风，待大部分蒸汽挥发后吹入热风至干燥，再用冷风吹去残余的蒸汽。

3) 晾干：不急用的仪器，洗净后放在通风干燥处自然晾干。

3．溶液的配制

根据所配溶液的用途及溶质的性质，溶液的配制可分为粗配和精配。如果实验对溶液浓度的准确度要求不高，利用台秤、量筒等低准确度的仪器配制就能满足要求，即粗配，浓度的有效数字为 1 或 2 位。例如，溶解样品、调节溶液的 pH、显色剂等溶液就属于这种类型。有些常用的试剂如 NaOH 溶液、浓硫酸、浓盐酸等也是粗配。在定量分析实验中，往往需要配制准确浓度的溶液，必须使用比较精确的仪器(分析天平、移液管、容量瓶等)来配制，即精配。需要精配的试剂即基准物。

(1) 一般溶液的配制(粗配)

1) 用固体试剂配制溶液。

A．按质量百分浓度配制：算出配制所需质量百分浓度的一定质量溶液的固体试剂用量和去离子水的用量，用台秤称取所需的量，放入烧杯中，再用量筒量取所需的去离子水注入同一烧杯并搅拌，使固体完全溶解。将溶液倒入试剂瓶，贴上标签，即得所需质量百分浓度溶液。

B．按摩尔浓度(物质的量浓度)配制：算出配制一定体积的溶液所需的固体试剂的用量，用台秤称取所需的固体试剂，放入烧杯中，加入少量的去离子水搅拌，使固体完全溶解后转入容量瓶中，用去离子水稀释至刻度。将溶液倒入试剂瓶，贴上标签，即得所需摩尔浓度溶液(此溶液经标准溶液标定后可作为标准溶液)。

2)用液体(或浓溶液)配制溶液。

A．按体积比配制：按体积比，用量筒分别量取液体(或浓溶液)和溶剂的用量，按一定方法在烧杯中将二者混合并搅拌均匀。将溶液转移到试剂瓶，贴上标签，即得所需的体积比溶液。

B．按摩尔浓度(物质的量浓度)配制：从有关的表中查出液体(或浓溶液)相应的体积百分浓度、相对密度，算出配制一定体积溶液所需的液体(或浓溶液)量。用量筒量取所需的液体(或浓溶液)，加到装有一定量去离子水的烧杯中混匀。如果溶液发热，需冷却至室温后再将溶液转移到相应的容量瓶，用去离子水定容，然后移入试剂瓶，贴上标签，即得所需摩尔浓度溶液(此溶液经标准溶液标定后可作为标准溶液)。

(2)标准溶液的配制(精配)

1)用固体试剂(基准物)配制标准溶液：算出一定体积的标准溶液所需的固体试剂的量，并在分析天平上准确称取它的质量，将其放在干净的烧杯中，加适量去离子水使其完全溶解。将溶液转移到容量瓶中，用少量去离子水洗涤 2 或 3 次，冲洗液转入容量瓶中，再加去离子水至标线，塞上塞子，将溶液摇匀移入试剂瓶中，贴上标签，即得所需配制的标准溶液。

2)用较浓标准溶液配制较稀标准溶液：算出配制标准溶液所需已知标准溶液的用量，再用移液管或容量瓶取已知用量的标准溶液放入给定体积的容量瓶中，加去离子水至标线处，摇匀，倒入试剂瓶中，贴上标签，即得所需的标准溶液。

(3)配制溶液的注意事项

1)一般溶液都应用去离子水配制，有特殊要求的除外。

2)配制标准溶液时，称量要精确。有特殊要求的要按规定进行干燥、恒重、提纯等。

3)根据试剂的性质选用不同的试剂瓶盛装溶液。见光易分解的溶液要装入棕色瓶中，挥发性试剂和见空气易变质的瓶塞要严密，浓碱液应用塑料瓶装，如装在玻璃瓶中只能用橡胶塞塞紧。

4)每瓶试剂应贴上标签，写明试剂的名称、浓度、配制时间等。

5)为了保证实验的准确性，一般要求试剂现配现用，存放时间不得超过一周，贮藏液可适当延长。

4．常用缓冲溶液的配制方法

(1)甘氨酸-盐酸缓冲溶液　50 mL 0.2 mol/L 甘氨酸(15.01g 甘氨酸用去离子水配成 1000 mL 溶液)+X mL 0.2 mol/L 盐酸，用去离子水稀释至 200 mL，各个 pH 缓冲溶液的配制见附表 4。

附表 4　甘氨酸-盐酸缓冲溶液配制表

pH	X/mL	pH	X/mL
2.2	44.0	3.0	11.4
2.4	32.4	3.2	8.2
2.6	24.2	3.4	6.4
2.8	16.8	3.6	5.0

(2)磷酸氢二钠-柠檬酸缓冲溶液　各个 pH 缓冲溶液的配制见附表 5。

附表 5　磷酸氢二钠-柠檬酸缓冲溶液配制表

pH	0.2 mol/L 磷酸氢二钠/mL	0.1 mol/L 柠檬酸/mL	pH	0.2 mol/L 磷酸氢二钠/mL	0.1 mol/L 柠檬酸/mL
2.2	0.40	19.60	5.2	10.72	9.28
2.4	1.24	18.76	5.4	11.15	8.85
2.6	2.18	17.82	5.6	11.60	8.40
2.8	3.17	16.83	5.8	12.09	7.91
3.0	4.11	15.89	6.0	12.63	7.37
3.2	4.94	15.06	6.2	13.22	6.78
3.4	5.70	14.30	6.4	13.85	6.15
3.6	6.44	13.56	6.6	14.55	5.45
3.8	7.10	12.90	6.8	15.45	4.55
4.0	7.71	12.29	7.0	16.47	3.53
4.2	8.28	11.72	7.2	17.39	2.61
4.4	8.82	11.18	7.4	18.17	1.83
4.6	9.35	10.65	7.6	18.73	1.27
4.8	9.86	10.14	7.8	19.15	0.85
5.0	10.30	9.70	8.0	19.45	0.55

注：Na_2HPO_4 相对分子质量为 141.98；0.2 mol/L 溶液的密度为 28.40 g/L；$Na_2HPO_4 \cdot 2H_2O$ 相对分子质量为 178.05；0.2 mol/L 溶液的密度为 35.61 g/L；$Na_2HPO_4 \cdot 12H_2O$ 相对分子质量为 358.22；0.2 mol/L 溶液的密度为 71.64 g/L。一水柠檬酸($C_6H_8O_7 \cdot H_2O$)相对分子质量为 210.14；0.1 mol/L 溶液的密度为 21.01 g/L

(3)柠檬酸-柠檬酸钠缓冲液(0.1 mol/L)　各个 pH 缓冲溶液的配制见附表 6。

附表 6　柠檬酸-柠檬酸钠缓冲液配制表

pH	0.1 mol/L 柠檬酸/mL	0.1 mol/L 柠檬酸钠/mL	pH	0.1 mol/L 柠檬酸/mL	0.1 mol/L 柠檬酸钠/mL
3.0	18.6	1.4	4.8	9.2	10.8
3.2	17.2	2.8	5.0	8.2	11.8
3.4	16.0	4.0	5.2	7.3	12.7
3.6	14.9	5.1	5.4	6.4	13.6
3.8	14.0	6.0	5.6	5.5	14.5
4.0	13.1	6.9	5.8	4.7	15.3
4.2	12.3	7.7	6.0	3.8	16.2
4.4	11.4	8.6	6.2	2.8	17.2
4.6	10.3	9.7	6.4	2.0	18.0

注：$C_6H_8O_7 \cdot H_2O$ 相对分子质量为 210.14；0.1 mol/L 溶液的密度为 21.01 g/L。$Na_3C_6H_5O_7 \cdot 2H_2O$ 相对分子质量为 294.12；0.1 mol/L 溶液的密度为 29.41 g/L

(4)乙酸钠-乙酸缓冲液(0.2 mol/L)　各个 pH 缓冲溶液的配制见附表 7。

附表 7　乙酸钠-乙酸缓冲液配制表

pH(18℃)	0.2 mol/L 乙酸钠/mL	0.2 mol/L 乙酸/mL	pH(18℃)	0.2 mol/L 乙酸钠/mL	0.2 mol/L 乙酸/mL
3.6	0.75	9.35	4.8	5.90	4.10
3.8	1.20	8.80	5.0	7.00	3.00
4.0	1.80	8.20	5.2	7.90	2.10

续表

pH（18℃）	0.2 mol/L 乙酸钠/mL	0.2 mol/L 乙酸/mL	pH（18℃）	0.2 mol/L 乙酸钠/mL	0.2 mol/L 乙酸/mL
4.2	2.65	7.35	5.4	8.60	1.40
4.4	3.70	6.30	5.6	9.10	0.90
4.6	4.90	5.10			

注：$NaAc \cdot 3H_2O$ 相对分子质量为 136.09；0.2 mol/L 溶液的密度为 27.22 g/L。0.2 mol/L 乙酸可用冰醋酸 11.55 mL 加去离子水配成 1000 mL

（5）磷酸氢二钠-磷酸二氢钠缓冲液　　各个 pH 缓冲溶液的配制见附表 8。

附表 8　磷酸氢二钠-磷酸二氢钠缓冲液配制表

pH	0.2 mol/L 磷酸二氢钠/mL	0.2 mol/L 磷酸氢二钠/mL	pH	0.2 mol/L 磷酸二氢钠/mL	0.2 mol/L 磷酸氢二钠/mL
5.7	93.5	6.5	6.9	45.0	55.0
5.8	92.0	8.0	7.0	39.0	61.0
5.9	90.0	10.0	7.1	33.0	67.0
6.0	87.7	12.3	7.2	28.0	72.0
6.1	85.0	15.0	7.3	23.0	77.0
6.2	81.5	18.5	7.4	19.0	81.0
6.3	77.5	22.5	7.5	16.0	84.0
6.4	73.5	26.5	7.6	13.0	87.0
6.5	68.5	31.5	7.7	10.5	89.5
6.6	62.5	37.5	7.8	8.5	91.5
6.7	56.5	43.5	7.9	7.0	93.0
6.8	51.0	49.0	8.0	5.3	94.7

注：$Na_2HPO_4 \cdot 2H_2O$ 相对分子质量为 178.05；0.2 mol/L 溶液的密度为 35.61 g/L。$Na_2HPO_4 \cdot 12H_2O$ 相对分子质量为 358.22；0.2 mol/L 溶液的密度为 71.64 g/L。$NaH_2PO_4 \cdot H_2O$ 相对分子质量为 138.01；0.2 mol/L 溶液的密度为 27.6 g/L。$NaH_2PO_4 \cdot 2H_2O$ 相对分子质量为 156.03；0.2 mol/L 溶液的密度为 31.21 g/L

（6）巴比妥钠-盐酸缓冲液　　100 mL 0.04 mol/L 巴比妥钠+X mL 0.2 mol/L 盐酸。各个 pH 缓冲溶液的配制见附表 9。

附表 9　巴比妥钠-盐酸缓冲液配制表

pH	X/mL	pH	X/mL
6.8	18.4	8.4	5.21
7.0	17.8	8.6	3.82
7.2	16.7	8.8	2.52
7.4	15.3	9.0	1.65
7.6	13.4	9.2	1.13
7.8	11.47	9.4	0.70
8.0	9.39	9.6	0.35
8.2	7.21		

注：巴比妥钠相对分子质量为 206.18；0.04 mol/L 溶液的密度为 8.25 g/L

（7）Tris-盐酸缓冲液（0.05 mol/L）　　50 mL 0.1 mol/L Tris+X mL 0.1 mol/L 盐酸，加去离子水稀释至 100 mL。各个 pH 缓冲溶液的配制见附表 10。

附表 10　Tris-盐酸缓冲液配制表

pH	X/mL	pH	X/mL
7.1	45.7	8.1	26.2
7.2	44.7	8.2	22.9

续表

pH	X/mL	pH	X/mL
7.3	43.4	8.3	19.9
7.4	42.0	8.4	17.2
7.5	40.3	8.5	14.7
7.6	38.5	8.6	12.4
7.7	36.6	8.7	10.3
7.8	34.5	8.8	8.5
7.9	32.0	8.9	7.0
8.0	29.2		

注：Tris 相对分子质量为 121.14；0.1 mol/L 溶液的密度为 12.114 g/L

(8) 硼酸-硼砂缓冲液（0.2 mol/L）　各个 pH 缓冲溶液的配制见附表 11。

附表 11　硼酸-硼砂缓冲液配制表

pH	0.2 mol/L 硼酸/mL	0.05 mol/L 硼砂/mL	pH	0.2 mol/L 硼酸/mL	0.05 mol/L 硼砂/mL
7.4	9.0	1.0	8.2	6.5	3.5
7.6	8.5	1.5	8.4	5.5	4.5
7.8	8.0	2.0	8.7	4.0	6.0
8.0	7.0	3.0	9.0	2.0	8.0

注：硼酸（H_3BO_3）相对分子质量为 61.84；0.2 mol/L 溶液的密度为 12.37 g/L。硼砂（$Na_2B_4O_7 \cdot 10H_2O$）相对分子质量为 381.43；0.05 mol/L 溶液（相当于 0.2 mol/L 硼酸钠）的密度为 19.07 g/L

(9) 甘氨酸-NaOH 缓冲溶液　50 mL 0.2 mol/L 甘氨酸+X mL 0.2 mol/L NaOH，加去离子水稀释至 200 mL。各个 pH 缓冲溶液的配制见附表 12。

附表 12　甘氨酸-NaOH 缓冲溶液配制表

pH	0.2 mol/L NaOH/mL	pH	0.2 mol/L NaOH/mL
8.6	4.0	9.8	27.2
8.8	6.0	10.0	32.0
9.0	8.8	10.2	35.3
9.2	12.0	10.4	38.6
9.4	16.8	10.6	45.5
9.6	22.4		

注：甘氨酸相对分子质量为 75.07；0.2 mol/L 溶液的密度为 15.01 g/L

(10) 碳酸钠-碳酸氢钠缓冲液　各个 pH 缓冲溶液的配制见附表 13。

附表 13　碳酸钠-碳酸氢钠缓冲液配制表

pH		0.1 mol/L Na_2CO_3 /mL	0.1 mol/L $NaHCO_3$/mL
20℃	37℃		
9.16	8.77	1	9
9.40	9.12	2	8
9.51	9.40	3	7
9.78	9.50	4	6
9.90	9.72	5	5

续表

pH		0.1 mol/L Na_2CO_3 /mL	0.1 mol/L $NaHCO_3$/mL
20℃	37℃		
10.14	9.90	6	4
10.28	10.08	7	3
10.53	10.28	8	2
10.83	10.57	9	1

注：Ca^{2+}、Mg^{2+}存在时不得使用。$Na_2CO_3 \cdot 10H_2O$ 相对分子质量为 286；0.1 mol/L 溶液的密度为 28.62 g/L。$NaHCO_3$ 相对分子质量为 84；0.1 mol/L 溶液的密度为 8.4 g/L

(11)硼砂-NaOH 缓冲液　　50 mL 0.05 mol/L 硼砂+X mL 0.2 mol/L NaOH，加去离子水稀释至 200 mL。各个 pH 缓冲溶液的配制见附表 14。

附表 14　硼砂-NaOH 缓冲液配制表

pH	X/mL	pH	X/mL
9.28	0.0	9.70	29.0
9.35	7.0	9.80	34.0
9.40	11.0	9.90	38.6
9.50	17.6	10.00	43.0
9.60	23.0	10.10	46.0

注：硼砂($Na_2B_4O_7 \cdot 10H_2O$)相对分子质量为 381.43；0.05 mol/L 溶液(相当于 0.2 mol/L 硼酸钠)的密度为 19.07 g/L

5．常用酸、碱的配制方法

常用酸、碱的密度和浓度配制见附表 15。

附表 15　常用酸、碱的密度和浓度配制表

试剂	密度/(g/mL)	含量/%	浓度/(mol/L)
盐酸	1.18	38	12.0
硝酸	1.42	69	16.0
硫酸	1.84	98	18.0
磷酸	1.70	85	14.7
高氯酸	1.67	70	11.6
冰醋酸	1.05	99	17.5
氢氟酸	1.13	40	23.0
氢溴酸	1.38	40	7.0
氨水	0.91	28	14.8

6．常用基准物的干燥条件和应用范围

见附表 16。

附表 16　常用基准物的干燥条件和应用范围

基准物	干燥条件	标定对象
碳酸氢钠($NaHCO_3$)	260℃～270℃干燥至恒重	酸

续表

基准物	干燥条件	标定对象
无水碳酸钠(Na_2CO_3)	260℃～270℃干燥至恒重	酸：HCl、H_2SO_4
硼砂($Na_2B_4O_7·10H_2O$)	放在含 NaCl、蔗糖饱和液的干燥器中干燥至恒重	酸
邻苯二甲酸氢钾($KHC_8H_4O_4$)	105℃～110℃干燥至恒重	碱：NaOH
重铬酸钾($K_2Cr_2O_7$)	120℃干燥至恒重	还原剂：$Na_2S_2O_3$、$FeSO_4$
溴酸钾($KBrO_3$)	150℃干燥至恒重	还原剂：$Na_2S_2O_3$
碘酸钾(KIO_3)	130℃干燥至恒重	还原剂：$Na_2S_2O_3$
三氧化二砷(As_2O_3)	硫酸干燥器中干燥至恒重	氧化剂：I_2
草酸钠($Na_2C_2O_4$)	105℃～110℃干燥至恒重	氧化剂：$KMnO_4$
碳酸钙($CaCO_3$)	105℃～110℃干燥至恒重	EDTA
氧化锌(ZnO)	800℃灼烧至恒重	EDTA
氯化钠(NaCl)	560℃～600℃加热干燥至恒重	$AgNO_3$
硝酸银($AgNO_3$)	硫酸干燥器中干燥至恒重	卤化物、硫氰酸盐

7．常用酸碱指示剂

(1)酸碱指示剂(18～25℃)　见附表 17。

附表 17　酸碱指示剂

指示剂名称	变色 pH 范围	颜色变化	配制方法
甲基紫(第一变色范围)	0.13～0.5	黄—绿	0.1%或 0.05%的水溶液
甲基紫(第二变色范围)	1.0～1.5	绿—蓝	0.1%水溶液
甲基紫(第三变色范围)	2.0～3.0	蓝—紫	0.1%水溶液
苦味酸	0.0～1.3	无色—黄	0.1%水溶液
甲基绿	0.1～2.0	黄—绿—浅蓝	0.05%水溶液
孔雀绿(第一变色范围)	0.13～2.0	黄—浅蓝—绿	0.1%水溶液
孔雀绿(第二变色范围)	11.5～13.2	蓝绿—无色	参见第一变色范围
甲酚红(第一变色范围)	0.2～1.8	红—黄	0.04 g 指示剂溶于 100 mL 50%乙醇溶液中
甲酚红(第二变色范围)	7.2～8.8	亮黄—紫红	0.1 g 指示剂溶于 100 mL 50%乙醇溶液
百里酚蓝(麝香草酚蓝)(第一变色范围)	1.2～2.8	红—黄	0.1 g 指示剂溶于 100 mL 20%乙醇溶液
百里酚蓝(麝香草酚蓝)(第二变色范围)	8.0～9.0	黄—蓝	参见第一变色范围
茜素黄 R(第一变色范围)	1.9～3.3	红—黄	0.1%水溶液
茜素黄 R(第二变色范围)	10.1～12.1	黄—淡紫	参见第一变色范围
二甲基黄	2.9～4.0	红—黄	0.1 g 或 0.01 g 指示剂溶于 100 mL 90%乙醇溶液
甲基橙	3.1～4.4	红—橙黄	0.1%水溶液
溴酚蓝	3.0～4.6	黄—蓝	0.1 g 指示剂溶于 100 mL 20%乙醇溶液
刚果红	3.0～5.2	蓝紫—红	0.1%水溶液
茜素红 S(第一变色范围)	3.7～5.2	黄—紫	0.1%水溶液

续表

指示剂名称	变色 pH 范围	颜色变化	配制方法
茜素红 S(第二变色范围)	10.0～12.0	紫—淡黄	参见第一变色范围
溴甲酚绿	3.8～5.4	黄—蓝	0.1 g 指示剂溶于 100 mL 20%乙醇溶液
甲基红	4.4～6.2	红—黄	0.1 g 或 0.2 g 指示剂溶于 100 mL 60%乙醇溶液
溴酚红	5.0～6.8	黄—红	0.1 g 或 0.04 g 指示剂溶于 100 mL 20%乙醇溶液
溴甲酚紫	5.2～6.8	黄—紫红	0.1 g 指示剂溶于 100 mL 20%乙醇溶液
溴百里酚蓝	6.0～7.6	黄—蓝	0.05 g 指示剂溶于 100 mL 20%乙醇溶液
中性红	6.8～8.0	红—亮黄	0.1 g 指示剂溶于 100 mL 20%乙醇溶液
酚红	6.8～8.0	黄—红	0.1 g 指示剂溶于 100 mL 20%乙醇溶液
酚酞	8.2～10.0	无色—紫红	0.1 g 指示剂溶于 100 mL 60%乙醇溶液
百里酚酞	9.4～10.6	无色—蓝	0.1 g 指示剂溶于 100 mL 90%乙醇溶液
达旦黄	12.0～13.0	黄—红	溶于水、乙醇

(2)混合酸碱指示剂　见附表 18。

附表 18　混合酸碱指示剂

指示剂溶液的组成	变色点 pH	颜色		备注
		酸色	碱色	
一份 0.1%甲基黄乙醇溶液 一份 0.1%亚甲基蓝乙醇溶液	3.25	蓝紫	绿	pH 3.2 蓝紫色 pH 3.4 绿色
一份 0.1%甲基橙溶液 一份 0.25%靛蓝(二磺酸)水溶液	4.1	紫	黄绿	—
一份 0.1%溴百里酚绿钠盐水溶液 一份 0.2%甲基橙水溶液	4.3	黄	蓝绿	pH 3.5 黄色 pH 4.0 黄绿色 pH 4.3 绿色
三份 0.1%溴甲酚绿乙醇溶液 一份 0.2%亚甲基蓝乙醇溶液	5.1	酒红	绿	—
一份 0.2%甲基红乙醇溶液 一份 0.1%亚甲基蓝乙醇溶液	5.4	红紫	绿	pH 5.2 红紫 pH 5.4 暗蓝 pH 5.6 绿
一份 0.1%溴百里酚绿钠盐水溶液 一份 0.1%氯酚红钠盐水溶液	6.1	黄绿	蓝紫	pH 5.4 蓝绿 pH 5.8 蓝 pH 6.2 蓝紫
0.1%溴甲酚紫钠盐水溶液	6.7	黄	蓝紫	pH 6.2 黄紫 pH 6.6 紫 pH 6.8 蓝紫
一份 0.1%中性红乙醇溶液 一份 0.1%亚甲基蓝乙醇溶液	7.0	蓝紫	绿	pH 7.0 蓝紫
一份 0.1%溴百里酚绿钠盐水溶液 一份 0.1%氯酚红钠盐水溶液	7.5	黄	绿	pH 7.2 暗绿 pH 7.4 淡紫 pH 7.6 深紫

续表

指示剂溶液的组成	变色点 pH	颜色		备注
		酸色	碱色	
一份 0.1%甲溴酚红钠盐水溶液 三份 0.1%百里酚蓝钠盐水溶液	8.3	黄	紫	pH 8.2 玫瑰色 pH 8.4 紫色

8．常用易变质及需要特殊方法保存的试剂

见附表 19。

附表 19　常用易变质及需要特殊方法保存的试剂

注意事项		试剂
需要密封	易潮解吸湿	氧化钙、氢氧化钠、氢氧化钾、碘化钾、三氯乙酸
	易失水分化	结晶硫酸钠、硫酸亚铁、含水磷酸氢二钠、硫代硫酸钠
	易挥发	氨水、氯仿、醚、碘、麝香草酚、甲醇、乙醇、丙酮
	易吸收 CO_2	氢氧化钠、氢氧化钾、碱石灰
	易氧化	硫酸亚铁、醚、醛类、酚、维生素 C 和一切还原剂
	易变质	丙酮酸钠、乙醚、生物制品(需冷藏)
需要避光	见光变色	硝酸银(变黑)、酚(变淡红)、氯仿(产生光气)、茚三酮(变淡红)
	见光分解	过氧化氢、氯仿、漂白粉、氢氰酸
	见光氧化	乙醚、醛类、亚铁盐和所有氧化剂
特殊方法保存	易爆炸	苦味酸、硝酸盐类、过氯酸、叠氮钠
	剧毒	氰化钾(钠)、汞、砷化物、溴
	易燃	乙醚、甲醇、乙醇、丙醇、苯、甲苯、二甲苯、汽油
	腐蚀	强酸、强碱

9．酸碱溶液的标定

酸碱滴定法又叫中和法，是滴定分析的一种，它是以酸碱反应为基础的滴定分析法。在酸碱滴定中，常用盐酸和 NaOH 溶液作为滴定剂。由于浓盐酸易挥发，NaOH 溶液易吸收空气中的水和二氧化碳，因此此类滴定剂无法直接配制准确，只能配制成近似浓度的溶液，用标准溶液或基准物标定其浓度。

(1)用邻苯二甲酸氢钾标定 NaOH 溶液的浓度　在分析天平上用减量法准确称取 3 份已在 105℃～110℃烘烤 1 h 以上的分析纯的邻苯二甲酸氢钾，每份 0.4～0.6g，放入 250 mL 锥形瓶中，用 50 mL 经煮沸后冷却的去离子水溶解。冷却后加入 2 滴酚酞指示剂，用待标定的 NaOH 溶液滴定呈微红色，摇动后 0.5 min 内不褪色即为终点。根据邻苯二甲酸氢钾的质量和 NaOH 溶液的消耗量计算出 NaOH 标准溶液的浓度。

(2)用碳酸钠标定盐酸溶液浓度　在分析天平上用减量法准确称取已烘干的无水碳酸钠 3 份(0.2～0.3 g/份)。分别放入三个 250 mL 锥形瓶中，加去离子水 30 mL 溶解，加入 1 滴甲基橙指示剂，用待标定的 0.1 mol/L 盐酸滴定至溶液由黄色转变成橙色即为滴定终点。摇动后 0.5 min 内不褪色即为终点。根据碳酸钠的质量和盐酸的消耗量计算出盐酸标准溶液的浓度。

10．化学试剂规格

化学试剂根据其质量分为各种规格，我国化学试剂等级标准及用途见附表 20。

附表 20　我国化学试剂等级标准及用途

质量次序	1	2	3	4	5
等级	一级品	二级品	三级品	四级品	—
中文标志	保证试剂	分析试剂	化学纯	实验试剂	生化试剂
	优级纯	分析纯	纯	医用试剂	—
符号	G.R.	A.R.	C.P.	L.R.	B.R.
标签颜色	绿	红	蓝	棕或黄	咖啡色或玫瑰红黄
用途	精密分析、科学研究	精密分析、科学研究	一般化学实验	一般化学制备	生化实验

除上述试剂外，还有许多特殊规格的试剂，如光谱纯试剂、色谱纯试剂、电泳纯试剂、工业用试剂、药典纯试剂等。

11．滤纸型号

滤纸通常分为定性滤纸和定量滤纸。定量滤纸经盐酸和氢氟酸处理，蒸馏水洗涤，灰分很少，适用于精密定量分析；定性滤纸灰分较多，供一般的定性分析和分离使用，不能用作定量分析。滤纸分为快速、中速、慢速三类。各种定量滤纸在滤纸盒上用白带(快速)、蓝带(中速)、红带(慢速)作为标志。定性滤纸无色带标志。滤纸外形有圆形、方形两种。滤纸的各种规格如附表 21 所示。

附表 21　滤纸的各种规格

项目	定量滤纸			定性滤纸		
	快速(白)	中速(蓝)	慢速(红)	快速	中速	慢速
重量/(g/m^2)	75	75	80	75	75	80
水分/%	<7	<7	<7	<7	<7	<7
灰分/%	<0.01	<0.01	<0.01	<0.15	<0.15	<0.15
示例	$Fe(OH)_3$	$ZnCO_3$	$BaSO_4$	$Fe(OH)_3$	$ZnCO_3$	$BaSO_4$
含铁量/%	—	—	—	<0.003	<0.003	<0.003
水溶性氯化物/%	—	—	—	<0.02	<0.02	<0.02

选择滤纸要根据对沉淀的要求和沉淀的性质及用量的多少来确定。

12．电子天平的使用

电子天平的规格很多，现以 JA2003N 电子天平为例介绍其使用方法。此种天平的最大称量为 210 g，分度值为 1 mg，其使用方法如下。

1)将天平放置于稳定的工作台上，尽量避免振动。

2)使用前观察水平仪。如水泡偏移需调节水平调节脚使水泡位于水平仪中心。

3)接通电源，预热后开启显示器进行操作。按“开机”键后 2 s 显示天平的型号和称量模式，再按“去皮/置零键”后显示消隐，随即出现全零状态，此时就可以称量。称量完毕按“关机”键，如果长时间不用应切断电源。

13．离心机的使用

离心机是利用离心力对混合液进行分离和沉淀的一种专用仪器，离心机通常分为普通(低速)离心机、高速冰冻离心机、超速离心机三种类型，现介绍常用的普通离心机，即TD6医用离心机的使用方法与注意事项。

(1)使用方法

1)仪器的安装：仪器应放置在坚实、平整的台面且保持水平，确保4个吸振机脚均匀受力，电源具有独立的地线。

2)开门盖、接通电源、设置参数：左手轻压门盖，右手往里按仪器右侧的开门按钮，门盖自动打开；接通电源，各显示窗亮，显示上次设定值；按功能键，各显示窗依次闪烁，分别依次输入值，再分别按确认键，显示窗数字闪烁停止，表示参数设置完毕。

3)装溶液、达平衡后离心：离心前先将离心的物质转入大小合适的离心管中。离心管应放在天平上平衡，如不平衡，应通过增减离心管中相应溶液调节达平衡后，对称放入相应位置，关闭门盖。按启动键，离心机开始工作，时间显示为倒计时，速度逐步升至设定转速。

4)离心完毕后，关闭电源开关：当时间至零时，转速逐步下降至零，离心机发声提示，打开门盖，取出离心管。如需继续离心重复以上步骤即可；如不再离心关闭电源，拔掉电源线插头。

(2)注意事项

1)离心机应置于平稳的地面或实验台上，不允许倾斜。

2)离心机必须接地，以确保安全。

3)离心机启动后，如有不正常的噪声或发生振动，可能是因为离心管破碎或相对位置上的两管质量不平衡，应立即关机处理。

4)避免离心机长时间使用，一般离心机使用40 min后应休息至少20 min。

14．分光光度计的使用(以723PC分光光度计为例)

723PC分光光度计是可见光范围内的光谱仪器，为常用的仪器之一，其使用步骤如下。

(1)放置仪器并预热　将仪器放置在坚固平稳的工作台上，接通已接地的电源开关，待仪器预热20 min后，对仪器参数进行设置。

(2)设置波长、测试模式等参数　按设置键，再按动“▲”“▼”键使显示屏上的波长值至需要的测试波长，按动数字键，显示“SET WL=×××”(波长设置值)，再按“确认”键即可。

按动“测试模式”键便可切换测试模式[A(吸光度)、T(透射比)、C(浓度)]至需要的模式。开机默认为吸光度测试模式。

(3)测试　将空白溶液和待测溶液分别装好，第一格放空白溶液的比色皿，其余三格放待测溶液的比色皿，关闭样品室盖。按动“调 100%T/0A”键，此时屏幕显示“BLANK”，延迟数秒便显示“0.000A”（在 A 模式时）或显示“100%T”（在 T 模式时），轻轻拉动比色架固定拉杆，使第二个比色皿溶液处在光路中，屏幕显示读数即为该溶液的吸光度或透光率，依次推入第三个、第四个比色皿并读其数字，重复 3 次，取其平均值。取出比色皿倒出溶液，洗净比色皿待用，关机，拔出电源插头。

附录二　硫酸铵饱和度计算表及相关参数

25℃和 0℃的硫酸铵溶液饱和度计算表，以及不同温度下饱和硫酸铵溶液的相关参数，见附表 22～附表 24。

附表 22　调整硫酸铵溶液饱和度计算表（25℃）

	硫酸铵终浓度饱和度/%																
	10	20	25	30	33	35	40	45	50	55	60	65	70	75	80	90	100
硫酸铵溶液初浓度饱和度/%	每升溶液加固体硫酸铵的量/g*																
0	56	114	144	176	196	209	243	277	313	351	390	430	472	516	561	662	767
10	0	57	86	118	137	150	183	216	251	288	326	365	406	449	494	592	694
20		0	29	59	78	91	123	155	189	225	262	300	340	382	424	520	619
25			0	30	49	61	93	125	158	193	230	267	307	348	390	485	583
30				0	19	30	62	94	127	162	198	235	273	314	356	559	546
33					0	12	43	75	107	142	177	214	252	292	333	426	522
35						0	31	63	94	129	164	200	238	278	319	411	506
40							0	31	63	97	132	168	205	245	285	375	409
45								0	32	65	99	134	171	210	250	339	431
50									0	33	66	101	137	176	214	302	392
55										0	33	67	103	141	179	264	353
60											0	34	69	105	143	227	314
65												0	34	70	107	190	275
70													0	35	72	153	237
75														0	36	115	198
80															0	77	157
90																0	79
100																	0

*在 25℃下，硫酸铵溶液由初浓度调到终浓度时，每升溶液所加固体硫酸铵的质量/g

附表 23　调整硫酸铵溶液饱和度计算表（0℃）

硫酸铵溶液初浓度饱和度/%	硫酸铵溶液终浓度饱和度/%																
	20	25	30	35	40	45	50	55	60	65	70	75	80	85	90	95	100
	每 100 mL 溶液加固体硫酸铵的质量/g*																
0	10.6	13.4	16.4	19.4	22.0	25.8	29.1	32.6	36.1	39.8	43.6	47.6	51.6	55.9	60.3	65.0	69.7
5	7.9	10.8	13.7	16.6	19.7	22.9	26.2	29.6	33.1	36.8	40.5	44.4	48.4	52.6	57.0	61.5	66.2
10	5.3	8.1	10.9	13.9	16.9	20.0	23.3	26.6	30.1	33.7	37.4	41.2	45.2	49.3	53.6	58.1	62.7
15	2.6	5.4	8.2	11.1	14.1	17.2	20.4	23.7	27.1	30.6	34.3	38.1	42.0	46.0	50.3	54.7	59.2
20	0	2.7	5.5	8.3	11.3	14.3	17.5	20.7	26.1	27.6	31.2	34.9	38.7	42.7	46.9	51.2	55.7
25		0	2.7	5.6	8.4	11.5	14.6	17.9	21.1	24.5	28.0	31.7	35.5	39.5	43.6	47.8	52.2
30			0	2.8	5.6	8.6	11.7	14.8	18.1	21.4	24.9	28.5	32.3	36.2	40.2	44.5	48.8
35				0	2.8	5.7	8.7	11.8	15.1	18.4	21.8	25.4	29.1	32.9	36.9	41.0	45.3
40					0	2.9	5.8	8.9	12.0	15.3	18.7	22.2	25.8	29.6	33.5	37.6	41.8
45						0	2.9	5.9	9.0	12.3	15.6	19.0	22.6	26.3	30.2	34.2	38.3
50							0	3.0	6.0	9.2	12.5	15.9	19.4	23.0	26.8	30.8	34.8
55								0	3.0	6.1	9.3	12.7	16.1	19.7	23.5	27.3	31.3
60									0	3.1	6.2	9.5	12.9	16.4	20.1	23.1	27.9
65										0	3.1	6.3	9.7	13.2	16.8	20.5	24.4
70											0	3.2	6.5	9.9	13.4	17.1	20.9
75												0	3.2	6.6	10.1	13.7	17.4
80													0	3.3	6.7	10.3	13.9
85														0	3.4	6.8	10.5
90															0	3.4	7.0
95																0	3.5
100																	0

*在 0℃下，硫酸铵溶液由初浓度调到终浓度时，每 100 mL 溶液所加固体硫酸铵的质量/g

附表 24　不同温度下的饱和硫酸铵溶液相关参数

参数	温度/℃				
	0	10	20	25	30
每 1000 g 水中含硫酸铵的物质的量/mol	5.35	5.53	5.73	5.82	5.91
质量百分数	41.42	42.22	43.09	43.47	43.85
1000 mL 水用硫酸铵饱和所需质量/g	706.8	730.5	755.8	766.8	777.5
每 1000 mL 饱和溶液含硫酸铵质量/g	514.8	525.2	536.5	541.2	545.9
饱和溶液的摩尔浓度/(mol/L)	3.90	3.97	4.06	4.10	4.13

（李帮秀）